普通高等学校工业工程专业系列教材

工业工程系列实验

Laboratory Work for Industrial Engineering Curriculum

林亨 严京滨 王晓芳 编

Lin Heng Yan Jingbin Wang Xiaofang

清华大学出版社

北京

内 容 简 介

　　本书是配合清华大学工业工程系开设的系列专业课程编写的。本书分为上、中、下 3 篇。上篇介绍了工业工程实验室建设的思路和原则，以及各实验室的功能。中篇介绍了工业工程系列实验，按物流方向、生产与制造方向和人因方向的顺序编写，每一个方向都包含一系列实验，每一个实验又有若干个单元实验。下篇每个方向实验选编了部分实验报告样例，供读者参考。

　　本书可作为高等院校工业工程本科、研究生和工业工程培训班的实验教材，也可供工业工程专业人士参考。

版权所有，侵权必究。侵权举报电话：010-62782989　13701121933

图书在版编目(CIP)数据

工业工程系列实验／林亨，严京滨，王晓芳编．--北京：清华大学出版社，2011.5
（普通高等学校工业工程专业系列教材）
ISBN 978-7-302-23846-1

Ⅰ．①工…　Ⅱ．①林…②严…③王…　Ⅲ．①工业工程－实验－高等学校－教材
Ⅳ．①F402-33

中国版本图书馆 CIP 数据核字(2010)第 176903 号

责任编辑：张秋玲
责任校对：赵丽敏
责任印制：何　芊

出版发行：清华大学出版社　　　　　　　　　　地　　　址：北京清华大学学研大厦 A 座
　　　　　http://www.tup.com.cn　　　　　　邮　　　编：100084
　　　　　社　总　机：010-62770175　　　　邮　　　购：010-62786544
　　　　　投稿与读者服务：010-62776969，c-service@tup.tsinghua.edu.cn
　　　　　质　量　反　馈：010-62772015，zhiliang@tup.tsinghua.edu.cn
印　刷　者：三河市君旺印装厂
装　订　者：三河市新茂装订有限公司
经　　　销：全国新华书店
开　　　本：185×230　印　张：20.25　字　数：435 千字
版　　　次：2011 年 5 月第 1 版　　印　　　次：2011 年 5 月第 1 次印刷
印　　　数：1～3000
定　　　价：35.00 元

产品编号：029902-01

1957年，钱学森在《科学通报》"论技术科学"一文中指出，工业工程（当时称为"运用学"）是技术科学的重要发展方向；1987年，上海机械工程学会组织翻译了工业工程手册（当时翻译为《现代管理工程手册》）；1989年，机械工程学会开会研讨工业工程；1993年，中国第一批工业工程专业在若干所高校设立；截至2010年，近200所院校开设了工业工程及其相关专业。今天，在中国经济发展的大环境下，专注生产率和质量，强调科学发展理念的工业工程学科迎来了发展的大好时机。

教材建设是学科发展的关键。为了促进工业工程专业人才培养体系的规范和完善，从2003年开始，清华大学出版社遵照教育部"大力提倡引进和使用先进教材"的精神，根据工业工程学科的特点和清华大学工业工程系课程设置的情况，在国内率先推出了一套"国外大学优秀教材——工业工程系列"的影印版和翻译版，满足了国内教育和行业的急需。

2009年，清华大学出版社针对国内高等教育需求，开始规划"普通高等学校工业工程专业系列教材"。在确定书目时，强调思想性、知识性和实践性的统一以及中西贯通的基本特色，希望能够吸取国外工业工程发展的精华，并融入对中国问题解决的思考。为此，本系列教材的作者大都具有国外教育或工作的经验，并在工业工程领域有着长期从事研究工作的经历。

"普通高等学校工业工程专业系列教材"共有11本主教材和1本实验教材，分别是《工业工程概论》、《生产计划与控制》、《统计质量控制》、《项目管理》、《制造系统》、《产品创意与创意过程管理》、《可靠性与安全工程》、《管理信息系统》、《信息系统设计》、《供应链管理》、《复杂系统仿真》和《工业工程系列实验》。在内容的组织和编排上，与学生已学过的工程管理（工业工程）类专业基础课程的内容呈先后关系，一般要求学生在进入本系列的专业课程学习之前，应先修诸如"运筹学"（数学规划、应用随机模型）、"人因工效学"、"应用统计学"、"试验设计"、"工程经济学"等课程。

这套教材基本涵盖了工业工程专业的主要知识领域，同时也反映了现代工业工程的发展趋势,不仅适用于普通高等学校工业工程、管理科学与工程等专业的本科生使用,对研究生、高职学生以及工业工程领域的研究与管理人员也有很好的参考价值。

　　因水平所限,加之工业工程专业发展迅速,教材中难免有不妥之处,欢迎批评指正。

清华大学　郭 力

2011 年 4 月于清华园

前 言

　　本实验教材是配合清华大学工业工程系开设的系列专业课程编写的。清华大学工业工程系自 2001 年正式成立以来，根据工业工程人才培养的要求，经过近 10 年的探索和努力，目前已经初步建成了一套比较完善的与国际一流大学工业工程学科接轨，并结合中国工业工程现状和发展的工业工程课程体系。这些课程体系包括了 3 个专业方向的课程：运筹与物流工程方向，生产工程与制造系统方向，人因工程与工效学方向。

　　几年来，清华大学工业工程系的教师在实验室建设方向不断开展创新性的教学实践，开发了 3 个方向的系列实验，取得了良好的效果。诸多国内外同行和学者来实验室参观访问，对于实验室的设计理念、实验的开发原理以及取得的成效给予了充分肯定。本实验教材就是在历年来开设课程实验的基础上精选出来进行编写的，它涵盖了工业工程 3 个主要学科方向的实验内容。希望通过本教材的编写，能对国内外兄弟院校工业工程学科的实践教学提供有益的帮助。

　　本实验教材分上、中、下 3 篇。上篇由林亨编写；中篇第 2 章由王晓芳编写；第 3，4 章由严京滨编写；下篇第 5 章由王晓芳编写，第 6，7 章由严京滨编写。全书由林亨统稿。

　　本教材可作为高等院校工业工程本科、研究生和工业工程短期培训班的实验教材，也可供从事工业工程教学、研究和实践的人士参考。

　　由于我们的学术水平有限，教材中难免存在各种不足，恳请读者批评指正。

作　者

2009 年 12 月于清华园

CONTENTS

目 录

绪　论

工业工程在国外已经有上百年的历史,它融工程和管理于一体,对工业发达国家的经济与社会发展作出了巨大的贡献。工业工程是关于复杂系统有效运作的科学,它将工程技术与管理科学相结合,从系统的角度对制造业、服务业等企业或组织中的实际工程和管理问题进行定量的分析、优化和设计,是一门以系统效率和效益为目标的独立的工程学科。

工业工程专业培养既懂工程技术又掌握管理科学知识的高素质人才,具有对复杂生产系统、服务系统进行分析、规划、设计、管理和运作的能力。因为工业工程是来自于生产实践的工程学科,所以培养学生的实践能力十分重要。工业工程的专业课包括物流系列课程、生产系列课程和人因系列课程。清华大学工业工程系从本科生专业基础课开始,就强调培养学生面向真实的实践环境,发现问题、解决问题的能力,主要体现在以下几个环节上:

(1) 设计了系列化的综合性、创新型、开放式的专业课程实验,让学生自主地发现生产、物流、服务等系统运作中的问题,提出独立的见解,设计解决方案,并进行实验付诸实施。

(2) 在各专业课程中后期,开展专题(project)训练,培养团队协作和综合应用所学知识的能力。

(3) 在大学三年级暑假,组织学生到各类制造业、物流业、服务业等企业进行生产实习,一方面体会各种生产一线操作的特点与问题,另一方面针对企业生产运作的难点问题,进行数据收集与设计分析,提出可行的解决方案,付诸实施并监测绩效。

(4) 在大学四年级最后一个学期的综合论文训练中,面向主流研究方向确定选题,强调对学术前沿的探索和脚踏实地地解决工程实际问题。

本书主要针对以上4个环节中的第一个环节内容进行编写。即设计系列化的综合性、创新型、开放式的专业课程实验,以及配合该系列课程实验,建设相应的实验室,使之成为学生实践能力培养和创造性发挥的重要平台。

上篇

实验室建设

chapter 1

工业工程实验室建设的原则

1.1 实验室建设的思路和实例

1.1.1 实验室建设思路

根据工业工程学科三大研究方向（即运筹与物流、生产工程与制造系统、人因工程与工效学）和开设的课程要求，工业工程专业建设 3 个实验室，即物流系统实验室、先进制造与系统仿真实验室、人因工程实验室。在实验室建设和实验设计中应遵循如下原则。

1. 实验与教学相结合

所有实验的设计都紧密结合课程教学体系，成为课程教学不可分割的组成部分。

2. 实验与实践相结合

实验的设计不仅局限于加强学生对课本知识的理解，而且更强调紧密结合工业界的实际。通过将实验设计成为工业工程理论与工业实践相联系的桥梁，使学生通过实验切实体验到将课本知识转化为实践的过程中会遇到的问题和需要进行的思考，在寻求解决实际问题的过程中加深对理论的理解。

3. 实验与科研相结合

实验室的建设目标不仅是服务于教学，还包括为科研和创新提供平台。教师和学生可以在系统的实验平台上测试、修改和验证自己的创新点，从而推出有价值、创新性的研究。

以物流系统实验室为例，通过混流组装生产线、自动化立体仓库、电子分拣中心和自主开发的教学实验软件平台四大模块，运用将实物系统与虚拟现实相结合的手段，覆盖物流系统的全部重要环节。在此基础上设计的 7 个实验与 4 门课程（生产计划与控制、物流概论、库存管理、物流网络规划)有机结合,使学生充分体验物流系统中物料流、服务流、信息流互相影响、互相制约的关系,将课本知识在实践中加以验证。

此外,实验设计时不仅要考虑对学生运用工业工程理论知识解决实际问题的能力进行培养,还要对其沟通、协作和竞争意识进行培养。进而在开放式的实验设计理念指导下,同学们不是机械地重复呆板的实验操作,而是通过自己在实验前对实验内容的理解和应用各种所学工具,在实验中成为主导,实时解决遇到的各种问题,实验室也因此成为启发学生创造性的摇篮。

1.1.2　实验室建设实例——物流实验室建设

1. 概述

根据供应链管理协会的定义,物流是供应链的重要组成部分,是为了满足消费者需求,有效地计划、管理和控制原材料、中间库存、最终产品及相关信息从起始点到消费地的流动过程。

基于以上定义及观点,可以将组成一条供应链上的基本元素分为以下 5 种:供应商、制造商、分销商、零售商及顾客(见图 1-1)。在物流管理专业方向的课程设置上,我们设有若干辅助实验,分别面向"生产计划与控制"、"库存管理"和"物流网络规划"等课程,展示了整个物流系统及其元素与相关课程和辅助实验之间的关系。

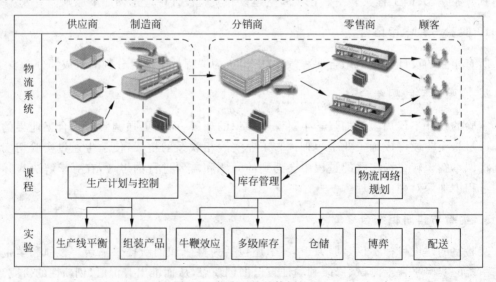

图 1-1　物流系统整体框架图

为了培养学生关于现代物流系统实践操作的知识和技能,实验室的相关建设是整个物流课程教学的基础和重点。图 1-2 所示为物流实验室的整体结构布局及 4 个主要组成部分：混流组装线,自动化立体仓库,分拣中心,网络平台。

图 1-2　物流实验室的整体布局示意图

2. 实验设计

物流实验室是物流课程教学内容的综合体现。它可以针对本科生的一些专业课程,提供以下辅助实验。

1) 混流组装线实验

混流组装线实验(MMAL)的主要设备是一个设有 8 个工位的传送带。传送带的向前移动或停止等动作均通过一个综合信息系统(自主开发)来控制,这个综合信息系统包括电子看板系统、制造执行系统等。该实验可以帮助学生把他们之前设计预想的多品目产品在混流组装线中的排产计划与活动付诸实践,例如产品选择、组装线的平衡与排序、看板系统设计、生产计划制定、原料采购计划制定等。

实验 1　产品结构分析,组装过程计划,生产线的平衡

学生们实验的产品是由他们自己选择的。他们把一个产品分解成若干模块或零件,再根据分解后的组件画出产品结构的物料需求清单(bill of materials,BOM)图(见图 1-3),之后进行任务分析,确定装配各个组件的任务之间的紧前工作关系。然后,学生就可采用不同的产线平衡方法来决定分配到混流组装线各个工位的具体装配任务。

实验 2　混流组装线生产

为了将 50～200 个零件组装成 3～5 种类型的产品,学生们需要确定将投送到混流组装线的不同产品零件的数量比例与投放顺序。他们也将会在实验中亲身经历到如何处理各种紧急意外情况,如设备损坏、原材料短缺或质量不合格、人工出错等。学生们还可以通过实验来比较不同的产线排序方法的优劣、不同的传送带传输速率的利弊以及相邻工位间不同的协调方式的优缺点。

2) 自动仓储系统及分拣中心实验

为了更加真实地模拟自动仓储与分拣系统的物理功能,物流实验室配置了一个 8×5 层的完全 AS/RS 系统,它由一个带有条码识别器和 RFID 识别器的自动识别系统组成。这个

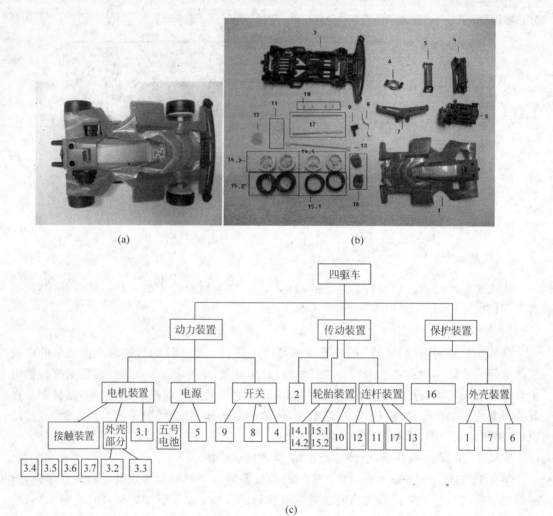

图 1-3　产品结构分析

(a) 产品；(b) 分解的零件；(c) BOM

自动货架有 40 个仓位。分拣中心装备有一个钢辊传送带和一个可触发电子标识追踪系统指示灯的拣选器。

　　学生们可以通过这个 AS/RS 系统和分拣中心来学习有关库存和分拣管理的知识。这个系统的控制接口是对外开放的。不同的货物均可存放在 AS/RS 中，系统随机地产生不同产品需求订单。学生们可自行设计一段程序，通过使用 AS/RS 的接口来实现处理订单和完成分拣中心的工作。实验结束后，学生还可就程序的执行效果和效率进行分析和汇报。

　　实验室基于 TCP/IP 的计算机网络开发了物流实验网络平台。整个实验系统设计的技术基础是基于一个可提供网络服务的框架,即由一台网络服务器向多个客户机提供访问等服务,如图 1-4 所示。学生可以通过在客户机端的操作登录到网络实验平台,参加各个实验。客户机端的用户界面设计模仿了真实生产活动中的订单到达界面。整个实验的各种配置和参数设置可以由实验管理员方便地管理。

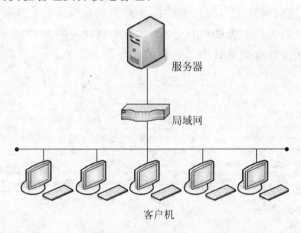

图 1-4　物流网络实验平台

实验 1　牛鞭效应

如图 1-5 所示,假定在一个串行系统中,每一台客户机扮演一条供应链中的某个特定角色,服务器负责统一管理它们的信息。该实验以"期"为单位进行。在每一期初,首先由服务器随机产生一个客户需求。通过从终端市场获得的顾客需求信息,零售商做出本期的订货决策,并通过服务器向分销商(DC)提交订单。分销商在从服务器端获知零售商的订货信息后,决定自己向下游发货和向上游订货的数量,并将这些信息通过服务器告诉其下游的零售商和上游的组装商。依此类推,这条供应链上的组装商、制造商、原料供应商等各个节点均会在每期做出订货和发货决策。每个学生可通过操作自己面前的客户机做出基于某种优化目标(如最小化单节点成本)的决策。在实验结束后,学生可通过对原始实验数据进行统计分析来观察牛鞭效应的发生情况。

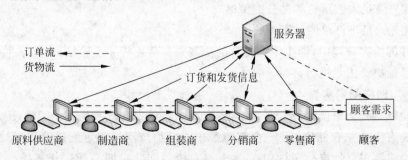

图 1-5　牛鞭效应实验原理图

实验2　多级库存实验

这个实验的基本结构与上述牛鞭效应实验相同,但是所有系统信息都是可以让供应链上全体节点共享的(见图1-6)。通过共享整个系统的信息,所有节点均可通过协同合作再做出决策,这样做出的决策是基于优化整个系统的成本而不是局部某个节点的。通过这个实验,学生们可以了解如何基于多级库存的概念和原理有效地进行库存管理。实验结束后,学生们可以通过对原始实验数据的统计分析,并与牛鞭效应实验的数据结果对比,来检验他们的新库存管理方式是否有效地减少了牛鞭效应现象。

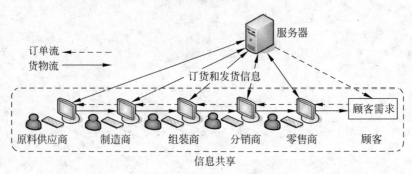

图1-6　多级库存实验原理图

实验3　物流网络中的抢货博弈

在这个实验中,服务器扮演分销商(DC)的角色,负责给若干个由客户机扮演的零售商供应货物(见图1-7)。实验以"期"为单位进行。每一期初,系统随机地产生顾客需求并告诉所有零售商。各个零售商依据此信息独自做出向 DC 订货的决策。DC 处的库存管理采用(s,S)策略(零售商知道这一情况),因此某一期时 DC 处可能会发生缺货现象,即 DC 不能全部满足该期所有顾客的需求。当缺货发生时,DC 将采用以下 3 种策略中的一种来分配货物:

(1) 按比例分配策略,即 DC 按照收到的该期各个零售商订货数量的多少,按比例将所有库存分配出去;

(2) 优先满足大数量订单的分配策略;

(3) 优先满足小订单的分配策略。

在这样的博弈环境中,学生依据各自的决策来竞争抢货。实验结束后,学生可根据实验结果对自己的决策质量进行评价。

实验4　网络配送实验

该实验以"期"为单位进行。在每一期初,服务器首先随机产生一个配送任务,这个任务是为一个拥有 1 个总仓储中心、15 个零售需求点的物流网络制定配送计划(见图1-8)。客户机此时扮演第三方物流公司(3PL),各个客户机每期针对同一配送任务提交方案给服务器来竞标,提出的方案包括对送货车路径和顺序的规划。当所有的方案都提交到服务器后,服务器经过计算和比较,从中选择运营收益最大(或运营成本最小)的方案作为中标方案,中标的 3PL 公司将获得服务器计算所得的收益。这一期的配送任务也到此结束,之后新一期实验开始。每一期实验依次进行下去,直至给定时间结束。实验结束后学生可获得各期实验数据,对自己的配送方案质量和竞标策略进行分析和评价。

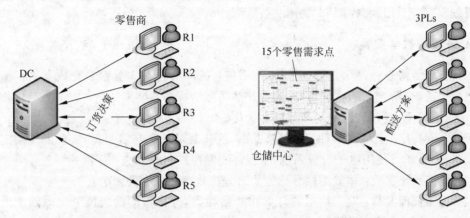

图 1-7　抢货博弈实验原理图　　　　　　图 1-8　网络配送实验原理图

1.2　实验室建设的内容

1.2.1　物流系统实验室

1. 目标及对象

物流系统实验室主要用于培养学生运用所学运筹学知识和一系列建模仿真手段对复杂的物流系统进行设施规划、设计、过程优化和流程管理的实际能力。实验室能够模拟现代生产企业在产品的生产、存储、运输和销售过程的一般情况。

2. 实验室的硬件设备

物流系统实验室的硬件设备主要由装配线系统、自动化立体仓库系统、滑道式货架及电子标签系统、展示货架系统 4 部分构成。系统采用基于 SQL Server 2000 的主机——客户端模式。数据只存在于服务器上,确保了数据的唯一性和准确性。各管理计算机通过以太网与主机相连,可以支持多个用户同时访问数据、操作业务。通过实验室内的局域网,实验室的各个部分既能够自成独立系统,又可以通过计算机管理信息系统实现统一调度和信息共享。

3. 实验室的软件系统

物流系统实验室的软件系统主要有仓储管理系统、分拣作业管理系统、自动化立体仓库管理系统、制造执行系统和物流网络实验平台系统。

4. 开设实验的课程

物流系统实验室开设的课程有"物流管理概论"、"配送系统规划与管理"、"物流分析与设施规划"、"生产计划与控制"、"物流装备"等。

5. 开设的教学实验

(1) 产品结构分析、装配工艺规划与线平衡：选择适合在实验室装配线上进行生产的小型机电产品，分解产品的功能结构，确定产品功能结构树与装配结构树。分解装配作业任务，确定紧前关系，进行装配线平衡计算与优化。

(2) 混流装配生产：对多种型号的产品族，优化装配工艺与线平衡，实践混流装配生产的组织与计划，学习使用电子看板系统，掌握在线库存控制的方法与手段。

(3) 分拣系统实验：体验不同分拣方式对分拣效率和成本的影响。

(4) 仓储管理实验：对于给定的订单和产品种类，选择不同的货位分配原则及出入货台位置和数量对仓储管理的影响。

(5) 电子标签分拣系统设计：通过完成播种式和摘果式分拣系统的信息系统设计，理解两种不同分拣方式。

(6) 自动化立体仓库堆垛机的调度优化设计：通过对自动化立体仓库堆垛机盘库作业和进出库作业的优化设计，理解自动化立体仓库的工作方式和原理。

(7) 基于 RFID 的分拣系统设计：通过对基于 RFID 的分拣系统设计，理解 RFID 在物流中的应用方法，比较条码和 RFID 的优缺点。

(8) 物流配送线路规划：在二次开发的地理信息系统中嵌入线路优化算法，解决物流配送线路优化问题。

(9) 牛鞭效应实验：通过多级库存管理实验平台，以参与游戏的方式来模拟供应链环境中的运营，体验供应链上的牛鞭效应。

(10) 多级库存管理：通过多级库存管理实验平台，对单一产品、多级库存系统进行运营管理，应用阶梯库存管理原理，对比信息共享对供应链协调的重要性。

(11) 配送系统规划与运作：通过配送管理实验平台，对单配送中心-多个零售商的配送过程进行决策管理。

(12) 物流网络博弈：通过物流网络实验平台，在竞争性物流网络环境中进行货源短缺博弈实验。

1.2.2　先进制造与系统仿真实验室

配合生产工程与制造系统方向的课程实验，先进制造与系统仿真实验室有两个分实验室：先进制造实验室，系统仿真实验室。

1. 先进制造实验室

1) 目标及对象

先进制造实验室配备了完整的生产制造设备，包括数台教学用 CNC 机床和一条教学型 CIMS 制造系统。利用实验室条件，学生可以利用 CAD/CAM 技术、CNC 技术、NC 编程、物流系统控制、FMS 技术、CIMS 技术和仿真技术，进行实际操作的训练，实现理论与实践的统一以及教与学的一体化。

2) 实验室的硬件设备

该实验室的硬件设备是一条教学型 CIMS 制造系统，包括微型 CNC 车中心、微型 CNC 铣中心、物料输送系统、50 货位立体仓库、微型自动引导小车、微型三坐标测量仪和工业机器人，见图 1-9。

图 1-9　教学型 CIMS 制造系统

3) 开设实验的课程

在该实验室开设实验的课程主要有"生产自动化与制造系统"、"现代制造系统概论"等。

4) 开设的教学实验

在该实验室开设的教学实验有"CIMS 系统演示实验"、"单元实验"、"综合实验"、"数控编程"和"机器人编程"。

2. 系统仿真实验室

1) 目标及对象

通过利用系统仿真实验室，学生可以进行生产系统和服务系统的设计，能对工程产品或企业系统进行规划、设计、实施、评估及优化的学习和实践。

2) 实验室的硬件设备和软件资源

该实验室的硬件设备有 38 台计算机和 2 台投影仪,软件有 Pro/Engineer,Factory CAD/Flow/Plan(学生版),Arena,Flexsim,Promodel(学生版),Witness,Weibull++,ALTA Pro,BlockSim FTI,Xfmea,Lambda Predict,CPLEX 9.0,Dispatcher 4.0,OPL Studio 3.7,Rules 7.7.3,Scheduler 6.0,Solver 6.0,Hybrid 2.0,BCP(business collaboration platform), WebSphere 等。

3) 开设实验的课程

在该实验室开设实验的课程有"建模与仿真"、"项目管理原理与实践"、"管理信息系统"、"供应链管理"、"企业信息与集成"、"设施规划与物流分析"、"现代制造系统概论及实验"等。

4) 开设的教学实验

在该实验室开设的教学实验有"用户界面评估实验"、"搜索引擎的相关性评估"、"计算机辅助设计"、"计算机辅助制造"、"过程模型设计"、"服务系统仿真项目"、"工厂设计实验"、"基本仿真模型的建立"、"界面设计"、"用面向对象方法建模"、"数据流图设计"、"E-R 图设计"、"功能模型设计"、"仿真输入分析"、"数据库设计实验"等。

1.2.3　人因工程实验室

在现代生产和服务领域,人的因素变得越来越重要,这不仅反映在作业效率、作业安全、作业质量、服务满意度上,而且也反映在生产力的进步以及人类本身文明的进步上,一个先进的生产或服务系统必须充分考虑人在该系统中的因素。

根据国际工效学学会(IEA)的定义,人因工程是一个研究人与系统其他元素之间的交互作用的科学领域,是一个将理论、原则、数据、方法进行设计以提升人类福利并优化整体系统表现的专业。也就是说,人因工程主要研究人类与机器、环境之间交互作用、生产功效、心理功效和组织功效、可用性理论、生产与交通安全工程、人机界面、职工安全与健康等。

根据人因工程的研究领域和课程设置,人因工程实验室规划了 4 个分室:人性化产品与工作地设计实验室,生理工效学与安全工程实验室,虚拟现实与人机界面技术实验室,可用性评测与人机交互实验室。

1. 人性化产品与工作地设计实验室

1) 目标及对象

该实验室应用生理学、心理学与管理学的相关理论与知识,利用系统分析的方法,借助于相关的实验仪器、设备与软件,进行人性化产品与工作地的设计与评估,达到人员-设备-环境三者最佳的匹配,既提高工作效率,又保证人的健康、舒适与安全。

该实验室可以对有人参与的工作地及其设施布局进行优化设计与评估,对硬件产品进行人性化的测试与市场评估。通过对学生的实验教学,达到训练学生收集、分析数据的能力。

2) 实验室的硬件设备

该实验室的仪器设备有心率遥测装置、环境测量仪器和气体代谢分析仪。

3) 实验室的软件系统

该实验室的软件系统有 ERGO 人体仿真及其分析软件、设施布局优化设计及其评估软件。

4) 开设实验的课程

在该实验室开设实验的课程主要有"人因工程基础"。

5) 开设的教学实验

在该实验室开设的教学实验有"环境照明测量实验"、"人性化的工作地布局优化实验"等。

2. 生理工效学与安全工程实验室

1) 目标及对象

该实验室主要关注现代三维人体测量理论和技术、数字化仿真方法在工效学评价和优化中的应用,以及职业安全和系统安全中的热点问题。

2) 实验室的硬件设备

该实验室的主要硬件设备有三维激光扫描仪、三维运动跟踪器,以及人体测量与生物力学实验、人体测量的基本设备。

3) 实验室的软件系统

该实验室的主要软件系统有人体测量数据分析软件、三维人体建模与运动仿真软件。

4) 开设实验的课程

在该实验室开设实验的课程主要有"人因工程基础"和"现代人因工程"。

5) 开设的教学实验

在该实验室开设的教学实验有"人体测量基础"、"人体三维扫描"、"人体建模"、"基于人体模型的设计"和"生物力学分析"。

3. 虚拟现实与人机界面技术实验室

1) 目标及对象

虚拟现实与人机界面技术实验室主要针对以虚拟现实技术为基础的复杂人-机-环境交互系统进行模拟、仿真、测评和研究,立足于构建各种人机界面进行近似真实场景的测评,并运用多通道人机界面技术开展部分虚拟体验,通过视觉、听觉、触觉的集成体验来加深理论知识的学习并感知复杂的系统或理论。

虚拟现实与人机界面技术实验室作为高等人因工程专题实验和一系列研究类专题实验

的重要部分,可以培养学生运用新技术解决复杂问题的思路和基本能力,特别是自己动手进行研究类实验的设计、运行、总结、提高的能力。

2) 实验室的硬件设备

该实验室的主要硬件设备有立体头盔和数据手套、桌面式立体显示系统、汽车模型,见图 1-10。

图 1-10　学生在虚拟现实与人机界面技术实验室做实验

3) 实验室的软件系统

该实验室的主要软件系统有环境建模软件和仿真软件 WTK、Multigen Creator、Vega、3DMAX 虚拟场景浏览软件、多通道融合拼接软件、虚拟雕刻软件。

4) 开设实验的课程

在该实验室开设实验的课程主要有"人因工程基础"和"现代人因工程"。

5) 开设的教学实验

该实验室作为工业工程系专业方向教学和研究用实验平台,开展体验类教学实验和成果展示。开设的教学实验有"交通标志设计与评估"、"汽车驾驶安全影响因素分析"等。

4. 可用性评测与人机交互实验室

可用性评测与人机交互实验室主要关注以下 3 个方面:产品的可用性,用户需求分析及用户研究,计算机人机交互测评。

在产品的可用性方面,重点针对现代信息产品的可用性测评开展实验与教学;在用户需求分析和用户研究方面,重点围绕如何运用工程手段把握用户的特征,从而保证产品开发的成功率进行实验与教学;在计算机人机交互测评方面,重点针对软件的界面设计、移动商务以及移动设备进行实验与教学。

1) 目标及对象

培养学生运用技术手段把握客户需求的能力,特别是提高他们针对当前流行的电子商务、软件和移动设备进行人性化设计的综合能力。

2) 实验室的硬件设备

该实验室的硬件设备有多通道的人机交互设备、生理反馈测试分析仪及分析软件、移动设备和掌上设备、环境测定仪、人机交互记录分析设备，见图 1-11。

图 1-11　学生在可用性评测与人机交互实验室做实验

3）实验室的软件系统

该实验室的软件系统有生理反馈分析软件和老年人视觉辅助软件。

4）开设实验的课程

在该实验室开设实验的课程主要有"人因工程基础"和"现代人因工程"。

5）开设的教学实验

在该实验室开设的主要教学实验包括"用户测试室和研究观察室内的监控设备的集成与使用"、"人机交互设备、移动电子产品评测样本的选取以及对操作结果的记录与分析"、"网络合作学习"、"基于网页搜索的界面设计评估和移动设备"。

中

篇

工业工程系列实验

chapter 2

物流方向实验

物流管理方向的课程有"运筹学"、"物流管理概论"、"需求与库存管理"、"企业生产与物流管理"、"物流网络系统规划"、"设施规划与物流分析"、"交通系统规划与控制"、"物流装备与信息化"等。配合这些课程开设了物流方向实验,包括"工厂、车间的设施规划设计"、"自动化立体仓库的仓储管理"、"物料的分拣管理"、"物流配送中心综合管理"、"多级库存管理"、"物流信息化"以及"交通规划与控制"等,具体内容如下所述。

2.1 设施规划与物流分析

设施规划与物流分析通过椅子装配车间的规划设计和减速器工厂的规划设计两个实验,让学生了解物料搬运设备的市场价格、性能等,掌握运用 AutoCAD,Proplanner 等工厂设计仿真软件绘制车间、工厂的设施布局图,分析计算物流流量,优化设施布局,掌握设计制造工厂设施的关键步骤和优化方法。

2.1.1 椅子装配车间的规划设计

1. 实验目的与任务

(1)掌握对装配车间进行设施规划设计的方法和步骤;

(2)掌握运用 Proplanner 软件对简单项目绘制设施布局图的方法,分析计算物流流量和优化设施布局。

2. 实验学时和实验组织

2学时,2人一组。

3. 实验环境

1) AutoCAD 2006 以上版本

AutoCAD 是 Autodesk 公司开发的通用计算机辅助绘图和设计软件,被广泛应用于机械、建筑、电子、航天、造船、石油化工、土木工程、冶金、气象、纺织、轻工等领域。

2) Proplanner 2.0

Proplanner 2.0 为物流设施规划仿真软件,主要包括 4 个软件模块:物流流量计算模块(Flow Path Calculator),车间布局规划模块(Workplace Planner),生产线平衡模块(Line Balancing)和工程管理模块(Proplanner)。物流流量计算模块和车间布局规划模块需要在 AutoCAD 环境中使用。物流流量计算模块可以计算在 AutoCAD 布局图中的人员和物料流,自动生成流图表,得到移动距离、时间和成本等统计数据。本实验主要采用物流流量计算模块进行设施规划设计。

4. 实验内容

建立一个椅子装配车间模型。椅子由下列零配件组成:椅子背、椅子座垫、扶手、电镀角、转椅底盘、气弹簧、脚轮和五金件组成,见表 2-1。

表 2-1　椅子配件

配 件 名 称	数量	配 件 名 称	数量
椅子背	1	转椅底盘	1
椅子座垫	1	气弹簧	1
扶手	2	脚轮	4
电镀角	1	五金件	8

椅子配件送到工厂后,使用叉车从收货区将其运到中心仓库内。配件从中心仓库运出后,先后送到工位 1、工位 2、工位 3、工位 4、工位 5 以完成初步装配。在工位 6 完成最终装配后,椅子被送到发货区。图 2-1 显示了整个加工过程。

搬运设备参数见表 2-2～表 2-4。

表 2-2　叉车参数

参　　数	数　　值	参　　数	数　　值
数量	1个	装载方式	货叉装载
固定成本	95 000 元	卸载方式	货叉卸载
搬运成本	5 元/h	平均速度	18.5km/h
人工成本	15 元/h	最高利用率	85%
可利用时间	480min		

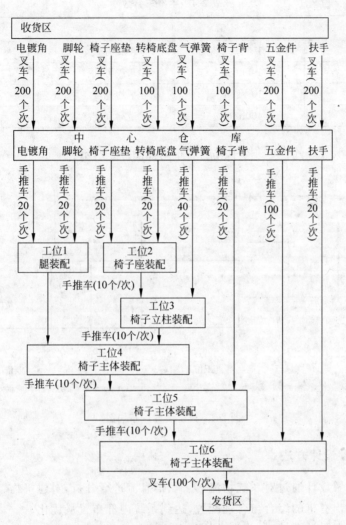

图 2-1　椅子装配工艺过程

表 2-3　人工搬运参数

参　数	数　值	参　数	数　值
数量	1人	卸载方式	货叉卸载
人工成本	15元/h	平均速度	50m/min
可利用时间	480min	最高利用率	85%
装载方式	货叉装载		

表 2-4　手推车参数

参　　数	数　　值	参　　数	数　　值
数量	1个	装载方式	货叉装载
固定成本	1 600元	卸载方式	货叉卸载
人工成本	10元/h	平均速度	50m/min
可利用时间	400min	最高利用率	85%

椅子的产量为 400 个/天。椅子装配厂布局如图 2-2 所示。

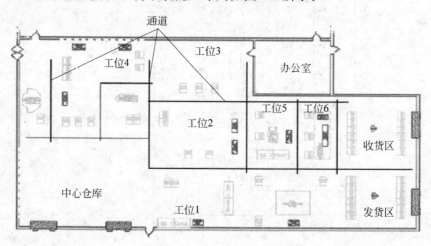

图 2-2　椅子装配厂布局图

5. 设施布置设计方法

物流设施布置设计通过对系统物流、人流、信息流进行分析,对建筑物、机器、设备、运输通道和场地等作出有机的组合与合理配置,达到系统内部布置最优化。

在系统化布置设计开始时,首先必须对企业的产品(材料)、数量(产量)、生产工艺过程、辅助服务部门和时间安排这 5 个基本要素进行分析(见图 2-3)。由产品产量分析,可以确定企业的生产类型(少品种大批量生产类型、多品种小批量生产类型、中等品种批量生产类型),进而确定企业内部应采取的设备布置形式。由工艺过程分析,可以确定所生产产品的工艺流程、物流路线、工序顺序等,它影响着各作业单位之间的关系、物料搬运路线、仓库及堆放地的位置等,直接影响着设备的静态空间结构。企业都是由多个生产部门、管理部门、仓储部门及辅助服务部门等组成的,而每个部门又可细分为更小的工段,每个工段又可进一步划分。通过辅助服务部门分析,可以全面了解企业的组成。由时间安排的分析,可以确定企业何时、用多长时间能生产出产品,包括作业、工序、流动、周转等的标准时间。这些因素决定着设备的数量、需要的面积和人员、工序的平衡安排等。

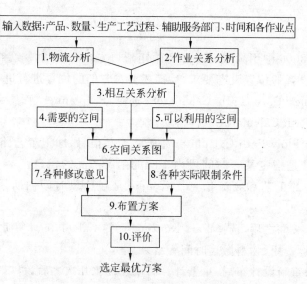

图 2-3　物流系统化布置设计流程示意图

1）企业的物流相互关系分析

物流分析包括确定物料在生产过程中每个必要工序之间移动的最有效顺序及其移动的强度和数量。通过工艺过程图、多种产品工艺过程表、从至表等工具，对设施内部各部门之间的物料搬运量进行分析，从而绘制物流相互关系表。在物流相互关系表中，由于直接分析大量物流数据较困难且无必要，故将物流强度转化为 5 个等级，分别用符号 A，E，I，O，U 表示，其物流强度逐渐减少，即超高物流强度、特高物流强度、较大物流强度、一般物流强度和可忽略搬运 5 种物流强度。

2）企业的非物流相互关系分析

当物流状况对企业的生产有重大影响时，物流分析是设施布置的重要依据，但也不能忽略非物流因素的影响，尤其是当物流对生产影响不大或无固定的物流时，工厂布置就不能依赖于物流分析了，而应当考虑其他因素对各部门相互关系的影响。

在大多数企业中，各部门之间既有物流联系也有非物流联系，因此 SLP 中，要将作业单位间的物流相互关系与非物流相互关系进行合并，求出综合相互关系。然后，由各部门综合相互关系实现各作业单位的合理布置。

3）物流设施布置设计图绘制

在系统化布置设计中，设施布置设计可以先忽略各部门的所需面积和几何形状，只从部门间相互关系密切程度出发，安排各部门之间的相对位置，关系密切、等级高的部门之间距离近，等级低的距离远，由此形成位置相关图。

面积相关图可以直接从位置相关图演化而来，但只能代表一个理论的、理想的布置设计方案，必须通过调整修正才能得到可行的布置设计方案。

6. 实验步骤

在 AutoCAD 2006 中用画线(Line)和画矩形(Rectangle)命令绘制各个设施设备的轮廓(此时对各设施设备的位置没有要求,后面还要对它们的位置进行进一步优化)。

进入 Proplanner Flow Path Calculator,选择 Proplanner 工具条上的 F 按钮激活 Proplanner Flow Path Calculator 软件模块。

在 Proplanner Flow Path Calculator 中输入产品信息、加工工艺路径信息、使用的搬运设施信息。＊.prd 是指定某一时间段内车间的生产产品的信息;＊.prt 是在同一时间段内各产品所需零件的工艺和物流信息;＊.mhe 是在这段时间内所用的物料搬运设备的信息。

编辑好这 3 个文件之后,选择 Part Routing 页的 Calculate 计算此时的物流强度、物流搬运距离、物流搬运费用、物料搬运时间等结果。

根据计算结果重新设计布局,重新计算。重复优化几次之后,可以得到较好的布局图。

7. 实验报告

(1) 按照图 2-4 给出的布局,计算物流流量;
(2) 根据物流流量分析各个设施之间的相互关系,并给出新的布局方案;
(3) 比较其中一些重要设计参数的变化对结果的影响。

2.1.2 减速器工厂的规划设计

1. 实验目的

(1) 通过一个真实的案例,掌握设计制造工厂设施布局的方法;
(2) 掌握运用设施布局规划设计软件进行工厂布局设计的方法;
(3) 了解工厂搬运设施和设备以及相关参数的选择方法。

2. 实验学时和实验组织

8 学时,2 人一组。

3. 实验环境

同椅子装配车间的规划设计。

4. 实验内容

利用后面给出的产品、成本、加工设备尺寸和工艺卡片等数据,使用 Proplanner 或其他仿真软件辅助设计和评估发动机减速器制造加工厂。设计时,需要考虑所有可能的因素,如布局图、机器数量、工人数量、物料搬运的方法和设备、缓存区大小、运作策略和公司未来增长情况(公司预计在未来 3 年每年产量增长 8%)。减速器加工厂的项目数据如下。

1) 产品

发动机减速器是工业上用于减少电机转速、提高扭矩的设备。减速器通常由轴承、齿轮组和箱体构成,图 2-4 和图 2-5 分别为二级减速器和三级减速器的产品结构图。减速器物料清单如图 2-6 所示。

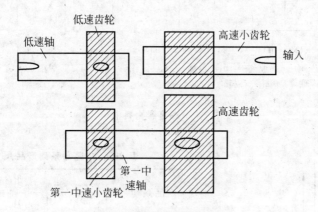

图 2-4　二级减速器结构图

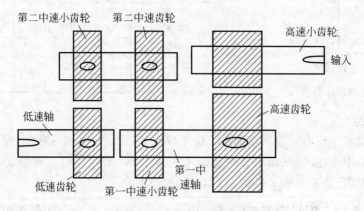

图 2-5　三级减速器结构图

2) 减速器箱体尺寸

减速器箱体形状如图 2-7 所示。减速器共有 6 个产品系列,分别为 100R,200R,300R,100L,200L 和 300L。每个系列产品的箱体尺寸见表 2-5。减速器箱体的加工工艺见表 2-6。

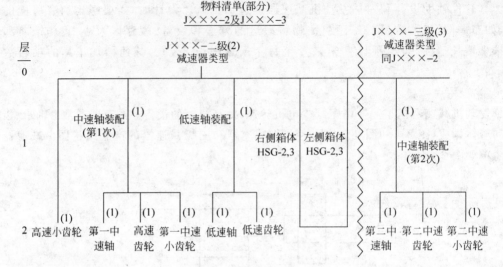

图 2-6 减速器物料清单

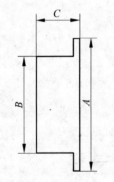

图 2-7 减速器箱体形状

表 2-5 减速器系列产品尺寸

产品系列	尺寸/in		
	A	B	C
100R	9	7	4.0
200R	10	8	5.0
300R	12	10	5.5
100L	9	7	7.0
200L	10	8	7.5
300L	12	10	8.0

3) 成本信息

这里说的成本主要有减速器箱体加工机床成本、齿轮轴加工机床成本、管理运行成本和销售成本。加工中心、多轴钻床和镗床的成本见表 2-7。齿轮和小齿轮轴加工机床成本见表 2-8。工厂的运行成本见表 2-9,销售成本见表 2-10。

表 2-6 减速器箱体加工工艺

工艺顺序	工　艺
1	对箱体的一侧铣、钻、攻螺纹(在加工中心上)
2	对箱体的另一侧铣、钻、攻螺纹
3	钻和攻法兰孔(在多轴钻床上)
4	对轴承、轴和密封圈粗镗孔
5	精镗孔

表 2-7 箱体加工机床成本

机床	成本/美元
加工中心	320 000
多轴钻床	200 000
镗床	150 000

表 2-8　齿轮和小齿轮轴加工机床成本

机　　床	成本/美元	机　　床	成本/美元
锯床	35 000	刨床	95 000
加工中心	50 000	磨床	150 000
轴和高速小齿轮加工的车床	130 000	铣床	80 000
齿轮加工的车床（CNC 车床）	200 000	清洗和密封装置	4 000
钻床（卡盘车床）	120 000	装卸载心轴装置	2 500
滚齿机	165 000	钳工台	500
剃齿机	100 000		

表 2-9　运行成本

占 地 面 积	6.5 美元/(ft² · 年)
建筑成本	60 美元/ft²
减少准备时间需要的成本 （美元/每个加工设备）	0～30%：1 500 美元 31%～50%：5 000 美元 51%～60%：9 500 美元 61%～75%：17 000 美元
人工成本	第一班的全部成本,第二班增加 30% 成本
工人	25 美元/h
管理人员	45 美元/h
工业工程师	65 000 美元/年
机床寿命	42 000h 或 12 年
所有机器的维修成本	为初始成本的 10%
生产成本	销售成本的 60%
库存成本	销售成本的 20%

表 2-10　销售成本

减速器类型	每年需求/台	定价/美元	供货周期/周(可变)
J100-2	2 500	750.00	4
J200-2	2 150	950.00	4
J300-2	1 600	1 000.00	4
J100-3	2 350	1 100.00	4
J200-3	1 750	1 400.00	4
J300-3	1 500	1 750.00	4

未来 3 年,预计销售量会增加 8%

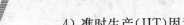

4) 准时生产(JIT)因素

所有工艺的初始废品率为3%。在每个车间实施产品质量过程控制(SPC)的成本为 12 000 美元,并能够使产品的废品率从 3% 降到 0.5%。整个工厂实施全面生产维护管理 (TPM)的固定成本为 100 000 美元,每年还需要 35 000 美元。全面生产维护管理可以减少 75% 的故障时间。

5) 面积

工厂有 15 英亩土地可以使用,计划 2 000ft² 的面积用于装配,3 000ft² 的面积用于办公。

6) 产品重量

6 个系列的产品重量见表 2-11。

表 2-11 产品重量

减速器类型	重量/lb	减速器类型	重量/lb
J100-2	80	J100-3	90
J200-2	110	J200-3	120
J300-2	150	J300-3	160

7) 停工原因

工厂会因为加工和搬运设备故障而造成停工,具体停工设备和恢复生产所需要的平均维修时间见表 2-12。

表 2-12 设备故障时间和平均维修时间

停工设备类型	故障时间占全年工作时间的比例/%	平均维修时间/h
锯床	2.5	1.5
加工中心	1	2
车床	3	1.5
滚齿机	6	2.5
刨齿机	4	3.1
铣床	3	2.5
汽缸磨床	5	3.9
清洗和密封设备	1	3.3
绞孔机	3	3.4
端面磨床	5	2.1
加工中心	4	1.8
多轴钻床	7	2.1
镗床	5	2.1
叉车	8	2.4
桥式起重机/电葫芦	5	1.3

8）齿轮工艺路径

齿轮需要经过车削、滚齿、刨齿、铣键槽、清洗和密封等加工工艺。高速小齿轮工艺路径见表 2-13。高速齿轮工艺路径见表 2-14。第一中速小齿轮工艺路径见表 2-15。第二中速小齿轮具有同第一中速小齿轮相同的工艺路径和准备时间，加工时间比第一中速小齿轮长 5％。

表 2-13 高速小齿轮工艺路径

工艺序号	工艺描述	减速器类型					
		J100-×		J200-×		J300-×	
		准备时间/(min/工艺)	加工时间/(min/个)	准备时间/(min/工艺)	加工时间/(min/个)	准备时间/(min/工艺)	加工时间/(min/个)
1	锯床	20.0	2.30	20.0	2.50	15.0	3.00
2	加工中心	30.0	3.00	35.0	3.53	40.0	3.91
3	车床	35.0	2.50	35.0	3.30	30.0	4.20
4	滚齿	60.0	6.00	65.0	6.27	70.0	6.94
5	刨齿	45.0	5.00	50.0	5.50	50.0	6.08
6	铣键槽	30.0	3.85	30.0	4.09	30.0	4.53
7	磨外沿	50.0	4.00	55.0	4.76	60.0	5.27
8	清洗和密封	5.0	1.00	5.0	1.20	5.0	1.50

表 2-14 高速齿轮工艺路径

工艺序号	工艺描述	减速器类型					
		J100-×		J200-×		J300-×	
		准备时间/(min/工艺)	加工时间/(min/个)	准备时间/(min/工艺)	加工时间/(min/个)	准备时间/(min/工艺)	加工时间/(min/个)
1	磨削坯料端面	30.0	1.50	30.0	1.68	30.0	1.86
2	对坯料钻孔	35.0	1.75	40.0	1.96	45.0	2.17
3	安装心轴	1.5	3.00	1.5	3.36	1.5	3.72
4	车坯料外圆	55.0	0.91	60.00	1.16	65.00	1.61
5	滚齿	60.0	3.25	65.0	3.64	70.0	4.03
6	刨齿	40.0	2.20	45.0	2.46	50.0	2.73
7	卸载心轴	0.5	1.50	0.5	1.68	0.5	1.86
8	铣键槽	45.0	0.55	50.0	0.62	60.0	0.682
9	清洗和密封	5.0	0.60	5.0	0.67	5.0	0.744

表 2-15 第一中速小齿轮工艺路径

工艺序号	工艺描述	减速器类型					
		J100-×		J200-×		J300-×	
		准备时间/ (min/工艺)	加工时间/ (min/个)	准备时间/ (min/工艺)	加工时间/ (min/个)	准备时间/ (min/工艺)	加工时间/ (min/个)
1	磨削坯料端面	30.0	1.75	30.0	1.96	30.0	2.17
2	对坯料钻孔	35.0	1.85	35.0	2.07	35.0	2.29
3	安装心轴	1.5	3.00	1.5	3.36	1.5	3.72
4	车坯料外圆	55.0	1.10	60.00	1.41	65.00	1.94
5	滚齿	60.0	4.50	65.0	5.04	70.0	5.58
6	刨齿	40.0	3.20	45.0	3.58	50.0	3.97
7	去除心轴	0.5	1.50	0.5	1.68	0.5	1.86
8	铣键槽	45.0	0.89	50.0	0.90	60.0	0.99
9	清洗和密封	5.0	0.60	5.0	0.67	5.0	0.74

9) 齿轮的搬运

齿轮加工过程中需要在各个加工设备间装载、卸载和搬运。表 2-16~表 2-19 分别给出了高速小齿轮、高速齿轮、第一中速小齿轮和低速齿轮在各个加工工位的装卸载时间。第二中速小齿轮具有同第一中速小齿轮相同的装卸载时间。

表 2-16 高速小齿轮在各个加工工位的装卸载时间 min/个

工艺序号	工艺描述	减速器类型					
		J100-×		J200-×		J300-×	
		装载	卸载	装载	卸载	装载	卸载
1	锯床	0.4	0.30	0.45	0.34	0.50	0.37
2	加工中心	0.2	0.25	0.22	0.28	0.25	0.31
3	车外圆	0.2	0.25	0.22	0.28	0.25	0.31
4	滚齿	1.5	0.50	1.68	0.56	1.86	0.62
5	刨齿	1.3	0.50	1.46	0.56	1.61	0.62
6	铣键槽	2.5	1.10	2.80	1.23	3.10	1.36
7	磨外沿	1.2	0.60	1.34	0.67	1.49	0.74
8	清洗和密封	0.1	1.10	0.11	0.11	0.12	0.12

表 2-17　高速齿轮在各个加工工位的装卸载时间　　　min/个

工艺序号	工艺描述	减速器类型					
		J100-×		J200-×		J300-×	
		装载	卸载	装载	卸载	装载	卸载
1	磨削坯料端面	0.45	0.30	0.50	0.34	0.56	0.37
2	对坯料钻孔	0.21	0.25	0.24	0.28	0.26	0.31
3	安装心轴	0.00	0.00	0.00	0.00	0.00	0.00
4	车坯料外圆	0.35	0.50	0.39	0.56	0.43	0.62
5	滚齿	0.45	0.50	0.50	0.56	0.56	0.62
6	刨齿	0.50	1.10	0.56	1.23	0.62	1.36
7	卸载心轴	0.00	0.00	0.00	0.00	0.00	0.00
8	铣键槽	0.20	0.10	0.22	0.11	0.25	0.12
9	清洗和密封	0.20	0.10	0.22	0.11	0.25	0.12

表 2-18　第一、二中速小齿轮在各个加工工位的装卸载时间　　　min/个

工艺序号	工艺描述	减速器类型					
		J100-×		J200-×		J300-×	
		装载	卸载	装载	卸载	装载	卸载
1	磨削坯料端面	0.50	0.30	0.56	0.34	0.62	0.37
2	对坯料钻孔	0.25	0.25	0.28	0.28	0.31	0.31
3	安装心轴	0.00	0.00	0.00	0.00	0.00	0.00
4	车坯料外圆	0.50	0.50	0.56	0.56	0.62	0.62
5	滚齿	0.55	0.50	0.62	0.56	0.68	0.62
6	刨齿	0.50	1.10	0.56	1.23	0.62	1.36
7	卸载心轴	0.00	0.00	0.00	0.00	0.00	0.00
8	铣键槽	0.20	0.10	0.22	0.11	0.25	0.12
9	清洗和密封	0.20	0.10	0.22	0.11	0.25	0.12

表 2-19　低速齿轮在各个加工工位的装卸载时间　　　min/个

工艺序号	工艺描述	减速器类型					
		J100-×		J200-×		J300-×	
		装载	卸载	装载	卸载	装载	卸载
1	车外圆和端面	0.6	0.45	0.62	0.50	0.68	0.56
2	车外圆和钻孔	0.4	0.30	0.39	0.34	0.43	0.37
3	滚齿	3.5	0.50	3.92	0.56	4.34	0.62
4	刨齿	2.8	1.20	3.14	1.34	3.47	1.49
5	铣键槽	1.6	0.60	1.79	0.67	1.98	0.74
6	清洗和密封	0.2	0.10	0.17	0.11	0.19	0.12

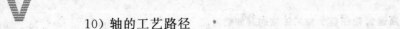

10）轴的工艺路径

轴需要经过车削、铣键槽、铣键槽、清洗和密封等加工工艺。中速轴的工艺路径见表 2-20，低速轴的工艺路径见表 2-21。

表 2-20　中速轴的工艺路径

工艺序号	工艺描述	减速器类型					
		J100-×		J200-×		J300-×	
		准备时间/(min/工艺)	加工时间/(min/个)	准备时间/(min/工艺)	加工时间/(min/个)	准备时间/(min/工艺)	加工时间/(min/个)
1	锯床	20.0	2.10	20.0	2.35	20.0	2.60
2	加工中心	30.0	3.15	35.0	3.53	40.0	3.91
3	车外圆	35.0	3.50	35.0	3.92	35.0	4.34
4	铣键槽	30.0	4.50	30.0	5.04	30.0	5.58
5	铣键槽	50.0	5.50	55.0	6.16	60.0	6.82
6	清洗和密封	5.0	0.75	5.0	0.84	5.0	0.93

表 2-21　低速轴的工艺路径

工艺序号	工艺描述	减速器类型					
		J100-×		J200-×		J300-×	
		准备时间/(min/工艺)	加工时间/(min/个)	准备时间/(min/工艺)	加工时间/(min/个)	准备时间/(min/工艺)	加工时间/(min/个)
1	锯床	20.0	2.25	20.0	2.52	20.0	2.79
2	加工中心	30.0	3.50	35.0	3.92	40.0	4.34
3	车外圆	35.0	3.85	35.0	4.31	35.0	4.77
4	铣键槽	30.0	4.60	30.0	5.15	30.0	5.70
5	磨外沿	50.0	5.60	55.0	6.27	60.0	6.94
6	清洗和密封	5.0	0.80	5.0	0.90	5.0	0.99

11）齿轮的工艺路径

表 2-22 为低速齿轮的工艺路径，第二中速齿轮具有相同的工艺路径和准备时间，加工时间为上述时间的 92%。

12）轴的搬运

表 2-23 为中速轴搬运时间，表 2-24 低速轴搬运时间。

13）箱体工艺路线

二级减速器箱体的工艺路线见表 2-25 和表 2-26，三级减速器箱体的工艺路线见表 2-27和表 2-28。

表 2-22　低速齿轮的工艺路径

工艺序号	工艺描述	减速器类型					
		J100-✕		J200-✕		J300-✕	
		准备时间/(min/工艺)	加工时间/(min/个)	准备时间/(min/工艺)	加工时间/(min/个)	准备时间/(min/工艺)	加工时间/(min/个)
1	一侧车外圆和端面	30.0	3.25	30.0	3.64	35.0	4.03
2	另一侧车外圆和钻孔	20.0	1.60	20.0	1.79	25.0	1.98
3	滚齿	120.0	15.50	120.0	17.36	120.0	19.22
4	刨齿	75.0	12.40	75.0	13.89	75.0	15.38
5	铣键槽	55.0	1.10	55.0	1.23	60.0	1.36
6	清洗和密封	5.0	0.60	5.0	0.67	5.0	0.74

表 2-23　中速轴的搬运时间　　　　　　　　　　　min/个

工艺序号	工艺描述	减速器类型					
		J100-✕		J200-✕		J300-✕	
		装载	卸载	装载	卸载	装载	卸载
1	锯床	0.5	0.40	0.56	0.45	0.62	0.50
2	加工中心	0.3	0.25	0.28	0.28	0.31	0.31
3	车外圆	0.4	0.25	0.39	0.28	0.43	0.31
4	铣键槽	2.6	1.15	2.91	1.29	3.22	1.43
5	磨外沿	1.4	0.60	1.51	0.67	1.67	0.74
6	清洗和密封	0.2	0.10	0.17	0.11	0.19	0.12

表 2-24　低速轴的搬运时间　　　　　　　　　　　min/个

工艺序号	工艺描述	减速器类型					
		J100-✕		J200-✕		J300-✕	
		装载	卸载	装载	卸载	装载	卸载
1	锯床	0.6	0.45	0.62	0.50	0.68	0.56
2	加工中心	0.4	0.30	0.39	0.34	0.43	0.37
3	车外圆	0.5	0.30	0.50	0.34	0.56	0.37
4	铣键槽	2.8	1.20	3.14	1.34	3.47	1.49
5	磨外沿	1.6	0.60	1.79	0.67	1.98	0.74
6	清洗和密封	0.2	0.10	0.17	0.11	0.19	0.12

表 2-25　减速器右侧箱体 HSG-2 的工艺路线

工艺序号	工艺描述	减速器类型					
		J100-×		J200-×		J300-×	
		准备时间/(min/工艺)	加工时间/(min/个)	准备时间/(min/工艺)	加工时间/(min/个)	准备时间/(min/工艺)	加工时间/(min/个)
1	加工一侧	35.0	9.10	35.0	10.56	35.0	11.28
2	加工另一侧	25.0	7.90	25.0	9.16	25.0	9.80
3	钻法兰孔	130.0	1.68	130.0	1.95	180.0	2.08
4	箱体粗膛孔	200.0	2.86	200.0	3.32	200.0	3.55
5	箱体精膛孔	45.0	1.81	45.0	2.10	55.0	2.24
6	清洗和密封	5.0	1.50	5.0	1.74	5.0	1.86

表 2-26　减速器左侧箱体 HSG-2 的工艺路线

工艺序号	工艺描述	减速器类型					
		J100-×		J200-×		J300-×	
		准备时间/(min/工艺)	加工时间/(min/个)	准备时间/(min/工艺)	加工时间/(min/个)	准备时间/(min/工艺)	加工时间/(min/个)
1	加工一侧	35.0	13.80	35.0	16.01	35.0	17.11
2	加工另一侧	25.0	9.80	25.0	11.37	25.0	12.15
3	钻法兰孔	130.0	1.68	130.0	1.95	180.0	2.08
4	箱体粗膛孔	200.0	5.24	200.0	6.08	200.0	6.50
5	箱体精膛孔	45.0	4.55	45.0	5.28	55.0	5.64
6	清洗和密封	5.0	1.50	5.0	1.74	5.0	1.86

表 2-27　减速器右侧箱体 HSG-3 的工艺路线

工艺序号	工艺描述	减速器类型					
		J100-×		J200-×		J300-×	
		准备时间/(min/工艺)	加工时间/(min/个)	准备时间/(min/工艺)	加工时间/(min/个)	准备时间/(min/工艺)	加工时间/(min/个)
1	加工一侧	35.0	10.47	35.0	12.14	35.0	12.98
2	加工另一侧	25.0	9.09	25.0	10.54	25.0	11.27
3	钻法兰孔	130.0	1.93	130.0	2.24	180.0	2.40
4	箱体粗膛孔	200.0	3.29	200.0	3.82	200.0	4.08
5	箱体精膛孔	45.0	2.08	45.0	2.41	55.0	2.58
6	清洗和密封	5.0	1.73	5.0	2.00	5.0	2.14

表 2-28 减速器左侧箱体 HSG-3 的工艺路线

工艺序号	工艺描述	减速器类型					
		J100-×		J200-×		J300-×	
		准备时间/(min/工艺)	加工时间/(min/个)	准备时间/(min/工艺)	加工时间/(min/个)	准备时间/(min/工艺)	加工时间/(min/个)
1	加工一侧	35.0	16.01	35.0	18.57	35.0	19.85
2	加工另一侧	25.0	11.37	25.0	13.19	25.0	14.10
3	钻法兰孔	130.0	1.95	130.0	2.26	180.0	2.42
4	箱体粗膛孔	200.0	6.08	200.0	7.05	200.0	7.54
5	箱体精膛孔	45.0	5.28	45.0	6.12	55.0	6.54
6	清洗和密封	5.0	1.74	5.0	2.02	5.0	2.16

14) 箱体搬运

各减速器箱体的搬运时间见表 2-29 和表 2-30。

表 2-29 右侧箱体 HSG-2 和 HSG-3 的搬运时间   min/个

工艺序号	工艺描述	减速器类型					
		J100-×		J200-×		J300-×	
		装载	卸载	装载	卸载	装载	卸载
1	加工一侧	0.5	0.30	1.1	0.6	1.5	0.9
2	加工另一侧	0.5	0.30	1.1	0.6	1.5	0.9
3	钻法兰孔	0.8	0.30	1.7	0.6	2.4	0.9
4	箱体粗膛孔	2.0	0.70	4.2	1.5	6.0	2.1
5	箱体精膛孔	2.0	0.70	4.5	1.5	6.0	2.1
6	清洗和密封	0.3	0.20	0.5	0.4	0.8	0.6

表 2-30 左侧箱体 HSG-2 和 HSG-3 的搬运时间   min/个

工艺序号	工艺描述	减速器类型					
		J100-×		J200-×		J300-×	
		装载	卸载	装载	卸载	装载	卸载
1	加工一侧	0.6	0.30	1.3	0.6	1.8	0.9
2	加工另一侧	0.6	0.30	1.3	0.6	1.8	0.9
3	钻法兰孔	0.9	0.30	1.9	0.6	2.7	0.9
4	箱体粗膛孔	2.1	0.70	4.4	1.5	6.3	2.1
5	箱体精膛孔	2.1	0.70	4.4	1.5	6.3	2.1
6	清洗和密封	0.3	0.20	0.6	0.4	0.9	0.6

15）加工机床的尺寸

减速器各加工工艺所需要的加工机床有车削加工中心、多轴钻床、镗床、锯床、铣削加工中心、车床、刨床、滚铣床、磨床、铰孔床等。这些加工设备的外观尺寸如图 2-8 所示。

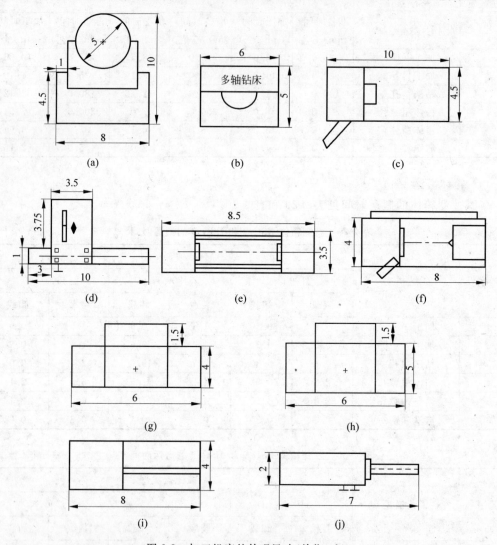

图 2-8　加工机床的外观尺寸（单位：ft）

（a）加工中心；（b）多轴钻床；（c）镗床；（d）锯床；（e）铣削加工中心；

（f）车床；（g）刨床；（h）滚铣床；（i）磨床；（j）绞孔床

5. 实验步骤

（1）确定车间数量、车间运行策略（一班制还是两班制）、车间大小（根据每个车间机床数量确定)、每个车间的工人数量、机床数量和人工成本,并为未来 3 年的发展预留空间。

(2) 确定需要的工人数量、缓冲区水平,以及如何减少加工准备时间、减少废品率、减少非计划停工时间和交叉训练的成本。

6. 实验报告

实验报告最多 20 页,报告内容应包括以下内容:

(1) 工厂设施设计方案,如加工单元的数量、生产批量大小和需要的制造辅助区域等;

(2) 工厂内物料搬运的规划设计;

(3) 每个加工单元加工设备的数量、工人数量、人员分工、物料搬运、加工单元布置的描述;

(4) 工厂总的运营成本(如批次加工成本、人工成本和库存成本);

(5) 未来 3 年的发展计划。

2.2　仓储管理

通过自动化立体仓库的盘库和出入库管理两个实验,让学生了解自动化立体仓库系统的构成和运行原理,掌握自动化立体仓库的各种操作方法,以及深入理解自动化立体仓库优化调度和控制的原理和相关算法。

2.2.1　自动化立体仓库的盘库作业优化实验

1. 实验目的与任务

(1) 掌握自动化立体仓库系统的构成和运行原理;

(2) 了解自动化立体仓库系统的关键技术;

(3) 掌握自动化立体仓库盘库的优化调度方法。

2. 实验学时和实验组织

2 学时,2 人一组。

3. 实验环境

一座单排 8 列 5 层 40 货位的自动化立体仓库系统(见图 2-9),通过仓储管理系统进行日常操作管理。使用条形码进行库位识别,以周转箱或者木制托盘为仓储单元存放货物。自动化立体仓库系统使用单立柱巷道式堆垛机进行货物自动存取。堆垛机的水平速度为

0.4m/s,垂直速度为 0.6m/s。

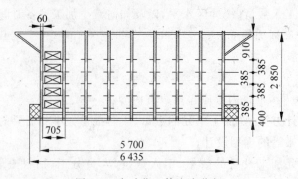

图 2-9　自动化立体仓库货架

　　仓储管理系统由数据服务器、管理计算机以及网络服务器的接口等组成(见图 2 10)。数据服务器使用 SQL Server 数据库进行数据管理。自动化立体仓库管理系统运行在管理计算机上,实现对堆垛机的远程控制,包括自动化仓库的货物存取操作、自动入/出库作业处理、自动台账管理、数据查询、输出报表以及系统参数维护等功能(见图 2-11)。仓储管理系统通过路由器与数据服务器连接,通过 OLE DB 数据接口与网络数据库 SQL Server 完成数据连接。

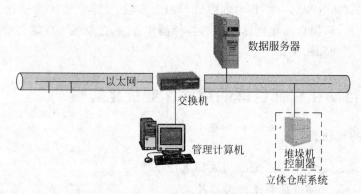

图 2-10　自动化立体仓库管理系统硬件结构

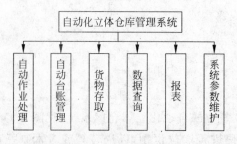

图 2-11　自动化立体仓库管理系统功能示意图

4. 实验内容

设计自动化立体仓库自动盘库动作和相关控制程序,完成文本文件给出的指定货位的盘库作业,时间越短越好。

盘库是对仓库的整体或部分进行盘点核对的过程,要求能够合理安排指定货位的盘库作业。通过管理计算机给立体仓库发布盘库作业任务,堆垛机接收到指令之后从立体库货架上把托盘取出,读取托盘上的条码,然后把条码信息发回 PLC(可编程序控制器),同时把托盘送回原来的货位。

由于大型立体仓库的货架比传统的货架更高、更长,所以存、取货作业方式采用高速的货架堆垛机。堆垛机的技术参数和作业方式选择对立体仓库的货物进、出库和盘库效率有很大的影响。堆垛机的技术参数主要包括堆垛机的运行周期、速度、加速度,货叉完成一次存货或取货的时间,以及载重量等。在堆垛机技术参数确定的情况下,仓库的管理策略和堆垛机作业方式的选择非常重要。图 2-12 是单巷道固定货架结构示意图。

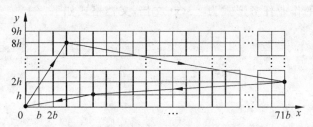

图 2-12 单巷道固定货架结构示意图

本次实验是指定货位的盘库,系统的效率取决于堆垛机盘库作业路径的优劣。

堆垛机的工作类型有入库、入库修正、出库、指定货位出库、搬库、回原点、指定货位盘库、自动盘库和指定货位入库。

(1)入库。人工将托盘放到任一活动小车上,将小车推到货架两端的任一入、出库点定位,将小车上的插销插入定位孔,然后按下货架上该站台的确认按钮,堆垛机将自动运行至该入库口处将托盘取走,然后自动在货架中查找一个空货位并将托盘送入该货位,同时将该托盘的托盘号和货位信息记入内存并上报管理机。堆垛机将托盘取走后可立即往小车上放置新的托盘,进行下一条入库作业,而不用等待堆垛机空闲。

(2)入库修正。入库过程中,如果由于特殊原因,堆垛机在运行至所找到的货位后探测到其中已放有货物,堆垛机将重新分配一个空货位将托盘放入,同时将前一货位设置为问题货位并上报给管理机。

(3)出库。堆垛机接受监控机指令,将指定的托盘取出送至指定的站台上。如果取出的托盘与指定的不符,堆垛机会将其自动放回原位。

(4)指定货位出库。堆垛机接受监控机指令,由指定的货位将托盘取出送至指定的站台上而不管该托盘是否与指定的相同。

(5) 搬库。堆垛机接受监控机指令,由指定的货位将托盘取出送至另一指定的空货位。

(6) 回原点。堆垛机自动运行到 0 列 1 层。此功能可用于手动操作前将堆垛机调回,以便操作人员使用。

(7) 指定货位盘库。堆垛机接受监控计算机指令,由指定的货位将托盘取出。

(8) 自动盘库。堆垛机自动从头至尾依次将所有货位的托盘取出,阅读条码后将托盘送回原货位。本次盘库如未能盘完整个巷道,堆垛机会记忆最后的位置,以便下次盘库时由此继续。如需终止自动盘库作业,需在监控机上下发终止盘库命令。

(9) 指定货位入库。在站台上放置托盘并确认入库之前先在计算机或地面站上输入指定入库作业,再进行入库确认,堆垛机会将托盘放入指定货位。

5. 实验要求

(1) 盘库优化控制程序的并发语言不限;

(2) 程序能够同自动化立体仓库系统联机;

(3) 需要完成的作业任务形式为 ∗.txt 文档,文档格式如下:

层,列

2,3

4,5

2,1

5,2

1,8

2,2

(4) 程序能够读入作业任务文档,并能够顺利完成实验任务;

(5) 记录任务完成需要的时间。

6. 方法和步骤

(1) 连接 SQL Server 2000 数据服务器;

(2) 读入教师给出的文本格式的作业任务;

(3) 根据自己编制的堆垛机路径优化算法,计算堆垛机的最优盘库路径;

(4) 根据计算结果向数据库写入堆垛机作业任务;

(5) 堆垛机开始按照指定的顺序进行盘库作业;

(6) 盘库作业结束后,给出堆垛机行走路径和盘库报告。

7. 实验报告

(1) 给出本小组堆垛机的调度原理和控制逻辑;

(2) 进行实验结果分析;

(3) 给出小组成员分工;

（4）给出程序开发方法和步骤；

（5）给出程序源代码。

8. 思考题

堆垛机的作业时间取决于哪些因素？

2.2.2　自动化立体仓库的出入库实验

1. 实验目的与任务

（1）掌握自动化立体仓库系统的构成和运行原理；

（2）了解自动化立体仓库出入库系统的操作方法和流程；

（3）掌握自动化立体仓库出入库的优化调度方法。

2. 实验学时和实验组织

2 学时，2 人一组。

3. 实验环境

同自动化立体仓库盘库作业优化实验。

4. 实验内容

设计立体仓库自动出入库动作和相关程序，能够完成教师给出的出入库作业任务，并使出库作业任务（客户订单）延误时间最少，全部作业任务完成的时间最少。

出入库作业任务存储在 ASRSTask 数据表中。实验开始前，ASRSTask 数据表是空的；实验开始后，教师向 ASRSTask 表中添加作业任务记录。作业任务添加的时间间隔是随机的，范围在 2～10min。作业任务包含的信息有需要出入库的货物编号、出入库的货物数量、作业任务类型（入库或出库）、作业任务完成的时间要求和作业任务下达的时间（该条数据记录加入时的系统时间）。

堆垛机的出、入库搬运分为单一作业循环和复合作业循环两种。从原始位置出发到指定货位完成一次取货或存货后，重新回到原始位置待命为一个单一作业循环；从原始位置出发到某指定货位完成一次存货后，又到另一指定货位完成一次取货，然后返回原始位置为一个复合作业循环。图 2-13 为堆垛机复合作业示意图。

复合作业是当仓库有出库任务，同时又存在入

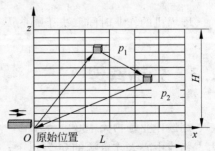

图 2-13　堆垛机复合作业示意图

库任务时,在不影响出库任务及时完成的前提下,为了减少整体操作时间,给堆垛机交替下发出库、入库任务,使堆垛机在完成出库任务的同时执行入库任务。表 2-31 是出、入库任务的示例。

表 2-31 出、入库任务示例

任务到达顺序	货物名称	作业任务类型	任务到达时间	任务量	任务完成时间要求	每次操作量	单位重量/kg
1	A	入库	8:10	2 000 个	无	100 个	5
2	B	出库	8:11	48 箱	8:19	4 箱	100
3	C	出库	8:13	500 盒	无	50 盒	3
4	D	入库	8:13	40 打	无	4 打	50

由表 2-31 可以看出,A 任务最先到达,B 任务的优先权最高,C,D 同时到达。在 A 任务的一个批次入库作业完成后,加入 B 的出库任务,来满足 B 任务的出库时间要求。当 B 任务完成后,再继续完成 A 任务的入库作业。

5. 实验要求

(1) 程序能够同自动化立体仓库系统联机;

(2) 根据给出的作业任务,程序能够顺利完成实验任务;

(3) 记录任务完成需要的时间。

6. 实验报告

(1) 给出本小组堆垛机的调度原理和控制逻辑;

(2) 进行实验结果分析;

(3) 给出小组成员分工;

(4) 给出程序开发方法和步骤;

(5) 给出程序源代码。

7. 思考题

堆垛机的作业时间取决于哪些因素?

2.3 分拣管理

拣选作业是物流中心业务流程中一个非常重要的环节。一般情况下,拣选作业所需人力占物流中心人才资源的 50% 以上;拣选作业所需时间占物流中心作业时间的 40%;拣选作业的成本占物流中心总成本的 15%~20%。因此拣选作业是决定一个物流中心能否高效运作的关键环节。

通过分拣管理实验,使学生掌握电子标签在配送中心系统中应用的原理和方法,并能够运用物流信息采集和系统集成的方法设计电子标签分拣系统。

2.3.1　摘果式电子标签分拣系统设计

1. 实验目的与任务

(1) 了解电子标签系统在分拣系统中的各种应用;
(2) 掌握摘果式电子标签分拣系统的实现原理;
(3) 掌握电子标签分拣系统的设计和信息采集方法。

2. 实验学时和实验组织

3 学时,2 人一组。

3. 实验环境

本实验采用 ATOP 公司的 ABLEPick 电子标签系统、货架和无动力滚柱式传送带。基本的电子标签系统包括一台计算机、一个控制器、拣选标签和货位指示器、订单指示器和完成指示器(见图 2-14)。

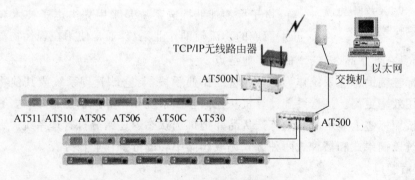

图 2-14　电子标签系统结构

1) 电子标签

在电子辅助拣选系统中电子标签是使用数量最多的组件,主要功能为标识需要拣选货品的货位并显示需要拣选货品的数量。在摘果式电子标签辅助拣选系统中,电子标签安装在货架上,每个电子标签代表一种货品;在播种式电子标签辅助拣选系统中,每个电子标签代表一张订单(见图 2-15)。

2) 货单号码显示器

在系统中订单显示器是用来显示拣选单号的,有两种型号可供选择。大订单显示器可安装在远距离并且能够看得到的地方,标准型和经济型电子标签可安装在标准梁上。此电子设备既可作为订单显示器,也可作为等待订单显示器和下一信道指示器(见图2-16)。

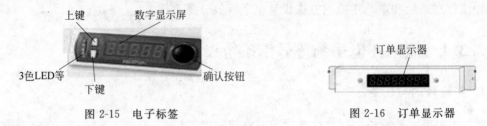

图 2-15　电子标签

图 2-16　订单显示器

3) DTA 数据/电源控制器

DTA 数据控制器用来连接上位机与电子标签的通信。在电子标签辅助拣选系统中,DTA 数据控制器是整个系统通信的枢纽,它上连 PC 机,下连电子标签,在实际应用中每个 DTA 数据控制器可连接最多 256 个电子标签、大于 50 个区段/通道拣选指示器、大于 50 个订单显示器。根据需要,每台 PC 机可扩展到 200 个 DTA 数据控制器,可以形成较大的电子标签辅助拣选系统(见图 2-17)。

图 2-17　DTA 数据/电源
控制器

4) 控制 PC 机

控制 PC 机是整个拣选系统的灵魂部分,直接负责控制 DTA 数据控制器、电子标签等通信,完成监控、拣选和盘点作业并处理相应的数据。

电子标签辅助拣选系统是采用先进电子技术和通信技术开发而成的物流辅助作业系统,通常使用在现代物流中心货物分拣环节,具有效率高、差错率低的作业特点。

电子标签辅助拣选系统作为一种先进的作业手段,与仓储管理系统或其他物流管理系统配合使用效率更高。拣选系统计算机从仓储管理系统获得分拣信息,并发送给电子标签。分拣人员按照标签上显示的数量拣选货品并把拣选状态返还给分拣管理系统。

此系统以摘果式和播种式两种方式完成仓储中心的分拣作业任务。

5) 通信接口

ABLEPick 是基于标准 TCP/IP 网络的一套分拣设备(见图 2-18)。信息通过 TCP/IP 网关在计算机和底层设备间传输。使用 ABLEPick API 中的函数可以设计自己的分拣系统。API 是 DLL 格式的,可以在 Windows XP 环境中,使用 Delphi,Visual FoxPro,Visual Basic 等软件进行开发。

4. 实验内容

下面先对摘果式电子标签分拣系统作一介绍。

摘果式分拣系统将电子标签安装于货架储位上,一般情况下,一个储位放置一个品种货

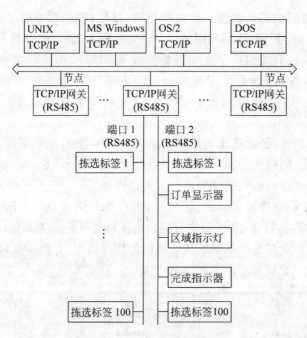

图 2-18　ABLEPick 系统

物,即一个电子标签代表一个品种货物,并且以一张订单为一次处理的单位。系统会将订单中有订货的货物所处的储位的电子标签亮起,检货人员依照灯号与显示的数字将货品自储位上取出(见图 2-19)。

图 2-19　摘果式分拣系统

此种拣货方式大多应用于配送对象多但商品储位固定、不经常移动的情况。

摘果式分拣系统的作业流程如下:

(1)拣选作业员在分拣系统中输入拣选作业信息和拣选订单号。

(2)控制器将信息传送至货架上的电子标签。

（3）电子标签显示出拣选数量。在每个货格（储位）安装一个电子标签的应用系统中，显示数据即为要拣选的数量，数据范围为 0～99 999，同时 LED 红色指示灯亮。

（4）在货架每一层只安装一个电子标签的应用系统中，小数点前面的数据显示该层中要拣选的货位代号，表示的数据范围为 0～9，A～F 共 16 个数据；小数点后面的数据显示要拣选的数量，可显示的数据范围为 0～9 999，同时 LED 红色指示灯亮。

（5）拣选（见图 2-20）

① 工作人员根据区段/通道拣选指示器的指示，进入要拣选的通道；

② 按照电子标签的拣选指示，在该货位中拣选指定数量的货品；

③ 按下 Confirm 键确认完成该货位的拣选动作；

④（当一个电子标签管理多个储位时）如果电子未熄灭并显示不同的货位代码，表示该层还有货物需要拣选，执行②，③步动作直到该电子标签完全熄灭为止；

⑤ 在同一通道中点亮的电子标签执行相同的拣选动作，直到完成该通道的拣选任务后按下 Confirm 键，确认已完成了通道的拣选作业。

图 2-20　拣选步骤示意图

拣选作业由订单下达、储位识别、拣取货物、核对数量、汇总等一系列动作组成。本实验要求学生根据拣选作业的特点，设计和开发摘果式系统，实现订单分拣操作流程，提高分拣效率。

5. 实验要求

（1）使用 API（application programming interface，是软件开发商留给用户应用程序的一个调用接口）对电子标签的硬件系统进行控制，设计并完成程序的开发和调试，并能够连接设备使用。

（2）可采用 Delphi，Visual Basic，Visual Foxpro 等开发工具，选用 MySQL 和 Access 等中小型数据库。

（3）代码编写要符合软件编写规范。

（4）要求用户订单数据能够从外部文件导入，扩展名采用 DAT，例如 200710301. DAT。

（5）拣选订单文件的内容共包含 6 项字段数据，分别为日期（日期格式为 2007/11/10）、订单号码、客户代号、客户名称、货品编码和订购量。一笔订单数据为一行，一行中的每一字段数据以逗点（,）分开。逗点与数据间没有空白。订单号码必须唯一，不可重复。订单文本文件范例如下：

2009/07/10,960001,742801,光复门市,AP00001,6
2009/07/10,960001,742801,光复门市,AP00004,9
2009/07/10,960001,742801,光复门市,AP00021,5
2009/07/10,960001,742801,光复门市,AP00034,6
2009/07/10,960002,762303,科园门市,AP00002,7
2009/07/10,960002,762303,科园门市,AP00031,9
2009/07/10,960002,762303,科园门市,AP00044,9

（6）货品放置的货位自己定义。

6. 开发方法

ABLEPICK API 基本开发流程如下。

1）初始化

为了能够在 Windows 操作系统中注册 DAPAPI. DLL，具体方法为在 Windows 操作系统中单击【开始】按钮，然后选择【运行】菜单，在弹出的窗口中输入 regsvr32 dllpath\ DAPAPI. DLL，如果 DAPAPI. DLL 在 c:\ 根目录下，则可在窗口中输入 regsvr32 c:\ DAPAPI. DLL。

检查应用程序路径下，是否存在 DAPAPI. DLL 和 IPINDEX 两个文件。DAPAPI. DLL 动态连接库提供 API 接口。IPINDEX 是网关的配置文件，在网关打开时，会自动读入该文件信息，用来告诉 DAPAPI. DLL 其共需控制多少个以太网控制器，其中 4660 为固定值，不要更改。IPINDEX 文件的格式如下所示：

```
1    4660    10.0.72.1
2    4660    10.0.72.2
3    4660    10.0.72.3
        ……
```

2）API 声明

以 Visual Basic 语法为例。

```
//声明打开和关闭 API 和网关接口的方法
Declare Function AB_API_Open Lib "dapapi" () As Long
Declare Function AB_API_Close Lib "dapapi" () As Long
Declare Function AB_GW_Open Lib "dapapi" (ByVal Gateway_ID As Long) As Long
Declare Function AB_GW_Close Lib "dapapi" (ByVal Gateway_ID As Long) As Long
// 声明从网关获得信息或者向网关发送消息的方法
Declare Function AB_GW_RcvReady Lib "dapapi" (ByVal Gateway_ID As Long) As Long
Declare Function AB_GW_RcvData Lib "dapapi" (ByVal Gateway_ID As Long) As Long
Declare Function AB_GW_RcvAddr Lib "dapapi" () As Integer
……
// 声明获得网关状态的方法
Declare Function AB_GW_Status Lib "dapapi" (ByVal Gateway_ID As Long) As Long
Declare Function AB_GW_TagDiag Lib "dapapi" (ByVal Gateway_ID As Integer, ByVal port As Integer) As Long
```

......

// 声明向电子标签发送消息的方法

Declare Function AB_LB_DspNum Lib "dapapi" (ByVal node_addr As Integer, ByVal Disp_Int As Long, ByVal Dot As Byte, ByVal interval As Integer) As Long

Declare Function AB_LB_DspStr Lib "dapapi" (ByVal node_addr As Integer, ByVal Disp_Str As String, ByVal Dot As Byte, ByVal interval As Integer) As Long

......

3) 连接电子标签设备

(1) 启动 API 接口

代码示例：If AB_API_OPEN() < 0 then   //判断 API 是否开启成功

                  WAIT WINDOW "ABLEPICK API open failed"

      Endif

(2) 启动指定的电子标签网关

代码示例：If AB_GW_Open(1) < 0   //判断标识为 1 的网关是否连接成功

                  WAIT WINDOW "Gateway Open Fail ... "

      Endif

4) 设计电子标签拣选流程

调用 API 提供的方法发送和接受电子标签系统信息，使电子标签系统按照订单拣选流程工作。

(1) 切换到指定工作区的网关，以便对该工作区的电子标签进行控制。

代码示例：AB_GW_SETDEFAULT(1)   //切换至标识为 1 的网关

(2) 在电子标签面板上显示数字，以指示该货位需要进行货品拣选以及货品拣选的数量。

代码示例：AB_LB_DSPNUM(−252,0,0,−3)   //清除所有电子标签的显示

(3) 获得电子标签的按键信息，以了解哪个电子标签的确认键或缺货键被按下。

代码示例：AB_GW_RCVTAGCMD()   //若有按键被按下，在网关会获得该按键信息

5) 退出 API

(1) 关闭指定的网关

代码示例：AB_GW_CLOSE(1)   //关闭标识为 1 的网关

(2) 关闭 API

代码示例：AB_API_CLOSE()   //关闭 ABLEPICK API

7. 实验报告

(1) 给出分拣系统的程序流程图；

(2) 分析在什么情况下采用摘果式分拣比采用播种式分拣的分拣效率高；

(3) 说明在不同订单数量和货品种类的情况下，如何提高分拣效率。

2.3.2　播种式电子标签分拣系统设计

1. 实验目的

（1）掌握播种式电子标签分拣系统的实现原理；

（2）掌握播种式电子标签分拣信息系统开发方法。

2. 实验学时和实验组织

2 学时，2 人一组。

3. 实验环境

同摘果式分拣系统。

4. 实验内容

先对播种式电子标签分拣系统作一介绍。

播种式系统每一个电子标签所代表的是一个订单客户或是一个配送对象，亦即一个电子标签代表一张订单，每个品项为一次处理的单位，拣选人员先将货品的应配总数取出，并将商品信息输入，而系统会将有订购此项货品的客户所代表的电子标签点亮，配货人员只要依靠电子标签的灯号与数字显示将货品配给客户即可（见图 2-21）。

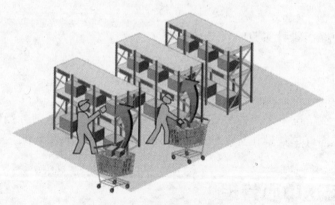

图 2-21　播种式系统作业流程

播种式分拣系统通常在对象固定、商品种类多或是商品的相似性大、商品储位经常移动的情况下使用。

播种式电子标签分拣系统的操作流程如图 2-22 所示。

本实验要求根据拣选作业的特点，设计和开发播种式分拣系统，实现订单分拣操作输入欲分拣的货物信息(如条码、货号、订单号)。

根据灯号显示进行播种,播种完成后按下黑色确认键。依次将通道内所有该配货货位播种完成。

当该通道全部播种完成时,完成器会响起,待确认后,按下完成器的确认键,即可继续播种下一品项。

图 2-22　播种式电子标签分拣系统操作流程

流程。

5. 实验要求

(1) 设计和开发播种式电子标签分拣系统;

(2) 其他要求同摘果式分拣系统。

6. 开发方法

与摘果式分拣系统设计实验的开发方法相同。

7. 实验报告

(1) 给出播种式分拣系统的程序流程图;

(2) 分析在什么情况下采用播种式分拣方式比摘果式分拣方式的分拣效率高;

(3) 说明在不同订单数量和货品种类的情况下,如何提高分拣效率。

2.4　物流配送中心管理

1. 实验目的与任务

(1) 熟悉配送中心的作业流程;

(2) 熟悉立体仓库货位的优化过程以及对库存的管理;

(3) 熟悉电子分拣系统在仓库管理中的运用和拣选过程中订单的处理。

2. 实验学时和实验组织

4 学时,分组进行实验,每组 5 人,分工如下。

(1) 系统操作员(2 人)。将客户订单进行优化处理(如对订单采取分割处理、单个处理、批量处理等),对一次出货的货物信息输入电子标签拣选系统的出库管理,待拣选作业完成后,再继续下一出货,同时将客户订单送至配送员;实验过程中,查看立体仓库的库存,进行及时的补货。

(2) 仓库管理员(1 人)。入库时,取托盘和货物放置于入库台上;出库时,待分拣员从整箱中拣完货物后,将剩余零散货物放置于电子标签拣选货架的相应货位上。

(3) 分拣员(1 人)。按照电子标签拣选系统的提示进行拣选。若拣选货架上有足量的库存,则全部从拣选架上拣选;若拣选架上库存不足,则待立体仓库以整托盘出库后,拣出所需数量的货物,完成后按下相应按钮。

(4) 送货员(1 人)。接收客户订单,将分拣员分拣好的货物按订单整理,送至客户手中。

(5) 客户(为实验指导人员)。运行订单生成器,产生订单;待货物由配送员送达时,记录送达的时间,根据订单对出货进行检查,记录有差异的情况;将完成检查后的货物整体成箱,送至仓库待循环利用。

3. 实验环境

1) 自动化立体仓库

一座单排 8 列 5 层 40 货位的自动化立体仓库系统(见图 2-9),通过仓储管理系统进行日常操作管理。使用条形码进行库位识别,以周转箱或者木制托盘为仓储单元存放货物。自动化立体仓库系统使用单立柱巷道式堆垛机进行货物自动存取。堆垛机的水平速度为 0.4m/s,垂直速度为 0.6m/s。

仓库从右至左依次为第 1,2,…,8 列,从下至上依次为第 1,2,…,5 层。每个货位的长度和高度分别为 705mm 和 385mm。入库台和出库台分别位于(1,1)和(1,8)的位置。其管理系统可以实现货物的分区管理、出入库和库存查询等功能。

立体仓库中存放整箱的货物,每个货位的最大库存量为 2。采用木制托盘存放于货架上,有两种放置方式,如图 2-23 所示。

每箱中有 4 盒(盒为最小单位,也是订单中产品数量的单位),按图 2-24 所示方式摆放。

2) 电子标签拣选仓库

电子标签分拣系统是一套安装在储位上的电子装置,由计算机上安插的一片界面卡连接并控制这些装置,由灯号与数字显示作为辅助工具,工作人员可以在电子标签的引导下正确、快速地完成拣选工作。电子标签管理系统可通过

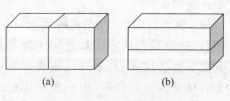

(a)　　　　　(b)

图 2-23　木制托盘货品摆放方式

以太网和数据库服务器进行数据交换,可直接向立体分库管理系统发送缺货请求,管理系统确认是否有库存后,根据库存所在货位地址下发出库作业。

电子标签拣选仓库共 3 层 6 列(见图 2-25),从左至右依次为第 1,2,…,6 列,从下至上依次为第 1,2,3 层。其中存放非整箱(小于 8)的货物。数据库中每种货物只允许用一个货位地址对应,出库时,待出库货物的相应货位显示数量,若电子拣选系统中有足够的货物,则全部从电子拣选中出货;若存货不足,系统就自动从立体仓库以整箱出货补给,多余货物的数量自动加在电子拣选的库存上。

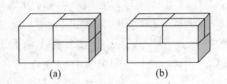

图 2-24　箱中货品摆放方式

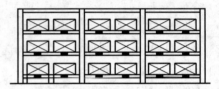

图 2-25　电子标签分拣货架

4. 实验内容

(1) 本实验利用物流实验室的自动化立体仓库和电子拣选系统,模拟配送中心的作业流程,完成从接到客户订单,经订单处理、拣选,到配送出货至客户的整个过程。

(2) 仓库中货物种类为 7 种(以编号 2001～2007 表示),货物有两种包装规格。每两箱货物(每箱中有 4 盒,盒为最小单位)以托盘放于货位上,托盘上贴有条形码,出入库时,堆垛机对条码进行扫描。客户订单由订单生成器自动产生,产生对仓库中 7 种产品的需求。

(3) 实验前应根据历史订单情况,对立体仓库进行货位分配,以提高立体仓库出入库的效率。实验进行时,可以根据情况对客户订单进行处理,如分割处理、单个处理、批量处理等。当立体仓库中的存货过低时,需进行补货,入库时要利用分区管理系统中的最少波次原则或节约空间原则。

(4) 在完成所有客户的订单后,要按完成的总时间、订单完成的准确率、剩余库存和订货的总量等指标来综合评价实验效果。

5. 实验步骤

(1) 熟悉自动化立体仓库、分区管理系统、电子标签拣选系统的操作和使用,了解配送中心作业的流程。

(2) 根据给定的 2h 左右的历史订单数据,对货物需求数量、分布以及产品比例进行预测,以决定最初入库的数量和中间补货策略。利用立体仓库的参数,包括堆垛机的水平和垂直运行速度、每个货位的长度和高度、出入库点,运用运筹学方法,对立体仓库货位进行优化分配和分区,决定哪些货位用于存储哪种货物,每一货位必须放置同一种类的货物。

（3）将分区信息输入分区管理系统。

（4）利用立体仓库管理系统对立体仓库进行盘库，堆垛机数据与数据库数据要求一致，以保证立体仓库正常运行。

（5）对立体仓库进行入库，每个货位满库存入库（每个货位最大库存为 8，以最小单位"盒"计算）。

（6）分配好电子拣选系统中的货位，决定哪些货位用于放置哪种货物，电子拣选系统中每一种货物只能分配一个货位地址。

（7）订单由订单生成器产生。在实验的第一阶段，订单以相同时间间隔产生，订单生成时间 0.5h 左右；在实验的第二阶段，订单到达符合一定分布，订单生成时间 2h 左右。

（8）实验开始后运行订单生成器，当订单产生时，订单信息显示在大屏幕上，同时打印出客户订单。

（9）系统操作员对订单进行处理（对订单进行分割处理、单个处理或批量处理，以决定一次出货的种类和数量），并将客户订单送至送货员，同时将出货信息输入电子标签拣选系统的出库管理，系统进行出库作业，电子标签拣选货架相应货位的显示灯提示此次出货货物的货位和数量，分拣员开始拣货，每完成一个货位的拣货按下相应货位的按钮，最后按下总按钮完成整个拣货作业。若电子拣货系统中货物不足（拣选架上的数量小于显示的数量），系统会自动从立体仓库中出整托盘（1 托盘为两箱），仓库管理员从出库台上将货物搬运下来，分拣员从整托盘中取出相应数量的货物，仓库管理员再将整箱中剩余的货物放置在电子拣选的相应货位（数量由系统自动添加）。

（10）拣选完成后，分拣员将货物送至送货员，送货员按客户订单整理货物。若拣货时采取批量拣货，则需对货物按订单分类，最后将客户订单与货物一起送至客户手中，客户接到货物和订单后，记录送到的时间作为此订单的完成时间，对出货情况进行检查，并将有差异的情况记录在客户订单出货差异表中。

（11）由于现有的货物不能完全满足订单需求，因此经客户检查后的货物需整理送还至总仓库区，待再次入库和循环使用。

（12）在此过程中，系统操作员需查看立体仓库中的库存，根据实际情况决定入库，仓库管理员从总仓库区取货，将货物放于入库台，系统操作员操作系统，完成货物的入库，入库时可以选择分区管理系统中的最少波次或节约空间原则进行。

实验流程如图 2-26 所示。

6. 实验报告

（1）对查询得到的剩余库存、入库流水单和出库流水单、每个订单的完成时间累加得到完成所有订单的时间、订单出货差异检查表等数据进行整理和分析。

（2）表述小组对历史数据的分析。

（3）说明实验过程中立体仓库的货位分配策略、订单处理策略和补货策略。

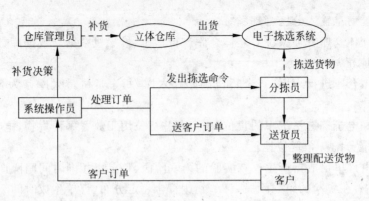

图 2-26　实验流程

7. 附录（见表 2-32～表 2-34）

表 2-32　历史订单数据样例

订单	2001	2002	2003	2004	2005	2006	2007	订单生成时间
1	1	2	2	2	4	5	6	16:19
2	3	4	4	6	7	8	9	16:26
3	1	1	1	1	1	2	2	16:27
4	0	1	2	4	5	7	8	16:29
5	2	3	3	3	4	4	4	16:37
6	0	2	2	6	8	9	9	16:42
7	4	4	4	5	5	6	6	16:47
8	1	3	3	3	5	6	6	16:49
9	2	3	3	5	6	6	7	17:02
10	1	4	4	6	6	8	9	17:14
11	1	1	3	3	4	5	5	17:15
12	1	2	3	3	3	4	4	17:23
13	0	1	1	1	2	2	2	17:27
14	1	1	1	3	3	3	4	17:27
15	5	5	5	5	7	7	8	17:32
16	3	3	3	3	4	5	7	17:37

......

表 2-33　客户订单样例

客户订单			
			订单编号：
客户名称：		客户地址：	
订货日期：		联系电话：	
订货时间：			
序号	品名	订货数量	备　注

表 2-34　客户订单出货差异检查表样例

客户订单出货差异检查表			
			订单编号：
客户名称：		客户地址：	
到货日期：		联系电话：	
到货时间：			
品名	序号	完成类型	说　明

完成类型：

A—数量多；B—数量少；C—出错货；D—出漏货；E—质量问题；F—冲单；O—无问题

2.5　RFID 在物流系统中的应用

通过 RFID 在分拣系统和超市货品管理的应用两个实验，让学生了解 RFID 系统的构成和运行原理，掌握 RFID 在物流系统中的应用方法，以及深入理解 RFID 给物流行业带来的巨大影响和意义。

2.5.1　基于 RFID 的电子标签分拣系统设计

1. 实验目的和任务

(1) 掌握 RFID 在物流系统分拣中的应用方案设计；
(2) 掌握利用 RFID 进行物流信息采集的流程和方法。

2. 实验学时和实验组织

4 学时,2 人一组。

3. 实验环境

(1) 使用 ATOP 公司的 ABLEPick 电子标签、货架和无动力滚柱式传送带(详见 2.3 节)。

(2) 使用 Alien Technology 公司的 ALR-9800 读写器、天线和 RFID 标签(见图 2-27)。Alien® ALR-9800 读写器支持 EPC Gen 2 标准,可以应用在供应链和资产管理场合中。ALR-9800 读写器带有 .NET、VB 和 Java 库的 SDK(software developers kit),可自定义接口对读写器进行必要的设置。读写器支持通过简单网络管理协议进行远程管理和监控,可通过网络监控获得读写器的实时状态信息。

图 2-27　RFID 设备

(a) ALR-9800 读写器;(b) 天线;(c) 电子标签

Squiggle®(ALN-9540) 标签是 Alien 系列中最通用的产品,适用于多种传统托盘、货箱以及创新 RFID 应用场合。该标签属于 EPC Class 1 Gen 2 类型标签,微波供电,可容纳 96bit 的数据,最佳读取范围为 1m。

4. 实验内容

设计基于 RFID 的播种式分拣系统,具体要求如下。

播种式分拣的流程同 2.3.2 节的实验基本上是一致的。不同点在于在分拣货架上的每一个储位安装了 RFID 天线和读写器,每个货品上粘贴有 RFID 标签,每个分拣区域的周转箱或托盘粘贴有 RFID 标签。在分拣过程中,系统对储位内的货品信息可以随时进行核对。

在播种之前,给每个客户的货位放置一个周转箱或托盘。RFID 系统扫描周转箱或托盘,为各准备配货的店分配周转箱。依次播种所有货品。在播种过程中,每一货位播种结束后,要按下电子标签的确认按钮。确认按钮按下之后,RFID 系统扫描配货周转箱和箱内货品标签,确定该店的配货数量。若该品种配货数量正确,则确认按钮按下之后 LED 灯熄灭;若不正确,LED 灯则显示差错的数量。例如,货品需要增加 2 个,LED 灯闪烁,并显示∪2;若货品发放多了,LED 灯闪烁,并显示∩2。分拣人员重新补种之后,再按下确认按钮。若当前货品已经播种给所有店,即可以播种下一个货品。重复这个过程,直到播种完所有货物。取下配货周转箱,使其通过传送带上的复合区域,RFID 系统再次核查订单。若订单信息有误,则 LED 灯显示 ERR;若信息正确,则 LED 灯显示 OK,并把客户的名称、联系方式、配送地址以及本次订单信息(订单下达日期、订购货位的货品编号、货品数量和货物配送日期)写入电子标签(见图 2-28)。

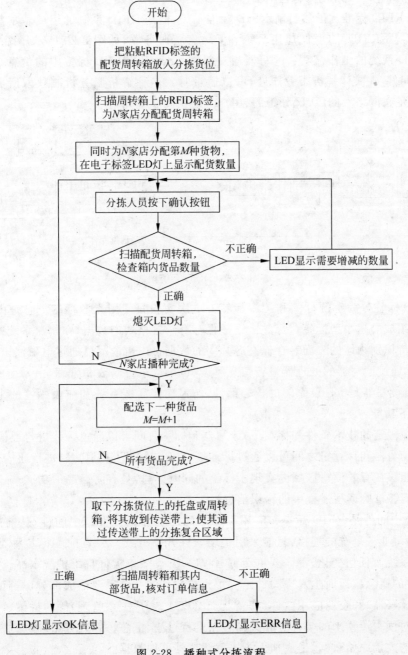

图 2-28　播种式分拣流程

5. 知识点

1) RFID 系统架构

目前有很多公司和组织,包括 EPC Global 公司,开发出了很多的 RFID 系统,也正在致力于制定 RFID 标准。虽然目前 RFID 标准不一,但是 RFID 系统的组成基本都包括 RFID 标签、读写器、RFID 中间件、应用系统和实体解析服务器,如图 2-29 所示。图 2-29 描述了通用 RFID 系统的工作流程:读写器通过射频信号读取 RFID 标签中的信息,然后传送到 RFID 中间件,在实体解析服务器处,可以通过对象名称解析服务机制获取所需信息,同时也可以满足在网络上的厂家、分销商、用户等的访问和查询请求。

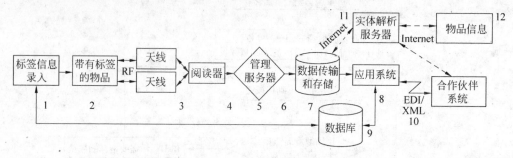

图 2-29　RFID 系统架构

RFID 标签分为有源标签和无源标签。本次实验只使用无源标签。它是由 IC 芯片和微型天线组成的超小型标签。标签中一般保存有约定格式的数据,在物流系统中应用时,标签附着在待识别物体的表面。存储在芯片中的数据可以由读写器通过电磁波以非接触的方式读取,并通过读写器的处理器进行信息解读,也可以进行修改和管理。

RFID 读写器是 RFID 系统的核心部件,作为连接后端系统和前段标签的主要通道,主要完成以下功能:

(1) 在规定的技术条件和标准下,读写器和标签之间可以通过天线进行通信。

(2) 读写器和计算机之间可以通过标准接口(RS232,TCP/IP 等)进行通信。

(3) 能够在有效读写区域内实现多标签的同时读写,具有防碰撞的功能。

(4) 能够校验读写过程中的错误信息。

RFID 中间件是 RFID 标签和应用程序之间的中介。若没有中间件,从前端数据的采集,到与后端业务系统的连接,只能采用定制软件开发方式。一旦前端标签种类增加,或是后端业务系统有任何变化,都需要重新编写程序,开发效率极低且维护成本高。在这种背景下,中间件的概念应运而生。中间件是应用支撑软件的一个重要组成部分,是衔接硬件设备(如标签、读写器)和企业应用软件(如企业资源规划、客户关系管理)等的桥梁。中间件的主要任务是对读写器传来的与标签相关的数据进行过滤、汇总、计算、分组,减少从读写器传往企业应用的大量原始数据,生成加入了语意解释的事件数据。

由于 RFID 标签只存储了产品电子代码,因此需要实体解析服务器将产品电子代码匹配到相应产品信息,以便于全球性地追踪物品。

2) 读写器的工作原理

读写器的主要功能是读写 RFID 标签。读写器可以通过串口电缆或网络实现对 RFID 标签的读写功能。

识别读写器的方法是在网络上监听它的"心跳"信息。只要读写器成功连接到网络上,它就会周期地向网络广播它的心跳信息。这种心跳信息可以被网络上的应用程序监听到,通过心跳信息,应用程序可以定位其在网络中的位置,并同其联系。

心跳信息的格式是 XML 文本消息,消息中包含了读写器的名字和类型、读写器网络连接方式(网络和串口)以及两个相邻心跳之间的时间间隔。下面是心跳信息的示例。

```
<Alien-RFID-Reader-Heartbeat>
    <ReaderName>Alien RFID Reader</ReaderName>
    <ReaderType>
        Alien RFID Tag Reader, Model: ALR-9780
        (Four Antenna / EPC Class 1 / 915 MHz)
    </ReaderType>
    <IPAddress>10.1.60.5</IPAddress>
    <CommandPort>23</CommandPort>
    <HeartbeatTime>30</HeartbeatTime>
    <MACAddress>01:02:03:04:05:06</MACAddress>
</Alien-RFID-Reader-Heartbeat>
```

在通常的应用中,读写器需要维持一个**激活的标签**列表来知道谁在它的视野范围内。激活的标签是指那些在一定时间间隔内至少被读写器读到一次的标签。任何在当前被读写器读到的标签都被添加到列表里,而在一定**时间间隔**内没有被读到的标签被从列表中移除。应用程序可以在任何时刻向读写器获取标签列表。工作原理如图 2-30 所示。

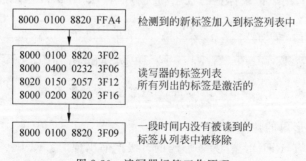

图 2-30　读写器标签工作原理

间隔时间定义为上一次标签被读到至其被从标签列表中移除持续的时间。时间间隔可以设为很短的时间(如 1s),标签列表中保留的就是在上一秒钟看到的标签。

每一条标签信息包含一些字段:标签唯一的 ID,读到的次数,标签第一次被发现的时间,最后一次被发现的时间和最后一次读到标签的天线 ID 等。下面是标签信息示例。

Tag:041C 1820 2812 4080, Disc:2003/01/21 02:24:00, Last:2003/01/21 02:24:00, Count:1, Ant:0
Tag:1155 8B14 5661 D40B, Disc:2003/01/21 04:14:47, Last:2003/01/21 04:24:00, Count:1, Ant:0

3) 标签

标签可以分为有源电子标签和无源电子标签。有源电子标签内装有电池,无源电子标签内没有装电池。对于有源电子标签来说,根据标签内装电池供电情况不同又可细分为有源电子标签和半无源电子标签。无源电子标签是一种完全"被动"的标签,它从读写器发出的射频能量中提取其工作所需的电源。无源电子标签一般采用反射调制方式完成电子标签信息向读写器的传送。

识别标签的模式有两种:一种是全回滚模式;另一种是详细列表模式。全回滚模式是 Alien RFID 读写器系统读取标签的早期方式。当读写器发出了全回滚命令后,RFID 读写器对所有的标签广播一个简单的命令,请求所有的标签立即返回其 ID 号给 RFID 读写器。全回滚命令只在标签和读写器间建立一个环路,因此执行速度非常快。但在阅读区域内,若有不止一个标签时,就会产生问题:所有的标签同时收到命令,并在同一时刻返回自己的 ID。这种情况下,读写器很难在噪声中识别每个 ID。通常只有一两个距离最近的或者反映最强烈的标签才能被解释,大部分标签不能够被识别。因此这种方式一般应用在任何时刻只有一两个标签在可读范围内的场合,如传送带或过路收费亭。在这些系统中,全回滚模式比详细列表模式的个体标签识别速率快 3 倍。

详细列表命令可以在同一时间识别读写器视野范围内的多个标签。这个命令把其翻译成一系列读写器-标签之间的询问,最终把它解释成 RFID 阅读可以看到的标签 ID 列表。这种询问和评价多个标签的方式称为防碰撞搜索。

Alien 二代标签含有 96bit 的可编程存储空间,其中的 64bit 用户可以使用。剩下的 32bit 由读写器使用,用于记录标签的状态和校验信息,如图 2-31 所示。

	检验和		EPC 编码(或用户 ID 编码)								锁	密码
字节	0	1	0	1	2	3	4	5	6	7	0	0
位	0~7	8~15	0~7	8~15	16~23	24~31	32~39	40~47	48~55	56~63	0~7	0~7

图 2-31 Alien 二代标签的存储空间

4) RFID 与条形码的特性比较

在零售流通领域,RFID 是作为条形码的升级产品出现的。RFID 与条形码的特性比较见表 2-35。

RFID 技术使得合理的产品库存控制和智能物流技术成为可能。RFID 电子标签可以准确提供商品的品名、产地、型号、规格、价格、供应商、销售商、采购日期、运输、仓储、配送、上架、保质期等数据信息。

表 2-35 RFID 与条形码的特性比较

功 能	条 形 码	RFID
读取数量	一次一个	一次多个
读取方式	直视标签	不需特定方向与光线
读取距离	约 50cm	1～10m(依频率与功率而定)
数据容量	容量小	容量大
读写能力	数据不可更新	可写入新资料
读取方便性	读取时须清楚可读	标签隐藏于包装内同样可读
抗污性	若污毁,则无法读取信息	表面污损不影响数据读取
不正当复制	方便、容易	非常困难
高速读取	读取数据将限制移动速度	可高速读取资料
成本	低	规模应用较低

6. 开发方法

1) 安装 SDK(Visual Basic (6.0) developers' kit)

安装之后,会在 c:/windows 下增加 3 个文件,分别为 AlienRFID1. dll,AlienRFID1. tlb,AlienSS1. dll。其中,AlienRFID1. dll 是在 the Microsoft . NET Framework 上开发的,Alien . NET Library (Library) and Alien . NET API 手册中可以查询 AlienRFID1. dll 中定义的类和函数。对于如何使用 AlienRFID1. tlb 类库中定义的 AlienRFID1. dll,Alien 提供了 Visual Basic 6.0,. net 和 java 源程序。AlienRFID1. dll 类库中提供了控制读写器的数据结构和类,包括:

(1) 存储类型。处理读写器和 RFID 标签的数据类型。

(2) 发现和监控功能。通过串口和网络发现读写器位置的类,并用来监控标签的状态和读写器发布的信息。

(3) 有用的功能。主要是静态函数,如用来进行数据转换。

2) 引用 AlienRFID1. tlb 库

为了能够使用库中提供的函数,在 VB6 工程中必须引用 AlienRFID1. tlb。在 Visual Basic 6.0 IDE 中使用"Project/References"菜单增加和检查 Alien API for RFID 的入口。

7. 实验报告

(1) 描述基于 RFID 的播种式分拣系统的架框和主要功能模块;

(2) 给出系统的主要业务流程;

(3) 分析基于 RFID 的电子标签分拣系统的优缺点。

2.5.2　基于 RFID 的超市货品管理信息系统

1. 实验目的和任务

（1）掌握 RFID 在超市货品管理中的应用方法；

（2）掌握基于 RFID 的超市货品管理信息系统设计和开发方法。

2. 实验学时和实验组织

4 学时，2 人一组。

3. 实验环境

（1）使用 ATOP 公司的 ABLEPick 电子标签、货架和无动力滚柱式传送带（详见 2.3 节）；

（2）使用 Alien Technology 公司的 ALR-9800 读写器、天线和 RFID 标签。

4. 实验内容

RFID 电子标签可以准确提供商品的品名、产地、型号、规格、价格、供应商、销售商、采购日期、运输、仓储、配送、上架、保质期等数据信息。安装了 RFID 读写器的智能货架会扫描货架上摆放的商品，若是存货数量降到偏低的程度，就会通过计算机提醒店员注意。当智能货架上的商品移开并没有出现在收银台时，自动识别系统会告诉出现了偷盗行为或者产品放错了地方。对于消费者来说，再也不必为结账时排队等候而烦恼。只要顾客把购物车从一个读写器旁边推过就行，不需要扫描任何商品的条码，而你的货款已经直接从信用卡中扣除。后端仓库也能立即了解需要补货的商品。另外，零售业还可以实时了解顾客消费何种产品与金额，以便提供更加有针对性的高附加值服务，从而从根本上颠覆了目前的商业和营销模式，详见图 2-32。

本实验要求设计和开发图 2-33 描述的零售店信息系统，具体要求如下：

（1）对标签内的信息进行编码设计，编码信息应包含商品的名称、产地、型号、规格、价格、供应商、销售商、采购时间、上架时间、保质期、卖出时间等数据信息。

（2）实现货架上商品的库存管理，如缺货、丢失和放错位置等。

（3）实现货架商品的品质管理，如提醒管理人员易腐烂商品已经接近保质期。

（4）实现超市出口的自动结账，结账信息可以显示在电子标签上。

（5）实现退货管理。店员可以扫描货品，查看退货商品是否是从本店卖出、什么时候卖出以及该商品是否是偷盗的。不需要发票，店员就可以处理退货。

（6）实现防范偷盗。对售价比较高的商品进行监控，查看货品是否从货架上被拿走，并在系统中给出提示。

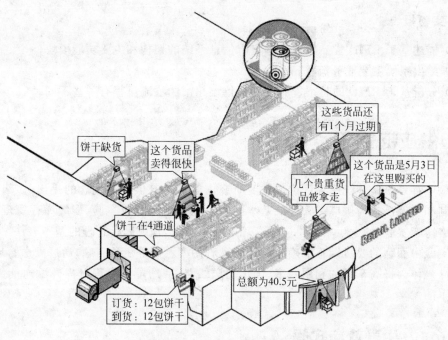

图 2-32 基于 RFID 货品管理的零售店

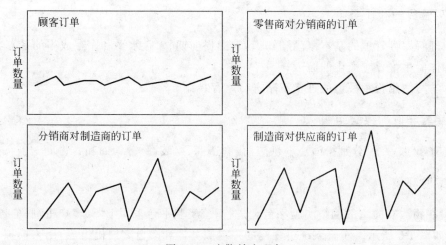

图 2-33 牛鞭效应现象

（7）结合货位上的电子标签的功能，提供更好的服务功能，如商品的促销、协助补货等。

5. 开发方法

开发方法同 2.5.1 节的实验。

6. 实验报告

(1) 描述基于 RFID 货品管理的零售店信息系统的架构和主要功能模块;

(2) 给出系统主要业务流程;

(3) 分析基于 RFID 的超市货品管理与传统超市的物流流程有哪些不同。

2.6　供应链管理

多级库存系统是传统库存理论的重要研究内容。随着供应链概念的提出,多级库存系统的控制和协调已成为供应链管理的基本问题。通过牛鞭效应实验、多级库存管理实验和物流网络博弈实验,使学生掌握供应链管理的基本知识,理解库存管理的基本方法。物流配送管理实践中面临的要货期不准确和配送车辆利用率不高等瓶颈问题,通过配送管理实验,使学生深入体会提高车辆的利用效率、优化配送线路、节约配送里程对提升配送能力、降低配送成本的意义。

2.6.1　牛鞭效应实验

1. 实验目的和任务

(1) 理解库存管理的基本概念和知识,掌握提前期、库存水平和库存成本的计算方法;

(2) 体验牛鞭效应产生的原因;

(3) 学习使用报童模型的订货策略进行库存控制。

2. 实验学时和实验组织

2 学时,5 人一组,分别扮演原料供应商、制造商、组装商、分销商和零售商。

3. 实验环境

实验在物流实验室的网络实验平台上进行,该实验平台采用 B/S(客户机/服务器)的体系结构,如图 1-5 所示。实验系统由联网的一台服务器和多台客户机组成,用来模拟单一产品、多级库存的供应链的运营管理。

学生通过在每台客户机前端的操作来扮演一条供应链上的某个节点,进行各种决策。在牛鞭效应实验中,各个节点间不能共享信息,他们需要的信息都从服务器端获得(每台客户机把该节点信息发送到服务器,再从服务器获得所需的信息),显示在客户机端的实验网页中。每个节点每期都可获得关于节点自身的库存水平和缺货水平、上游到货数、下游需求数的信息。除此之外,每个节点都设有一些固定的属性参数,如提前期、订货成本、库存率、进货价格和出货价格等,固定参数在实验开始前设定。

4. 实验内容

在由多级节点组成的库存系统中,如果各节点以分散独立决策的方式进行运作,即每个节点决策的目标是使各自局部的利益达到最优,此时系统整体并不一定处在最优的运作状态。

供应链在这样的运作环境下,常会出现如下现象:当需求从终端向上游逐步传递时,需求的波动将逐级放大(如图 2-33 所示)。设想有一条由 4 个节点组成的供应链,从下游到上游依次为供应商、制造商、分销商和零售商。零售商面临的终端市场需求只有少许波动;分销商的需求是来自零售商的补货请求,需求的波动比终端市场需求的波动有了放大;制造商的需求是来自分销商的补货请求,需求的波动又有了放大;供应商的需求是来自制造商的补货请求,需求的波动进一步放大。这种需求波动放大的现象如同一根甩起的长鞭,将处于下游的节点比作根部、上游的节点比作梢部,一旦根部抖动,传递到末梢就会出现很大的波动,因此被形象地称为牛鞭效应,亦称长鞭效应。2.6.2 节将详细介绍可以降低牛鞭效应的多级库存系统。

牛鞭效应实验平台模拟某种产品的供应链,该供应链由原料供应商、制造商、组装商、分销商和零售商 5 个环节组成,如图 2-34 所示。每个环节看作供应链的一个节点。每个节点有其基本属性参数,包括提前期、固定成本、持货成本、惩罚成本、进货价格和出货价格。终端顾客的需求服从某种随机分布。供应链上各个节点间的信息是相互封闭的,每个节点只知道自己的库存量、缺货量、到货量和相邻下游节点的需求。

原料供应商　　制造商　　组装商　　分销商　　零售商　　　顾客

图 2-34　某种产品的供应链

学生分为 5 个小组,每小组担任供应链中的一个节点(原料供应商、制造商、组装商、分销商、零售商)。每一期实验中,每个节点需要决定向上游订货和向下游发货的数量。系统根据各节点的基本属性参数和每期库存、订货、发货数量计算相应的成本、收益、利润等统计信息。实验者做出决策的目标是使自己所在节点的总利润最大。

实验中每个节点的成本、收益和利润的计算方法如下:

节点成本 = 进货价格 × 本期收到的货物 + 固定订货成本 + 单位持货成本 × 库存量
　　　　　+ 单位缺货成本 × 缺货数(注:只在零售商处计算缺货成本)

节点收益 = 出货价格 × 出货量

节点利润 = 节点收益 - 节点成本

节点总利润 = $\sum\limits_{各期}$ 节点利润

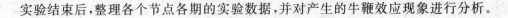

实验结束后,整理各个节点各期的实验数据,并对产生的牛鞭效应现象进行分析。

5. 实验步骤

学生分成若干个小组来模拟供应链的运营,每个小组控制一条供应链。每个小组的节点序号按自然数排列,即用1,2,3,…依次代表供应链中最接近需求市场的下游,到接近原材料供应的上游。相邻的节点序号代表供应链上有直接供求关系的角色。同学们通过登录网络平台参与实验。

实验分为若干期,每一期开始时系统会产生一个顾客需求(顾客需求服从某种形式的随机分布,在实验开始前预先设定),之后需要各个节点分两步做出决策。

第1步:订货决策。用户需要向其上游发出订货的订单,系统提供的参考信息有以往的需求记录、现有的库存水平和到货数量、属性参数等,用户做出订货决策可采用特定的订货策略。在该条链的所有节点都提交了订货订单以后,进入本期实验的第2步。

第2步:发货决策。每个节点此时可以看到在本期第1步从下游发来的订单(最下游的节点看到的就是由系统产生的该期顾客需求),根据这些信息和以往的各项信息,各节点决定向下游发出货物的数量。当所有用户都提交了发货决策后,该期操作结束,系统进入下一期。

学生根据每一期系统提供的信息决定所在节点每期订货和发货的数量,以使其所在节点总成本最小,利润最大。

每一期实验中每个节点的基本数据(向上游发出的订单、从上游收到的货物、下游需求、向下游发出的货物、期末库存、期末缺货、本期收益、本期成本、本期利润)都会被录入数据库。实验结束后,学生可根据实验数据观察牛鞭效应现象,并进行分析总结,加深对牛鞭效应现象的理解。

6. 实验报告

(1) 分析形成牛鞭效应的因素;

(2) 分析实验参数对库存管理策略的影响;

(3) 陈述实验过程中采取的库存控制策略及其对实验结果的影响。

2.6.2　多级库存管理实验

1. 实验目的和任务

(1) 体验信息共享对多级库存管理的影响;

(2) 学习信息共享情况下的库存控制方法;

(3) 与牛鞭效应实验进行比较,进一步分析牛鞭效应现象的原因及抑制方法。

2. 实验学时和实验组织

2 学时,5 人一组,分别扮演原材料采购商、供应商、制造商、分销商、零售商。

3. 实验环境

实验在物流实验室的多级库存管理网络实验平台上进行,该实验平台采用 B/S(客户机/服务器)的体系结构。实验系统由联网的一台服务器和多台客户机组成,用来模拟单一产品、多级库存的供应链的运营管理(见图 1-6)。

学生通过在每台客户机前端的操作来扮演一条供应链上的某个节点,进行各种决策。各个节点间信息共享,即每个节点都可以看到链上所有节点的各种信息。每个节点每期都可获得关于节点自身的库存水平和缺货水平、上游到货数、下游需求数的信息。除此之外,每个节点都设有一些固定的属性参数,如提前期、订货启动成本(即固定成本,本实验设为0)、库存率、进货价格和出货价格等(提示:持货成本、缺货惩罚成本等参数可由此得出),固定参数在实验开始前设定。学生通过登录网络平台来参与实验,每期提交向上游的订货和向下游的发货决策,与其他合作者一起模拟单一产品、多级库存系统的运作管理。

4. 实验内容

如 2.6.1 节的实验所述,在由多级节点组成的库存系统中,如果各节点以分散独立决策的方式进行运作,即每个节点决策的目标是使各自局部的利益达到最优,此时系统整体并不一定处在最优的运作状态。这种情况下,常会出现牛鞭效应现象。牛鞭效应产生的原因主要有以下几方面:需求预测的数据更新、批量补货、价格波动、限量供应和短缺博弈、补货提前期。

牛鞭效应对供应链整体来讲是一种不利的现象,它会增加企业的经营成本,尤其是处在上游的企业。针对牛鞭效应产生的原因,可以采取以下几方面措施来降低其影响:

(1) 避免所有节点都进行需求预测的更新。如果供应链上的企业都独立地进行决策,那么它必须对下游企业的需求进行预测。如前所述,需求预测要进行数据的更新,这就可能会造成需求波动的逐级放大。一个有效的方法是让上游企业直接获得终端市场的需求预测结果,这样就可避免各级独立进行预测而带来的需求波动的逐级放大。这一目的在技术上是可以实现的。例如,可以通过电子数据交换(EDI)系统或因特网来使上游企业获得其下游企业的需求信息。还有的企业采取绕过下游企业的方法来获得终端市场的需求信息。例如,戴尔计算机公司就绕过传统的分销渠道,实行全球网上订货,这样戴尔公司就可以直接了解其产品的终端市场需求情况。

(2) 缩小补货批量。补货批量越大,就越有可能造成需求波动的放大,因此应鼓励企业调整补货策略,实行小批量、多频次的采购或供应模式。当然,这又带来另一个问题,就是缩小补货批量后,如何继续获得运作的规模效益。有一些切实可行的方法来解决这一问题。

许多实际的系统中,下游企业会从供应商处购进多种品目的物料,因此,货车一次就可以从同一个供应商处满载多品种的产品,而不是满载同一品种的产品。这样,对每一产品来说其补货的频率增大了,但总体上的送货频率并没有改变,仍可获得运输的规模效益。例如,宝洁公司对愿意进行这种混合订购的顾客给予折扣优惠。此外,使用第三方物流公司也可以使小批订购实现规模效益。

(3) 稳定价格。促销等价格波动会导致牛鞭效应现象,可以设法控制提前购买,尽量减少价格折扣的频率和幅度。还可以通过精确计算库存、特殊处理和运输等成本,使企业实行天天低价的价格策略。

(4) 消除短缺情况下的博弈行为。当供应商面临货源不足时,可以根据下游企业以前的销售记录来进行限额供应,而不是根据当前的订购数量来按比例配货。例如,通用汽车、惠普等公司,就采取这种方式来处理货源不足时的配货问题。也可以与下游企业共享生产能力和库存状况的有关信息,来减轻下游企业的忧虑,从而减少它们参与博弈的主动性。此外,上游企业给下游企业的退货政策也会鼓励博弈行为,由于缺乏惩罚约束,下游企业会不断夸大它们的需求,在供给过剩的时候再退货或取消订单。因此,应合理制定退货约束机制。

(5) 缩短补货提前期。最理想的状况是消除所有的补货提前期,这样可以使牛鞭效应现象得到抑制。但实际的供应链系统中,不可能做到所有的企业都无补货提前期,企业的目标是努力缩短补货提前期,将补货提前期内需求的不确定性限制在最小的范围。

本实验要求学生在多级库存管理实验平台上,扮演供应链的各个节点,并在供应链各个节点的库存和订单信息共享的情况下,对每期上游订货和向下游发货的数量进行决策,以使整条供应链的总收益最大。实验结束后,学生需要根据数据进行分析和总结,进一步理解多级库存系统的管理。节点每期的运营成本和利润的计算方法与牛鞭效应实验相同。供应链的总运营成本和总净利润的计算公式为

$$链的运营成本 = \sum_{期数}(每个节点的固定成本 + 单位持货成本 \times 本期库存$$
$$+ 单位缺货成本 \times 缺货数)(注:只在节点1处计算缺货成本)$$
$$链的净利润 = \sum_{期数}(最下游卖出货物数量 \times 出货价格 - 最上游进货数量$$
$$\times 进货价格 - 每期运营成本)$$

5. 实验步骤

实验步骤同牛鞭效应的实验。

6. 实验报告

(1) 阐述信息共享和封闭对库存管理策略的影响;

(2) 对实验中应用的库存控制策略进行说明;

（3）对实验数据进行分析。

2.6.3 配送管理实验

1. 实验目的和任务

（1）理解运输与配送过程的基本概念和知识；

（2）了解和运用货物配载、车辆调度、路径规划等问题和基本算法；

（3）掌握运输与配送过程中的成本构成和计算方法。

2. 实验学时和实验组织

2学时，2人一组，扮演第三方物流企业（第三方物流企业是指受各个供方企业和需方企业委托，专业承包它们各项物流业务的物流企业）。

3. 实验环境

实验在物流实验室的网络实验平台上进行，该实验平台采用 B/S（客户机/服务器）的体系结构。实验系统由联网的 1 台服务器和多台客户机组成（见图 2-35），用来模拟运输配送的路径规划。

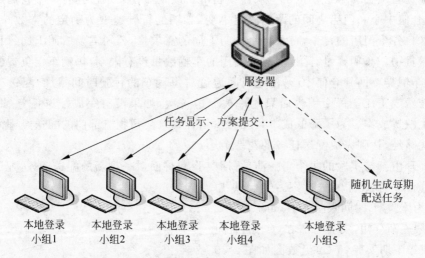

图 2-35　配送管理实验平台架构

学生通过在每台客户机前端的操作来扮演物流部门配送经理，对每期的配送任务进行路径规划。每期的配送任务由系统自动生成，配送任务包括 15 个配送门店及其需求量。每期实验必须在限定的时间内提交方案，否则系统将自动提交，限定的时间长度随实验进度而动态变化。

4. 实验内容

在配送网络规划中,配送决策涉及配送路径规划、车辆调度和配载等方面。配送路径规划的目的是为了在完成配送任务的前提下,使得配送时间或者配送距离最小化。配送路径是否合理将影响配送服务水平和运输成本。路径规划的算法很多,但一般都很难求得最优解,常用的启发式算法有扫描法(sweep method)和节省法(saving method)等。车辆调度问题主要是从实践要求、车辆数目等方面考虑,一方面是必须结合实际的路径规划问题,另一方面是为了提高车辆设备的利用率。对于此类问题,同样没有最优的求解方法,但有一些启发式的算法,可以找到较好的调度方案,常用的工具有图表法等。货物配载主要考虑运输商品装车的搭配和顺序,从而提高车辆的空间利用率,另外也便于在配送点的装卸操作。

配送成本包含固定成本和可变成本。其中,固定成本和具体的运输任务无关,包括车辆设备的购置费、维护费用、管理费等;变动成本和具体的运输任务有关,包括燃料费、装卸成本、司机出勤费和缺货惩罚等。一般来说,成本的计算要根据实际情况确定。

在进行配送方案决策时,有些外部因素是不断变化的,比如新的法律法规、道路施工、市场需求变化、技术投入对成本因子的影响等。有些外部因素是随机的,在决策时,只能知道一个概率分布规律,而不知道具体的情况,比如天气变化、交通路况、事故意外等。这几方面的因素对配送成本都会产生影响。

物流配送管理实验平台模拟了一家连锁超市。该企业在北京市拥有一个仓储中心和若干个门店,仓储中心和门店之间的距离固定不变,车辆的行驶速度为确定的常数。每期,超市将收到来自各个门店的订单,订单上将标明下周的需求量,公司需要按照上周每日各店的需求量配送货物。车辆容量有限,但对可使用的车辆数量没有限制,每辆车仅负责配送一条回路,最后车辆需要回到仓储中心,配送时间通过对每辆车的行驶时间累加,配送花费与配送的时间花费成正比。每个销售店只允许被配送一次,如果没有完成配送任务(即出现缺货),将产生缺货成本。为了降低成本,提高公司利润,该公司物流部门的配送经理需要规划出一条最优路经,达到完成配送任务的花费最小。

配送经理由参与实验的每个组扮演,每期实验都将面对一项新的配送任务,配送经理需要为公司做出一个最优配送方案。实验共 13 期,第 0 期为体验期,时间限制为 15min。从第 2 期开始,时限逐渐变短,实验者需在一定的时间 $T(i)$ 内完成第 i 期实验,$T(i)$ 函数图如图 2-36 所示。每期实验中,系统将给出 15 个门店的距离矩阵、需求量及车容量、车速、费率等参数,实验小组需根据配送任务及实验参数输入最优配送路径,系统将根据费率及输入路径计算出每期的成本。

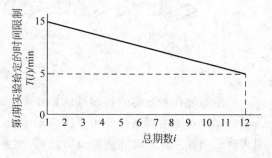

图 2-36　实验中每期时间限制函数图

每期的成本按照下式计算：

配送成本 ＝（距离$_{ij}$ / 速度）× $f_i(t)$ ＋ 惩罚费率 ×（需求量 － 配送量）

其中，距离 ij 表示路径中从门店 i 到门店 j 的距离；$f_i(t)$ 是销售店 i 在 t 时刻的放大系数。

考虑到有些门店的地理位置特殊及交通等原因，车辆在从这个门店向其他门店配送所需的时间花费和理论值（距离除以速度）有一定偏差（这样的门店简称为动态门店），计算成本时需乘以放大系数来矫正偏差，该放大系数与门店的出发时刻有关。每条配送路线从仓储中心出发的时刻计为 0，t 是配送至门店 i 的时间点，其配送成本的放大系数 $f_i(t)$ 随时间 t 发生变化见图 2-37。每期配送任务中只有一个门店的配送成本的放大系数 $f_i(t)$ 随时间 t 发生变化，其他 14 个门店配送成本的放大系数 $f_i(t)＝1$。

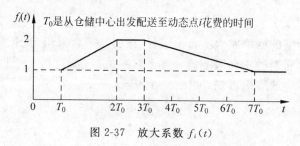

图 2-37　放大系数 $f_i(t)$

5. 实验步骤

实验步骤如图 2-38 所示，登录后读取每期的配送任务，根据路径规划算法计算配送路径方案，在实验系统中输入路径方案，并提交给实验系统。如此反复，完成所有期的配送任务。实验结束后可以查看 13 期方案的总成本。

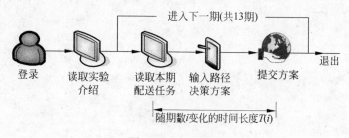

图 2-38　实验步骤

6. 实验报告

（1）说明实验中使用的配送路径规划算法；

（2）叙述如何处理动态门店的配送路径；

（3）说明在解决配送问题时，需要考虑哪些随机因素。

2.6.4　物流网络博弈实验

1. 实验目的和任务

(1) 深入理解供应链中分销管理和网络博弈的基本知识；

(2) 运用运筹学方法优化资源配置和决策分析；

(3) 培养运营管理、市场风险和竞争博弈的意识。

2. 实验学时和实验组织

2 学时,2 人一组,扮演零售商。

3. 实验环境

实验在物流实验室的网络实验平台上进行,该实验平台采用 B/S(客户机/服务器)的体系结构。实验系统由联网的 1 台服务器和多台客户机组成,包括 1 个供应商和多个零售商以及每个零售商所对应的终端市场,如图 2-39 所示。

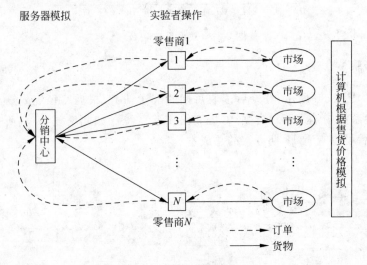

图 2-39　实验示意图

分销中心的角色由服务器扮演,零售商对应的终端市场由服务器用随机数来模拟,而零售商的角色则由实验者扮演。各零售商之间构成一种公平竞争的关系,各自独立管理自己的库存。实验分为若干期,每一期实验需要进行两次决策：向分销中心订货和确定本期的售货价格。每期的决策目标是实现利润的最大化。

4. 实验内容

随着全球经济一体化步伐的加快,市场竞争越来越激烈,企业必须不断增强竞争优势。

大量的实例研究证明,分销系统中加强制造商与经销商之间的协调与配合,建立合作伙伴关系,在一定条件下能为各方带来收益,增强其竞争力。

本实验考虑的是一个两阶段供应链模型,由 1 个供应商与 N 个零售商($N \geqslant 2$)组成,各个零售商每期面临的市场需求是服从一定分布的随机变量。因此,本实验在随机性需求下,研究一类包括单一制造商与多零售商的分销系统的协调问题,多零售商代理制造商的单一产品,制造商和多零售商以长期合作为目标,而各零售商要最大化自己每期的利润,彼此之间又会存在一个竞争问题。比如,有时所有零售商向供应商订货时,供应商并不能完全满足他们的需求,只能按照某一种分配策略来给各零售商发货,这时零售商就有可能得不到所下订单的货物数,导致缺货,这种情况下,零售商彼此之间就存在一个博弈问题,当供应商的库存量下降到一定程度后,需要适当地虚报订单量才能得到自己所需求的货物,而这个虚报尺度应该如何去掌握,就是我们所提到的物流网络博弈。如果考虑到整个分销系统收益的最大化,那么其信息透明度,即分销系统中各个元素彼此合作,进行信息共享的程度,是需要考虑的一个主要因素。信息共享程度越高,各元素在决策时考虑到的整体因素就越多,对整个系统而言就越有益。

每小组的同学扮演零售商,服务器扮演供应商。实验分为若干期,每期零售商根据自己所掌握的信息向供应商发送订单,并确定自己的销售价格。

为了保证零售商之间的公平竞争,所有零售商的属性参数设置都相同。供应商的参数包括订货提前期、初始售货价格(即为零售商的初始进货价格)、初始库存量、再订货点(s)和最大库存点(S);零售商的参数包括初始售货价格、初始库存量、订货固定成本、持货成本和初始资金。

每期实验开始时,供应商根据自己当前的库存状态按(s, S)策略订货,其订货提前期为 L(即本期订货将于 L 期后到货,L 由管理员设置)。同时供应商根据当前的库存位置,确定本期的售货价格(即零售商的进货价格)。当库存量高于 s 时,按默认的价格售货(该价格为零售商的初始进货价格,由管理员设置);当库存量低于 s 时,价格将随着库存量的下降变得越来越高,并呈线性关系,当库存降为零时,价格为初始价格的 2 倍,如图 2-40 所示(其中 s 为再订货点,S 为最大库存点,p 为零售商进货价格)。

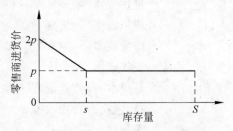

图 2-40　供应商库存和售货价格的关系

同时扮演零售商的实验者进入发送订单页面,开始根据自己所掌握的信息向供应商发送订单。

待所有零售商订单发送完成之后,供应商采取按比例分配的原则给各零售商分配库存。当总订单量小于供应商当前库存量时,按实际的订单量发货;当总订单量超过供应商的库存量时，将按各零售商订单量所占的比例 $q_i/\sum q_i I$ 来发货。其中，q_i 为第 i 个零售商的订单量；I 为供应商当前库存量。

零售商的订货提前期均设为零，即本期发送的订单，供应商发货后马上就能收到货物。

供应商完成订单的分配后，各实验者可根据自己的库存量确定本期的售价，所有零售商的售价将会决定下游市场的需求量。假设某期零售商 i 的售价为 p_i，所有零售商的平均价格为 $\bar{p}$，则零售商 i 该期的下游市场需求量为

$$Q_i = Q_0 \, \mathrm{e}^{\frac{p_0}{p_i}\frac{\bar{p}}{\bar{p}}-1}$$

其中，p_0 和 Q_0 是参数，可以认为是初始的售货价格和初始的市场需求量。

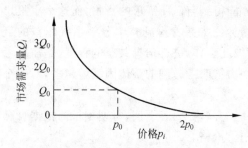

图 2-41　市场需求量和价格的大致关系

市场需求量跟零售商自己的售价以及所有零售商的平均售价相关。在所有零售商售价一致的情况下，其需求函数和售价的关系大致如图 2-41 所示。

待所有零售商确定完售货价格后，系统将按照各自的售货价格计算出各零售商的市场需求量，并根据当前库存量进行售货。本实验采用 lost sale 的模式，即缺货不会累计到下一周期。最后核算该期的各项成本和收益，计算出本期的利润和累计总资产。

每一期的成本和收益的计算公式如下：

固定成本 = 20（只有当本期到货量为零时不计算固定成本）

进货成本 = 到货量 × 进货价

售货收益 = 售货量 × 售货价格

持货成本 = 期末库存量 × 单位持货成本

缺货成本 = 0

总成本 = 持货成本 + 缺货成本 + 进货成本 + 固定成本

总收益 = 售货收益

净收益 = 总收益 − 总成本

本期末总资产 = 上期末总资产 + 本期净收益

实验结束后，考查各实验者的经营情况。实验系统提供各期的实验数据，基于这些数据进行分析和实验总结，并提交实验报告。

5. 实验步骤

实验步骤见图 2-42。实验结束后，可以查看到组内所有零售商的经营状况，并且可以从数据界面中导出所有的历史数据进一步分析。

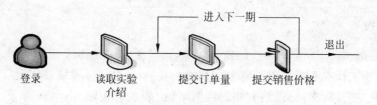

图 2-42　物流网络博弈实验步骤

6. 实验报告

(1) 说明实验中采用的库存管理策略或算法；

(2) 分析供应商和组内零售商的库存信息对决策的影响；

(3) 运用运筹学中的博弈理论分析零售商之间的竞争状况。

2.7　物流信息化

通过物流网络分析和物流信息挖掘两个实验,使学生充分认识到物流信息对现代物流决策的影响,提高学生对物流网络和物流信息的分析能力。

2.7.1　基于地理信息的物流网络分析

1. 实验目的和任务

(1) 加深对物流网络分析基本原理和方法的认识；

(2) 掌握利用地理信息进行道路网络分析和物流设施选址的方法；

(3) 提高分析和解决物流网络问题的能力。

2. 实验学时和实验组织

2 学时,1 人一组。

3. 实验环境

ArcGIS 是由 ESRI 出品的一个地理信息系统系列软件的名称,桌面版本主要包括 ArcReader,ArcView,ArcEditor 和 ArcInfo。ArcMap 是 ArcInfo 中一个主要的应用程序, 具有制图、地图分析和编辑的功能。网络分析扩展模块是基于地理网络进行路径分析的扩展模块,如位置分析、行车时间分析和空间交互式建模等。本次实验使用具有网络分析扩展模块(ArcGIS Network Analyst)许可授权的 ArcMap 软件。

4. 实验内容

网络分析是 ArcGIS 空间分析的重要功能,被广泛应用在物流选址规划、路线设计等领域,因此是工业工程专业需要重点掌握的技能。在 ArcGIS 中,网络被广泛应用于两类网络事物的建模——道路(交通)网络和实用性网络(比如水管线路、电力线路等)。此实验主要涉及道路网络分析,主要内容包括最佳路径分析和服务区域分析。

1) 最佳路径分析

在某个地区,有 7 个仓库,1 个配送中心。仓库 1 的时间窗为 9:30—10:00,仓库 2 的时间窗为 11:00—11:15,仓库 5 的时间窗为 13:00—13:05。请设计一个配送中心,要求配送车辆每天早上 9:00 出发,晚上送完货后回到配送中心,满足所有仓库的时间窗限制,同时使总的配送时间和路程最短。完成该任务后,请将结果写入实验报告中。

2) 服务区域分析

服务区域分析是通过创建一系列的多边形,给出从某个设施出发在指定时间内能够到达的范围。这些多边形被称为服务区多边形。请分别基于 7 个仓库创建其 3min,5min 和 10min 服务区,并统计各个服务区内商店的数量,然后确定如何重新布置仓库以更好地为商店提供服务。此外,服务区域分析会生成起始-目的地(OD)成本矩阵,表示在给定时间内从仓库到达商店的商品配送的成本。这个成本矩阵可用于后勤、物流配送、路线选择分析。

请用最少的仓库覆盖所有商店,要求每个商店在 5min 内都可以到达。请将最终结果写入实验报告。

5. 实验步骤

1) 最佳配送路径

(1) 数据准备。若要使用 ArcGIS 的网络分析扩展模块,必须先创建网络数据集(Network Dataset)。网络数据集在 ArcCatalog 中使用网络数据集的向导,可基于 Shapefile 文件创建网络数据集,并定义网络源数据及其在网络中扮演的角色、指定网络中的连通性和网络属性。

(2) 最佳配送路径分析。在 ArcMap 中打开网络数据集,使用 ArcMap 中的网络分析扩展模块(Network Extension)工具生成最佳配送路径。网络分析扩展模块的使用方法参考"ArcGIS Network Analyst Tutorial"文档。

2) 仓储中心选址和配送网络规划

首先创建"服务区分析图层",并加载服务设施图层,进行服务区分析设置。查看是否存在没有被服务区覆盖的商店,将分布不合理的设施(仓库)重新布局,重新计算服务区,直到所有商店全部分配到各个服务区中。

6. 实验报告

（1）阐述 GIS 在物流系统中的应用；

（2）分析实验结果。

2.7.2　物流信息数据挖掘

1. 实验目的和任务

（1）学习数据挖掘的常用算法；

（2）理解数据挖掘在物流管理中的主要应用；

（3）掌握文本和电子表格数据的数据挖掘方法。

2. 实验学时和实验组织

4 学时，1 人一组。

3. 实验环境——WEKA 3.5

Weka 的全名是怀卡托智能分析环境（Waikato Environment for Knowledge Analysis），它的源代码可通过 http://www.cs.waikato.ac.nz/ml/weka 得到。Weka 作为一个公开的数据挖掘工作平台，集合了大量机器学习算法。

4. 实验内容

（1）对实验数据文件夹中的数据集进行相应的分析。数据文件夹中包含的文件有数据文件.csv 格式和说明文档.names 文件。

（2）Iris 是聚集分析，poker，adult 是分类分析，forest fire 是回归分析，market basket 是关联分析。数据集可以从 http://www.cs.waikato.ac.nz/ml/weka/上下载。

（3）使用 weka 分析以上数据集，把实验结果文件和相应的分析写在实验报告中。对于数据集过大的文件，需要进行预处理后再进行分析。

5. 实验步骤

1）准备数据

使用 Weka 作数据挖掘，如果数据不是 ARFF（详细 ARFF 格式请参考网站 http://www.cs.waikato.ac.nz/~ml/weka/arff.html）格式的，则需要进行数据格式转换。Weka 提供了对 CSV 文件的支持和 JDBC 访问数据库的功能。对一个 ARFF 文件，需要先进行一些数据预处理，才能进行数据挖掘。

　　Excel 的 XLS 文件可以让多个二维表格放到不同的工作表中,但只能把每个工作表存成不同的 CSV 文件。在 Matlab 中的二维表格是一个矩阵,通过下面的命令可以把一个矩阵存成 CSV 格式:csvwrite('filename',matrixname)。需要说明的是,Matlab 给出的 CSV 文件往往没有属性名(Excel 给出的也可能没有)。而 Weka 必须从 CSV 文件的第一行读取属性名,否则就会把第一行的各属性值读成变量名。因此对于 Matlab 给出的 CSV 文件需要用 UltraEdit 打开,手工添加一行属性名。注意:属性名的个数要同数据属性的个数一致,并用逗号隔开。

　　将 CSV 转换为 ARFF 最方便的办法是使用 Weka 所带的命令行工具。运行 Weka 的主程序,出现 GUI 后可以单击下方按钮进入相应的模块。单击进入"Simple CLI"模块提供的命令行功能。在新窗口的最下方输入框写上 java weka. core. converters. CSVLoader filename. csv>filename. arff,即可完成转换。

　　在 WEKA 3.5 中提供了一个"Arff Viewer"模块,可以用它打开一个 CSV 文件进行浏览,然后另存为 ARFF 文件。具体方法是进入"Exploer"模块,从上方的按钮中打开 CSV 文件然后另存为 ARFF 文件。

　　2) 预处理

bank-data 数据各属性的含义如下。

id: a unique identification number
age: age of customer in years (numeric)
sex: MALE / FEMALE
region: inner_city/rural/suburban/town
income: income of customer (numeric)
married: is the customer married (YES/NO)
children: number of children (numeric)
car: does the customer own a car (YES/NO)
save_acct: does the customer have a saving account (YES/NO)
current_acct: does the customer have a current account (YES/NO)
mortgage: does the customer have a mortgage (YES/NO)
pep: did the customer buy a PEP (Personal Equity Plan) after the last mailing (YES/NO)

　　对于数据挖掘任务,ID 信息是无用的,可删除。

　　数据挖掘的有些算法,只能处理所有的属性都是分类型的情况。这时需要对数值型的属性进行离散化。在这个数据集中有 3 个变量是数值型的,分别是 age,income 和 children,其中 children 只有 4 个取值:0,1,2,3。可在 UltraEdit 中直接进行修改,把 @attribute children numeric 改为 @attribute children {0,1,2,3}。age 和 income 的离散化需要使用 Weka 中名为"Discretize"的 Filter 来完成。经过上述操作得到的数据集保存为 bank-data-final. arff。

　　3) 关联规则

关联规则挖掘发现大量数据项之间有趣的关联或相关联系。关联规则挖掘的一个典型例子是购物篮分析。通过关联规则研究,有助于发现交易数据库中不同商品(项)之间的联系,找出顾客购买行为模式,如购买了某一商品对购买其他商品的影响。分析结果可以应用于商品货架布局、货品摆放及根据购买模式对用户进行分类。

对于一条关联规则 L->R,常用支持度和置信度来衡量它的重要性。规则的支持度用来估计在一个购物篮中同时观察到 L 和 R 的概率 $P(L,R)$,而规则的置信度是估计购物篮中出现了 L 时也会出现 R 的条件概率 $P(R|L)$。关联规则的目标一般是产生支持度和置信度分别大于用户给定的最小支持度和最小可信度的关联规则。

Weka 的关联规则分析功能仅能用来作示范,不适合用来挖掘大型数据集。对前面的"bank-data"数据作关联规则的分析。

4)分类与回归

Weka 把分类和回归都放在【Classify】选项卡中,在这两个任务中,都有一个目标属性(输出变量)。根据一个样本(Weka 中称作实例)的一组特征(输入变量),对目标进行预测。为了实现这一目的,需要一个训练数据集,这个数据集中每个实例的输入和输出都是已知的。通过观察训练集中的实例,可以建立起预测的模型。使用这个预测模型,就可以对新输入的未知实例进行预测。衡量模型的好坏就在于预测的准确程度。在 Weka 中,待预测的目标被称作 Class 属性。

使用 C4.5 决策树算法对 bank-data 建立分类模型。在分析之前,对原来的 bank-data. csv 文件,去掉 ID 属性,把 children 属性转换成分类型的两个值 YES 和 NO。对训练集仅取原来数据集实例的一半;而从另外一半中抽出若干条作为预测的实例,并把它们的 pep 属性都设为缺失值。

5)聚类分析

聚类的任务是把所有的实例分配到若干簇,使得同一簇的实例聚集在一个簇中心的周围,它们之间的距离比较近,而不同簇实例之间的距离比较远。对于由数值型属性刻画的实例来说,这个距离通常指欧氏距离。

K 均值算法首先随机地指定 K 个簇中心。然后①将每个实例分配到距它最近的簇中心,得到 K 个簇;②分别计算各簇所有实例的均值,把它们作为各簇新的簇中心。重复①和②,直到 K 个簇中心的位置都固定,簇的分配也固定。

使用 K 均值(K-means)算法对前面的 bank data 作聚类分析。K 均值算法只能处理数值型的属性,需要把分类型的属性变为取 0 和 1 的属性。Weka 可以自动进行分类型到数值型的变换,并对数值型的数据作标准化处理。因此,对于原始数据 bank-data. csv,首先需要删去属性 id,保存为 ARFF 格式后,修改属性 children 为分类型,然后保存数据文件为 bank. arff。

6. 实验报告

(1)给出各个数据集的分析方法和实验结果;

（2）阐述物流信息数据挖掘在物流管理中有哪些应用。

2.8　交通系统规划与控制

通过两个交通仿真实验,使学生掌握基于主体的微观交通和基于交通规划的四阶段法的宏观交通的建模与仿真方法,加深对交通系统规划与控制的理解。

2.8.1　基于 Agent 的微观交通仿真

1. 实验目的和任务

（1）掌握建立微观交通仿真模型的方法;

（2）掌握 Anylogic 6 基于主体的建模方法。

2. 实验学时和实验组织

6 学时,3 人一组。

3. 实验环境

AnyLogic 6.0 以上版本。AnyLogic 是一个用于离散、连续主体和混合行为的复杂系统建模的仿真软件。

4. 实验内容

微观交通仿真模型以个体车辆行为为研究对象,描述目标车辆与其周围交通环境的相互关系。由于要对每一时刻每辆车的行为都进行运算,因此对计算机的运算速度及内存需求会随着车辆数的增加而增加,一般适用于中小型规模系统的交通仿真。微观交通仿真的计算机实现有两种方法:一种是空间上的连续模型(宏观),例如微分方程组;另一种是基于自治分布式系统(微观),例如元胞自动机、Agent。

采用 Agent 的建模方法,是将复杂系统中各个仿真实体用 Agent 的方式/思想自底向上对整个系统进行建模,通过对 Agent 的行为及其之间的交互关系、社会性进行刻画,来描述复杂系统的行为。这种建模仿真技术,在建模的灵活性、层次性和直观性方面较传统的建模技术都有明显的优势,很适合于对诸如交通系统、生态系统、经济系统以及人类组织系统等的建模与仿真。

交通系统中的人、车、路、控制设施等均可看作 Agent,这些 Agent 之间进行着复杂的实时交互,共同构成了系统的动态演化。在交通仿真系统中,将自主性和智能性特点比较明显的实体进行抽象,如路网 Agent、交通生成 Agent、车辆 Agent、信号控制 Agent 等,见图 2-43。

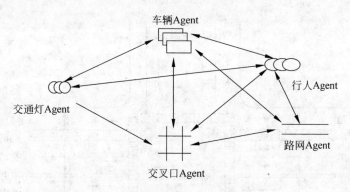

图 2-43 交通系统 Agent 结构

请自行选择交通场景,利用 Anylogic 软件平台,建立微观交通仿真模型。建立的交通仿真模型应包含交通生成模型、交通路网模型、信号灯模型、车辆跟驶模型、车辆换道模型和车辆加减速模型等。并对此场景下的交通状况进行分析和研究。

备选场景如下。

场景 1:Y 形交叉口,见图 2-44。

场景 2:T 形交叉口,见图 2-45。

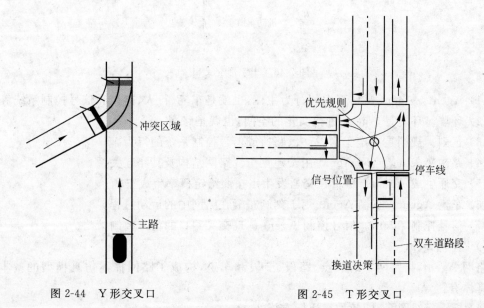

图 2-44　Y 形交叉口　　　　图 2-45　T 形交叉口

场景 3:十字形交叉口,见图 2-46。

建立上述场景的交通仿真模型时,需要包含以下基本要素:

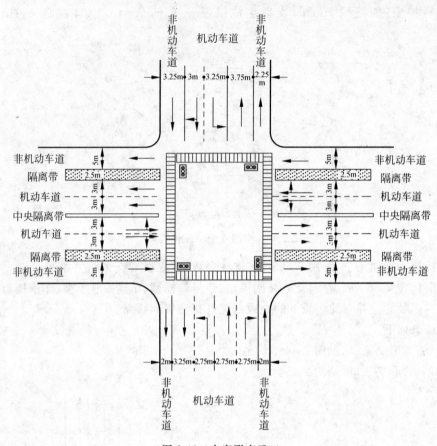

图 2-46 十字形交叉口

(1) Agent。Agent 是仿真中的行为主体,也就是车辆、行人、路口和信号控制系统等。

(2) 环境。环境是 Agent 进行演化的空间,也就是路网。

(3) 规则。规则是决定车辆、行人、路口或信号控制系统的行为。

(4) 路网 Agent。路网 Agent 用于建立仿真路网结构及其相互关系。

(5) 交通生成 Agent。负责在交通发生点按照给定概率生成车辆。

(6) 车辆 Agent。车辆 Agent 用于刻画车辆在路网中的运动过程。

(7) 信号控制 Agent。信号控制 Agent 体现交叉路口的信号控制策略。

1) 路网 Agent

路网 Agent,指路网中的节点、路段、节段和车道,构成了路网描述仿真模型的基本要素。具体有:

(1) 标志标线图元,即各种交通标志标线。

(2) 交叉口节点,含进出口道及相关标志标线图元。

(3) OD 节点,一般出现在仿真路网的驶入驶出点。

（4）车道,包含基本属性及相关标志标线图元。

（5）基本路段,包含一条或多条车道的有向道路。

（6）展宽渐变段,连接不同车道数路段的过渡段。

由于路网描述中包含了各种交通标志标线,因此它实际上定义了各种交通规则模型。

2）交通生成 Agent

交通生成 Agent 主要负责在设定的 OD 节点对的 O 节点中,以服从一定概率分布的车头间隔时间为间隔生成车辆,并且车辆的属性也是按照用户给定的概率生成的。一般情况下,采用车头时距服从负指数分布方法,即

$$t = -(1/\lambda)\ln(1-A), \quad \lambda > 0, 0 < A < 1$$

其中,t 为连续两辆车出现的时间间隔;λ 为车辆到达率;A 为 $[0,1]$ 区间的均匀随机数。

3）车辆 Agent

驾驶员-车辆单元（即车辆 Agent）是交通仿真系统中核心的一类 Agent。车辆首先根据出行目的地及路网状况确定行驶路径,然后根据感知的交通环境信息,经过推理机推理,进而选择驾驶任务如加速、减速、停车、转弯、换道,最后根据选定的任务控制油门、制动、转向角等进行车辆状态更新以实现预期目的。车辆 Agent 的结构如图 2-47 所示。

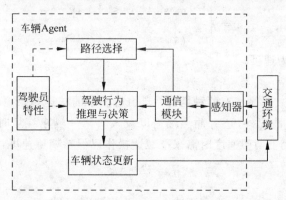

图 2-47　车辆 Agent 结构示意图

（1）车辆驾驶模型

车辆运动（这里指纵向前进运动）的基本思想是在满足安全要求的前提下,在道路的限制速度内以期望速度前进。车辆在非换道情况下在路段中的行驶决策,与在交叉口入口引道上类似。车辆在交叉口的运动行为需考虑 3 种情况。

① 根据车辆的行驶轨迹,可以将交叉口中车道分为两类:一类是进口车道,以进入交叉口初始位置为起点,停车线为终点;另一类是出口车道,根据行车轨迹而定,以停车线为起点,出口道末端为终点。所有机动车道内的车辆分为第一辆车和跟随车,第一辆车无跟驰行为,而跟随车需根据不同车道及行驶状况考虑跟驰行为。

② 出口车道中刚驶离停车线的车辆需考虑与其他方向的车辆及行人的冲突行为。

③ 对于跟随车,根据与前方车辆的距离以及本车与前车的相对速度对其行驶状态进行分类,决定采取的基本操作(加速、减速、保持当前速度)。若两车间隙足够大,车辆为自由行驶,则以期望速度前进,否则为跟驰行驶。在跟驰行驶中根据当前间隙、期望间隙以及相对速度决定基本操作。

跟驰模型是一种刺激-反应关系式,其实质就是由本车和前方车辆的距离、速度等关系推出本车的反应,进而决定本车相应的运动状态。用公式表达为

$$\ddot{x}_{n+1}(t+T) = \frac{\frac{v_f}{2}\left[\dot{x}_n(t) - \dot{x}_{n+1}(t)\right]}{x_n(t) - x_{n+1}(t)}$$

式中,$x_n(t)$ 为第 n 辆车在 t 时刻的位置;$\dot{x}_n(t)$ 为第 n 辆车在 t 时刻的速度;$\ddot{x}_{n+1}(t)$ 为第 $n+1$ 辆车在 $t+T$ 时刻的加速度;v_f 为车辆畅行速度;T 为时间扫描步长。

选取延迟时间 T 为时间扫描步长,给定首车行驶规律并假定车辆在 T 内做匀变速运动,由跟驰方程和有关运动学方程,便可求出每辆车在各离散时刻的加速度、速度及位移。

(2) 车辆加速模型

车辆加速过程可以用两阶段加速模型来近似:

$$a = \begin{cases} 1.1\,\text{m/s}^2, & v \leqslant 12.19\,\text{m/s} \\ 0.37\,\text{m/s}^2, & v > 12.19\,\text{m/s} \end{cases}$$

式中,a 为加速度;v 为速度。

(3) 车辆减速模型

车辆在路段中的减速操作有两种情况:自由行驶中的减速和跟驰减速。车辆在交叉口中的减速操作除以上情况外,还有冲突减速以及入口第一辆车红灯时在停车线前的减速。自由行驶中,当速度大于期望速度时需采取减速操作以保持期望速度,其减速度可取

$$a = \frac{v_{des} - v}{T}$$

式中,v_{des} 为车辆的期望速度;v 为车辆速度;T 为恢复时间,取 $T=3\text{s}$;a 为减速度。

跟驰过程中,两车间隙小于期望间隙并且跟车速度大于前车速度时,跟随车为保持期望间隙需要减速。若考虑前车的减速度 a_L(特别是前车紧急制动时),且减速度不能大于最大减速度,由运动定律可得减速度为

$$a = a_L - \frac{(v_F - v_L)^2}{2D_{LF}}, \qquad |a| < |a_{max}| = 6.404\,\text{m/s}^2$$

其中,L 为前车的下标;F 为后车的下标;D_{LF} 为两车间距。

冲突减速发生在对向冲突车辆到达冲突点的时间比本车短,或冲突车辆有优先通过冲突点的通行权时。这时,本车必须减速让行以避免冲突。设本车以减速度 a 开始减速行驶时的速度为 v_0,到冲突点的距离为 $D_{conflict}$,极限情况是本车减速行驶到达冲突点时速度减为 0,因此其减速度为

$$a = -\frac{v_0^2}{2D_{\text{conflict}}}, \quad |a| < |a_{\max}|$$

其中，D_{conflict} 为本车到冲突点的距离；v_0 为现在的速度。

（4）车辆换道模型

车辆在路网中行驶时诱发其产生变换车道意图的原因各式各样，但总体上可分为两类：一类是车辆为了完成其正常行驶目的而必须采取的车道变换行为，称作强制换道；另一类为车辆在遇到前方速度较慢的车辆时为了追求更快的车速、更自由的驾驶空间或者回避危险时而发生的变换车道行为，称为自主换道。

强制换道主要分为以下 3 种情形，车辆必须在前方某一关键点之前完成其车道变换行为：

① 正前方车辆正在停车而阻挡了其在目前车道上继续行驶的路线，关键点为正前方停车车辆的位置；

② 根据其既定的路线选择，在看到前方的车道导向标线时则要准备相应变换车道，关键点为第一组车道导向标线，只不过车辆 2 并不一定要在该点前完成变道行为；

③ 已接近当前车道的尾部，关键点为当前车道的结束点。

决定车辆是否会产生变道意图的最直接的因素是车辆与关键点之间的距离。因此，强制变道模型为

$$D_i = D_i^0 + E_i, \quad i = 1,2,3$$

式中，D_i 为临界距离；D_i^0 为常数值，$D_i^0 = \begin{cases} 50\text{m}, & i=1,3 \\ 0, & i=2 \end{cases}$；$E_i$ 为正态分布随机变量，

$E_i \in \begin{cases} [-10,10], & i=1,3 \\ [5,20], & i=2 \end{cases}$

自主换道是指车辆在遇到前方速度较慢的车辆时为了追求更快的车速、更自由的驾驶空间或者回避危险时而发生的变换车道行为。

每一车辆都有一期望车速，即在不受其他车辆约束的情况下驾驶员所希望达到的最大车速。当车的速度 $v_F < Cv$ 时，车辆有变道企图。其中，C 为折减率，在模型中取值为 $0.175 \sim 0.185$，v 为期望车速。

自主换道分为两种情况考虑：一是仅考虑邻道变换；二是考虑多车道变换。

当车辆产生变道意图后将持续地观察变道至相邻车道的可行性，①当前车辆符合相邻车道的车道使用规定，且②相邻车道上有车道变换所需的足够空当时，车辆将变道。对于要求②，我们根据邻道前、后车与当前车的车距与车速计算出当前车辆与邻道前、后车通过同一断面的时间间隔。只有当前车辆与相邻车道上的前车和后车的空当都足够大时，才会实施车道变换行为。

　　与邻道变道不同的是,在多车道情境中,即使相邻车道不满足车道变换的需要,还需要增加分析通过相邻车道再转到更远一点的侧向车道上去的可能性。

　　另外,如果具备变换车道可行性的相邻车道数超过1,则应分别计算其车道变换效益,选择变换效益高的车道作为变道的目标车道。车道变换效益指当前车辆经过变换车道以后所获得的自由度的增加。自由度可通过与相邻车道前车之间的速度差和距离差来描述。显然,相邻车道上前车的速度越大、间距越大,车辆变道后所获得的自由度就越大,车辆也就更愿意选择变到这样的车道上。

　　左、右两车道对当前车辆的车道变换效益为

$$v_{\mathrm{l}} = \left(\alpha \frac{d_{\mathrm{a}} - d_{\mathrm{n}}}{d_{\mathrm{n}}} + \beta \frac{v_{\mathrm{a}} - v_{\mathrm{n}}}{v_{\mathrm{n}}} \right) \gamma_{\mathrm{l}}$$

$$v_{\mathrm{r}} = \left(\alpha \frac{d_{\mathrm{b}} - d_{\mathrm{n}}}{d_{\mathrm{n}}} + \beta \frac{v_{\mathrm{b}} - v_{\mathrm{n}}}{v_{\mathrm{n}}} \right) \gamma_{\mathrm{r}}$$

式中,v_{l},v_{r} 分别为左、右相邻车道的车道变换效益;α,β 分别为空间效益参数和速度效益参数;d_{a},d_{n},d_{b} 分别为当前车与正前方、左前方及右前方车辆之间的间距;v_{a},v_{n},v_{b} 分别为当前车、左前方车辆及右前方车辆的车速;γ_{r},γ_{l} 分别为车道偏爱系数,一般 γ_{r} 可取 1.0,γ_{l} 可取 $1.1 \sim 1.2$。

　　车道变换模型的逻辑结构如图 2-48 所示。

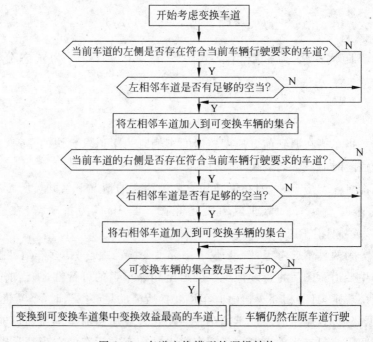

图 2-48　车道变换模型的逻辑结构

4) 信号控制 Agent

交叉口的交通流控制问题是在确定的路网内通过调整信号系统来实现的。信号的控制总体上分为两类：一类为固定信号；另一类为动态信号。交叉口的交通信号均被看成Agent，动态信号控制系统通过感知交叉口的车流状况以及与相邻信号控制 Agent 的协调合作来实现信号周期、相位等的调整。

5. 实验步骤

（1）建立所选场景的仿真模型；

（2）对仿真模型进行实验分析，分析该场景下不同交通流量下交叉口的通行能力和交叉口延误时间；

（3）对交叉口定时信号配时进行优化设计。

6. 实验报告

（1）说明仿真模型建立的方法；

（2）描述仿真模型实验设计的方法；

（3）分析仿真实验结果。

2.8.2 宏观交通仿真实验

1. 实验目的和任务

（1）学习宏观交通规划软件，应用四阶段法预测新建项对交通的影响；

（2）掌握公交路网更改的基本操作；

（3）掌握改进交叉路口道路条件的方法。

2. 实验学时和实验组织

3 学时，1 人一组。

3. 实验环境

Cube 是由美国 Citilabs 公司开发的交通模拟与规划软件系统。Cube 软件系列包含Cube Voyager，Cube Cargo，Cube Dynasim，Cube Land 和 Cube Polar 软件模块。本实验可使用 Cube 教育版。

4. 实验内容

目前，我国正在进入城镇化发展高峰期，大型购物中心、开发区、物流园区和大型社区不断形成,给城市的交通规划带来了新的课题。交通规划以交通需求分析和预测作为核心工作。现代交通预测的基本思路是结合土地利用资料,建立交通与土地利用之间的关系模型。它包括 3 个总变量,即土地利用(居住人数、工作岗位数、汽车拥有量、货物流通量等)、交通(出行量、交通员)和交通特征(行程、时间、费用等)。然后根据交通与土地的关系模型分为出行生成、出行分布、出行方式选择和出行分配四阶段预测交通需求。

　　根据预测的交通需求量,分析新建设施对城市道路交叉口服务水平的影响。城市道路交叉口的服务水平主要决定于交叉口的交通条件、道路条件、交通管理和环境条件。在改善交叉口服务水平中,拓宽交叉口是行之有效的措施。通过增加交叉口进出口车道数,可以提高交叉口的通行能力,降低交叉口饱和度。

　　在城市,人们主要的出行方式是采用公共交通。公共交通运营服务水平与居民对公交的满意度息息相关,也体现出企业的运营管理水平,这是公交发展水平最直接的体现。方便性是公共交通服务水平的主要指标。方便性指标包括公交出行比例、换乘系数、换乘距离、换乘站距、发车频率等公交基本运营特征指标。公交出行比例从总体上反映了居民对公交的选择;换乘系数、换乘站距反映了线网布局、站点设置的合理程度,直接与乘坐方便性相关;发车频率直接反映在乘客等车时间上,发车间隔太长,会影响居民选择公交,发展水平必然降低。

　　本实验应用宏观交通规划软件进行如下分析:

　　(1) 应用交通预测模型,分析新建购物中心对该区域道路交通的影响。

　　(2) 如果新建的购物中心项目对周边路网交通量和相邻交叉路口的影响,已经达到了无法接受的水平,请针对新建购物中心周边的线路,对相邻道路和交叉路口进行相应的改进,观察道路交叉口的服务水平和道路容量比率变化。

　　(3) 通过更改公交发车频率,显示对公交服务水平的影响。增加公交服务的发车频率,在新建购物中心设置 1 个站点,并加入到公交线路中,分析统计在该站的上下车情况。

5. 实验步骤

　　(1) 打开 Cube Voyager 模型;

　　(2) 制定项目场景;

　　(3) 运行项目场景;

　　(4) 增加购物中心创建新的项目场景;

　　(5) 观察新建开发项目购物中心对道路路网的影响;

　　(6) 创建新项目场景,添加道路;

　　(7) 对新建购物中心相邻道路和交叉路口进行相应的改进;

　　(8) 修改交叉路口;

　　(9) 运行更改数据,显示运行结果;

　　(10) 增加公交发车频率;

（11）观察交通分配结果；

（12）观察公交服务中乘客上、下车情况。

6. 实验报告

（1）阐述影响交叉口服务水平的因素；

（2）分析就业岗位数变化对该地区交通的影响；

（3）增加车道数后,某些交叉口的服务水平仍然存在问题,请解释原因；

（4）说明在该实验中如何改进道路,才可能改善所在区域的道路服务水平。

生产与制造方向实验

工业工程专业生产工程方向的课程有"制造系统概论"、"生产自动化与制造系统"、"生产计划与控制"、"供应链管理"、"管理信息系统"、"建模与仿真"等,配合这些课程,开设以下教学实验。

3.1 设计与制造

3.1.1 NC 编程实验

1. 实验目的

(1) 学习并掌握 NC 编程的基本方法及原理;

(2) 观察和了解数控车削加工和铣削加工的工艺过程;

(3) 了解数控机床的基本使用方法;

(4) 掌握数控机床的 CNC 编程的基本代码程序结构。

2. 实验学时和人员组织

3 学时,1 人一组。

3. 实验设备

(1) 数控车中心 EMCO TURN 120P 一台;

(2) 数控铣中心 VMC-100 一台。

4. 实验内容

(1) 预习附录中车床和铣床 NC 代码指令说明,参考相应的范例,编写图 3-1 和图 3-2

所示零件的加工程序,并将零件程序交予实验课辅导教师进行检查;

(2)熟悉数控机床的工作模式和基本操作,包括刀具操作、机床系统参数设置、CNC 程序的调试与修改;

(3)将无误的零件程序传送至数控机床,操作机床,加工出零件。

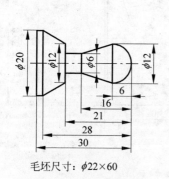

毛坯尺寸:$\phi22\times60$

图 3-1　车削加工零件图

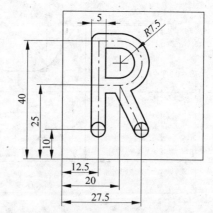

毛坯尺寸:$50\times50\times20$

图 3-2　铣削加工零件图(R 字的深度:10mm)

5. 实验报告要求

(1)编写 NC 加工程序并注释;

(2)评定加工质量,分析加工影响因素;

(3)对实验中出现的问题进行总结,并进行分析。

6. 附录:编程范例及代码说明

1)编程范例

下面以 EMCO TURN 120P 车中心和 VMC-100 铣中心为例,介绍数控加工中心的 NC 编程方法。

例 3-1　用 EMCO TURN 120P 车中心(刀库容量 8 把)加工一个酒杯,棒料尺寸为 $\phi30\times65$(mm),加工时应至少留有 20mm 的夹持长度。酒杯尺寸见图 3-3,刀库刀具表见表 3-1。

解:酒杯加工过程中用到了 5 把刀,加工工序如下。

先做工件零点偏移,将工件零点移至杯口中心(夹具零点在三爪卡盘端面中心处):

```
G54 G92 X0Z74.8S3500
G59
```

然后:

(1)左偏刀光端面(T0202);

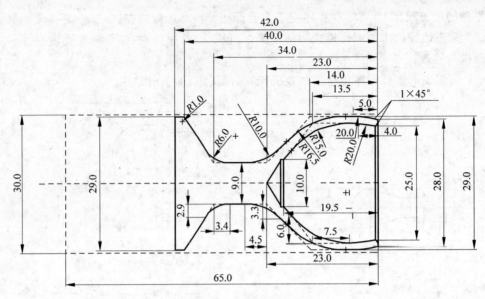

图 3-3   酒杯尺寸

表 3-1   EMCO TURU 120P 刀库

代码	说　明	代码	说　明
T0101	中心钻	T0505	55°右偏刀
T0202	55°左偏刀	T0606	55°尖刀
T0303	切断刀,左刀刃	T0707	55°镗刀
T0313	切断刀,右刀刃	T0808	对刀规
T0404	ϕ10 麻花钻		

说明:代码 T 后面数字的前两位数值表示刀号(参见刀具分布图),后两位数值表示刀补寄存器中的刀补号(参见刀补寄存器图)。

(2) ϕ10 钻头钻底孔(T0404);

(3) 镗刀扩孔至 ϕ13(T0707);

(4) 镗刀粗车循环,初步加工出杯孔形状(T0707 G84);

(5) 镗刀精车内孔形状。注:镗刀最小车削内孔直径不小于 12mm;

(6) 尖刀粗车酒杯外形(T0606);

(7) 尖刀精车酒杯外端(限于尖刀形状,它不能车到酒杯底座根部);

(8) 换左偏刀继续精车酒杯内端形状(T0202);

(9) 切断(T0303)。

酒杯加工数控代码程序如下:

```
%0020                                              //程序号：0020
N0000  G54 G92 Z74.800 S3500                      //调用卡盘零点,设置工件零点与主轴最高限速
N0010  G59                                         //调用工件零点
N0020  G00 X60.000 Z60.000 T0000 G96 S230 M04     //开动主轴,设置切削线速度230m/min,快
                                                    速到换刀点。T0000 表示坐标参照刀具参考点 N
N0030  T0202 X32.000 Z0.000 M08                   //调用 2 号车刀(左偏刀),打开冷却液
N0040  G01 X−1.000 F100                           //切端面,进给速度为 100mm/min
N0070  G00 X60.000 Z60.000 T0000 M05              //回换刀点
N0120  T0404 G97 S1000                            //调用 4 号刀(10mm 钻头),设置主轴转速 1000r/min
N0130  G00 X0.000 Z1.000 M03                      //快速到钻削起点
N0140  G87 Z−23.000 D3=10000 D4=2 D5=70 D6=4000 F30      //钻孔循环
N0150  G00 X60.000 Z60.000 T0000 M05              //回换刀点
N0160  T0707 X11.000 Z1.000 G96 S150 M04          //调用 7 号刀(镗刀),主轴逆时针转,切速 150m/min
N0180  G84 X24.000 Z−11.000 P2=−8.500 D0=200 D2=100 F100 D3=1000
                                                    //轴向车循环,粗镗内孔
N0190  G00 X26.000                                //以下开始车削内孔型腔
N0200  G01 Z0.000 G41                             //调用刀半径左补偿
N0205  X25.000 Z−0.500 F60                        //倒角
N0210  Z−4.000 X26.000 P0=20.000                  //圆弧半径 20.0mm
N0220  Z−13.500 X26.000 P0=15.000                 //圆弧半径 15.0mm
N0230  X10.000 Z−19.500 G40                       //取消刀补
N0240  G00 X24.000 Z1.000
N0310  G00 X60.000 Z60.000 T0000                  //回换刀点
N0320  T0606 G96 S230 F100                        //调用 6 号刀(55°尖头车刀),改变切速 230m/s
N0330  G00 X28.200 Z1.000                         //以下是粗掏外凹槽
N0340  G01 X29.200 Z−5.000
N0350  Z−12.500
N0360  X26.00 Z−15.000
N0370  Z−38.500
N0380  G00 Z−15.000
N0390  G01 X22.000 Z−17.500
N0400  Z−37.500
N0410  G00 Z−17.500
N0420  G01 X18.000 Z−19.500
N0430  Z−36.250
N0440  G00 Z−19.500
N0450  G01 X15.000 Z−21.000
N0460  Z−35.250
N0470  G00 Z−21.500
N0480  G01 X12.000 Z−23.000
N0490  Z−34.000
N0500  G00 X32.000
N0540  Z2.000                                     //以下是精车外成形面
```

N0550   G01 G42 X27.000 Z0.500 F60
N0555   X28.000 Z−0.500
N0560   X29.000 Z−5.000 P0＝20.000
N0570   Z−14.000 X29.000 P0＝16.500
N0580   X9.000 Z−23.000 P0＝10.000
N0600   Z−30.000 G40
N0610   G00 X32.000
N0620   X60.000 Z60.000 T0000   //尖头刀车不到酒杯根部,换左偏刀继续车
N0630   T0202 X32.000 Z−28.000
N0640   X13.000
N0650   G01 G42 X9.000 Z−30.000
N0660   Z−35.000 X9.000 P0＝6.000
N0670   X29.000 Z−40.000 P0＝1.000
N0680   Z−44.000 X29.000
N0700   G00 X60.000 M05 Z60.000 T0000
N0710   T0313 G00 X32.000 Z42.000   //以下是切断
N0720   G01 X−1.000 F50
N0730   G00 X60.000 Z60.000 T0000 M09   //回换刀点,关冷却液
N0740   G53 G56   //取消调用卡盘零点和工件零点
N0750   M30   //结束

例 3-2   用 EMCO VMC-100 铣中心(刀库容量 10 把)加工一个田径场模型,坯料尺寸为 100mm×50mm×30mm。田径场模型尺寸见图 3-4,刀库刀具表见表 3-2。

解:加工田径场模型用到了 4 把刀,田径场加工工序如下:

先做零点偏移,将工件零点移至场地中心(卡具零点在坯料的左、前、下角处):

G54 G92 X50.0Y−25.0Z29.0
G59

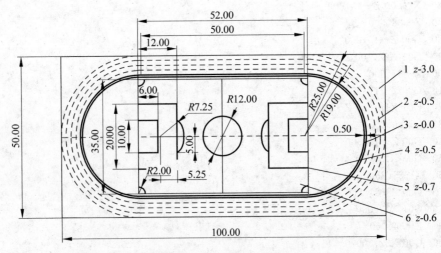

图 3-4   田径场模型图(z-3.0 表示 z 负向尺寸为 3.0,余同)

表 3-2   EMCO VMC-100 铣中心刀库

代 码	说 明	代 码	说 明
T0101	ϕ10 端铣刀	T0606	ϕ6 球头铣刀
T0202	ϕ40 端铣刀	T0707	ϕ2 麻花钻
T0303	中心钻	T0808	ϕ3 槽铣刀
T0404	ϕ5 麻花钻	T0909	ϕ8 端铣刀
T0505	ϕ12 球头铣刀	T1010	对刀规

说明：代码 T 后面数字的前两位数值表示刀号（参见刀具分布图），后两位数值表示刀补寄存器中的刀补号（参见刀补寄存器图）。

然后：

（1）用 ϕ40 端铣刀铣平表面（T0202 铣掉 1mm 后作为工件 Z0 表面）；

（2）用 ϕ10 端铣刀铣削区域 1(T0101)；

（3）继续用 ϕ10 端铣刀铣削区域 4（做两个圆槽铣循环）；

（4）用 ϕ3 铣刀铣削区域 6（T0808，矩形槽铣循环）；

（5）继续铣削外围跑道，分 4 刀沿虚线铣削；

（6）用中心钻的刀尖铣削场地线（T0303）。

田径场加工数控代码程序如下（为编程方便，程序中用到绝对编程和相对编程）：

```
%1000                                                    //程序号
N0010    G54 G92 X50.000 Y−25.000 Z29.00                 //调夹具零点，设置工件零点
N0020    G59                                             //调用工件零点
N0030    T0202 G00 X−75.000 Y15.000 Z0.000 S800   //调用 φ40 端铣刀，设置主轴转速 800r/min
N0040    M03 M08 G01 X50.000 F100          //开动主轴和冷却，铣平面，进给速度设为 100mm/min
N0050    Y−15.000
N0060    X−75.000
N0070    G00 Z5.000
N0080    M05 M09 T0101 G00 X−25.000 Y30.000 Z−5.000      //调用 φ10 端铣刀
N0090    M03 M08 G01 G42 X−25.000 Y25.000 Z−5.000 F100       //以下是铣外轮廓
N0100    G03 V−50.000 I0.000 J−25.000
N0110    G01 U50.000 F200
N0120    G03 V50.000 I0.000 J25.000 F100
N0130    G01 U−50.000 F200
N0140    G00 G40 X−30.000 Y30.000 Z2.000
N0150    X0.000 Y0.000
N0152    G88 X−25.000 Y0.000 Z−0.500 P1=37.000 D2=7000 D3=2500 F100       //圆形槽铣循
                                        环，加工内场两端
N0154    G88 X25.0000 Y0.000 Z−0.500 D7=1
N0156    G87 X0.000 Y0.000 Z−0.500 P0=52.000 D3=2500 P1=37.000       //矩形槽铣循环，加
                                        工足球场部分
N0162    T0808 G00 X−25.000 Y20.500 Z2.000 S2000   //以下换 φ3 铣刀，加工外跑道
```

N0164　G01 Z−0.500 F50

N0166　G03 V−41.000 I0.000 J−20.500 F100

N0168　G01 U50.000

N0170　G03 V41.000 I0.000 J20.500

N0172　G01 U−50.000

N0180　V1.500

N0190　G03 V−44.000 I0.000 J−22.000

N0200　G01 U50.000

N0210　G03 V44.000 I0.000 J22.000

N0220　G01 U−50.000

N0230　V1.500

N0240　G03 V−47.000 I0.000 J−23.500

N0250　G01 U50.000

N0260　G03 V47.000 I0.000 J23.500

N0270　G01 U−50.000

N0280　V1.500

N0290　G03 V−50.000 I0.000 J−25.000

N0300　G01 U50.000

N0310　G03 V50.000 I0.000 J25.000

N0320　G01 U−50.000

N0330　G00 Z2.000

N0350　G87 X0.000 Y0.000 Z−0.600 P0=52.000 P1=35.000 D3=2600 D7=1　//加深足球场,
　　　　　　　　　　　　　　　　　　　　　　　　　　　　加密刀纹

N0355　T0303 G00 X−26.000 Y17.500 Z2.000　　　　//以下换中心钻,画出足球场地线

N0370　G01 Z−0.700 F50

N0380　V−35.000 F100

N0390　U52.000

N0400　V35.000

N0410　U−52.000

N0420　G00 Z2.000

N0430　X0.000 Y17.500

N0440　G01 Z−0.700 F50

N0450　V−35.000 F100

N0460　G00 Z2.000

N0470　Y−6.000

N0480　G01 Z−0.700 F50

N0490　G02 V12.000 I0.000 J6.000 F100

N0500　V−12.000 I0.000 J−6.000

N0510　G00 Z2.000

N0520　X0.000 Y0.000

N0530　G25 L8101　　　　　//一部分场地线通过子程序 L81 加工,子程序运行一遍

N0560　M92　　　　　　　//调用镜像加工(相对于 Y 轴)

N0570　G25 L8101　　　　　//加工与上面对称的部分

N0580　M90　　　　　　　//取消镜像加工

N0590　T0202 G53 G56 M05 M09　　　//取消夹具零点和工件零点,停主轴,关冷却液

N0600　M30　　　　　　　　　　　　　　　//结束

子程序如下：

%0081　　　　　　　　　　　　　　　//程序号,该子程序加工的是足球场左半部
　　　　　　　　　　　　　　　　　　　　分的一部分场地线,通过镜像加工再调用
　　　　　　　　　　　　　　　　　　　　该子程序,即可加工出右半场地

N0430　G00 X－26.000 Y10.000　　　　　//禁区线
N0440　G01 Z－0.700 F50
N0450　U12.000 F100
N0460　V－20.000
N0470　U－12.000
N0480　G00 Z2.000
N0485　X－26.000 Y－5.000　　　　　　//球门区线
N0486　G01 Z－0.700 F50
N0490　U6.000 F100
N0500　V10.000
N0510　U－6.000
N0520　G00 Z2.000
N0530　X－14.000 Y5.000　　　　　　　//罚球弧
N0540　G01 Z－0.700 F50
N0550　G02 V－10.00 I－5.250 J－5.000 F100
N0560　G00 Z2.000
N0570　X－24.000 Y17.500　　　　　　　//角球区
N0580　G01 Z－0.700
N0600　G02 U－2.000 V－2.000 I－2.000 J0.000
N0610　G00 Z2.000
N0620　X－24.000 Y－17.500　　　　　　//角球区
N0630　G01 Z－0.700
N0650　G03 U－2.000 V2.000 I－2.000 J0.000
N0660　G00 Z2.000
N0670　X0.000 Y0.000
N0680　M17　　　　　　　　　　　　　//子程序结束,返回主程序

2) 指令代码说明

(1) EMCO TURN 120P 指令代码说明

准备功能指令代码(G 代码)说明见表 3-3。

表 3-3　准备功能指令代码(G 代码)说明

代码	功　　能	语　句　格　式
Group 0 第 0 组		
G00	快速移动点定位	N4 G00 X(U)±43 Z(W)±43
G01	直线插补	N4 G01 X(U)±43 Z(W)±43 F4
G02	圆弧插补(顺时针)	N4 G02 X(U)±43 Z(W)±43 I±43 K±43 F4
G03	圆弧插补（逆时针）	N4 G03 X(U)±43 Z(W)±43 I±43 K±43 F4

代码	功　能	语　句　格　式
Group 0 第 0 组		
G04	暂停	N4 G04 D_4 5
G33	单步螺纹车削	N4 G33 X(U)±43 Z(W)±43 F4
G84	粗车循环	N4 G84 X(U)±43 Z(W)±43 P_0±43 P_2±43 $D_0$5 $D_2$5 $D_3$5 F4
G85	螺纹循环	N4 G85X(U)±43 Z(W)±43 P_0±43 P_2±43 $D_3$5 $D_4$2 $D_5$2 $D_6$5 $D_7$1 F4
G86	车槽循环	N4 G86 X(U)±43 Z(W)±43 $D_3$5 $D_4$5 $D_5$5 F4
G87	钻削循环(带断屑)	N4 G87 Z(W)±43 $D_3$5 $D_4$5 $D_5$5 $D_6$5 F4
G88	钻削循环(带回退)	N4 G88 Z(W)±43 $D_3$5 $D_4$5 $D_5$5 $D_6$5 F4
Group 1 第 1 组		
G96	恒切速车削	N4 G96 S(S 的单位为 m/min)
G97	直接转速指定(恒转速车削)	N4 G97 S (S 的单位为 r/min)
Group 2 第 2 组		
G94	以 mm/min 或 1/100in/min 进给	N4 G94
G95	以 μm/r 或 1/10 000in/r 进给	N4 G95
Group 3 第 3 组		
G53	取消零点 1,2 (G54,G55)	
G54	调用零点 1	
G55	调用零点 2	
Group 4 第 4 组		
G92	指定主轴最高限速 预置寄存器 5(由 G59 调用)	N4 G92 X(U)±43 Y(U)±43 Z(W)±43
Group 5 第 5 组		
G56	取消零点 3,4,5(G57,G58,G59)	
G57	调用零点 3	
G58	调用零点 4	
G59	调用零点 5 (与 G92 预置相配合)	
Group 6 第 6 组		
G25	调用子程序	N4 G25 L4
G27	无条件跳转	N4 G27 L4
Group 7 第 7 组		
G70	英制单位 in(英寸)	N4 G70
G71	公制单位 mm(毫米)	N4 G71
Group 8 第 8 组		
G40	取消刀路半径补偿	
G41	刀路半径左补偿	
G42	刀路半径右补偿	

注：N4 表示一个无符号的整数,最多 4 位；X(U)±43 表示一个带符号的浮点数,最多 4 位整数、3 位小数；$D_0$5 表示一个无符号的整数,最多 5 位；F4 表示一个无符号的整数,最多 4 位；其他以此类推。

特殊加工循环指令代码说明见表 3-4。

表 3-4　特殊加工循环指令代码说明

代码	功　　能	语　句　格　式
G84	粗车循环	G84 X(U)±43 Z(W)±43 P0±43 P2±43 D05 D25 D35 F4
G87	钻削循环（带断屑）	G87 Z(W)±43 D35 D45 D55 D65 F4

G84 的说明：

<table>
<tr><td>参数</td><td>单位</td><td>功能说明</td><td rowspan="9">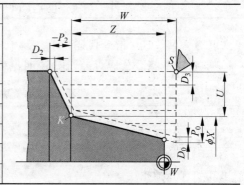</td></tr>
<tr><td>X(U)</td><td rowspan="2">mm</td><td rowspan="2">K 点坐标</td></tr>
<tr><td>Z(W)</td></tr>
<tr><td>P_0</td><td>mm</td><td>X 向斜度尺寸</td></tr>
<tr><td>P_2</td><td>mm</td><td>Z 向斜度尺寸</td></tr>
<tr><td>D_0</td><td>μm</td><td>X 向容差</td></tr>
<tr><td>D_2</td><td>μm</td><td>Z 向容差</td></tr>
<tr><td>D_3</td><td>μm</td><td>每次切削深度</td></tr>
<tr><td>F</td><td></td><td>进给率</td></tr>
</table>

注：X, Z 顺序颠倒，则变为端面车循环。

G87 的说明：

<table>
<tr><td>参数</td><td>单位</td><td>功能说明</td><td rowspan="6">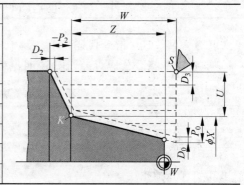</td></tr>
<tr><td>D_3</td><td>μm</td><td>首次进给量</td></tr>
<tr><td>D_4</td><td>1/10s</td><td>暂停时间</td></tr>
<tr><td>D_5</td><td>%</td><td>递减进给百分比</td></tr>
<tr><td>D_6</td><td>μm</td><td>最小钻削深度</td></tr>
<tr><td>F</td><td></td><td>进给率</td></tr>
</table>

辅助功能指令代码(M 代码)说明见表 3-5。

表 3-5　辅助功能指令代码(M 代码)说明

代码	说　　明	代码	说　　明
M03	主轴正转(顺时针)	M00	程序停止
M04	主轴反转(逆时针)	M17	子程序结束
M05	主轴停	M08	冷却开
M38	精确停位开 ON	M09	冷却关
M39	精确停位关 OFF	M30	程序结束,回程序头

(2) VMC-100 指令代码说明

准备功能指令代码(G 代码)说明见表 3-6。

表 3-6　准备功能指令代码(G 代码)说明

代码	功　　能	语句格式
Group 0 第 0 组		
G00	快速移动点定位	N4 X(U)$\pm$43 Y(V)$\pm$43 Z(W)$\pm$43
G01	直线插补	N4 X(U)$\pm$43 Y(V)$\pm$43 Z(W)$\pm$43 F4
G02	圆弧插补(顺时针)	N4 X(U)$\pm$43 Y(U)$\pm$43 Z(W)$\pm$43 I$\pm$43 J$\pm$43 K$\pm$43 F4
G03	圆弧插补(逆时针)	N4 X(U)$\pm$43 Y(U)$\pm$43 Z(W)$\pm$43 I$\pm$43 J$\pm$43 K$\pm$43 F4
G04	暂停	N4 D$_4$5
G72	圆形分布孔铣循环	N4 X(U)$\pm$43 Y(U)$\pm$43 P$_0\pm$43 D$_0$5 D$_2$4 D$_3$4 D$_7$1
G74	矩形分布孔铣循环	N4 X(U)$\pm$43 Y(U)$\pm$43 Z(W)$\pm$43 P$_0\pm$43 D$_0$5 P$_1\pm$43 D$_1$5 D$_7$1
G81	钻孔循环(简单循环)	N4 X(U)$\pm$43 Y(U)$\pm$43 Z(W)$\pm$43 P$_3$(P$_4$)$\pm$43 F4
G82	钻孔循环(孔底停顿)	N4 X(U)$\pm$43 Y(U)$\pm$43 Z(W)$\pm$43 P$_3$(P$_4$)$\pm$43 D$_4$5 F4
G83	钻孔循环(带退屑)	N4 X(U)$\pm$43 Y(U)$\pm$43 Z(W)$\pm$43 P$_3$(P$_4$)$\pm$43 D$_3$5 D$_4$5 D$_5$3 D$_6$7 F4
G84	攻丝循环	N4 X(U)$\pm$43 Y(U)$\pm$43 Z(W)$\pm$43 P$_3$(P$_4$)$\pm$43 F5
G86	钻孔循环(带断屑)	N4 X(U)$\pm$43 Y(U)$\pm$43 Z(W)$\pm$43 P$_3$(P$_4$)$\pm$43 D$_3$5 D$_4$5 D$_5$3 D$_6$7 F4
G87	挖槽(矩形)	N4 X(U)$\pm$43 Y(U)$\pm$43 Z(W)$\pm$43 P$_3$(P$_4$)$\pm$43 P$_0$43 P$_1$43 D$_3$5 D$_5$2 D$_7$1
G88	挖槽(圆形)	N4 X(U)$\pm$43 Y(U)$\pm$43 Z(W)$\pm$43 P$_1\pm$43 P$_3$(P$_4$)$\pm$43 D$_2$5 D$_3$5 D$_4$1 D$_5$2 D$_7$1
G89	狭长槽铣循环	N4 X(U)$\pm$43 Y(U)$\pm$43 Z(W)$\pm$43 P$_0\pm$43 P$_1\pm$43 P$_3$(P$_4$)$\pm$43 D$_2$4 D$_3$5 D$_4$1 D$_5$1 D$_7$1 F4

代码	功　能	语　句　格　式
Group 2 第 2 组		
G94	以 mm/min 或 1/100in/min 进给	
G95	以 μm/r 或 1/10 000in/r 进给	
Group 3 第 3 组		
G53	取消零点 1,2 (G54,G55)	
G54	调用零点 1	
G55	调用零点 2	
Group 4 第 4 组		
G92	预置寄存器 5（由 G59 调用）	N4 G92 X(U)±43 Y(U)±43 Z(W)±43
Group 5 第 5 组		
G56	取消零点 3,4,5(G57,G58,G59)	
G57	调用零点 3	
G58	调用零点 4	
G59	调用零点 5（与 G92 预置相配合）	
Group 6 第 6 组		
G25	调用子程序	N4 G25 L4
G27	无条件跳转	N4 G27 L4
Group 7 第 7 组		
G70	英制单位 in(英寸)	
G71	公制单位 mm(毫米)	
Group 8 第 8 组		
G40	取消刀路半径补偿	
G41	刀路半径左补偿	
G42	刀路半径右补偿	
Group 9 第 9 组		
G17	XY 平面选择	
G18	XZ 平面选择	
G19	YZ 平面选择	
Group 11 第 11 组		
G98	退回至起始平面	见图 3-5
G99	退回至回退平面(用在加工循环中)	见图 3-5
Group 12 第 12 组		
G73	调用圆形分布孔循环(由 G72 定义)	
G75	定义矩形分布孔循环(由 G74 定义)	

注：N4 表示一个无符号的整数，最多 4 位；X(U)±43 表示一个带符号的浮点数，最多 4 位整数、3 位小数；$D_0 5$ 表示一个无符号的整数，最多 5 位；F4 表示一个无符号的整数，最多 4 位；其他以此类推。

特殊加工循环指令代码说明见表 3-7。

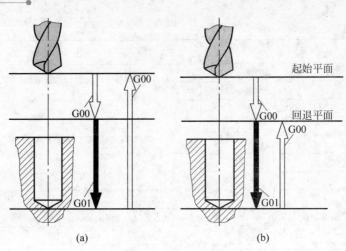

图3 5　G98 与 G99 示意图

(a) G98；(b) G99

表 3-7　特殊加工循环指令代码说明

代码	功能	语句格式
G87	挖槽（矩形）	N4 X(U)±43 Y(U)±43 Z(W)±43 P₃(P₄)±43 P₀43 P₁43 D₃5 D₅2 D₇1
G88	挖槽（圆形）	N4 X(U)±43 Y(U)±43 Z(W)±43 P₁±43 P₃(P₄)±43 D₂5 D₃5 D₄1 D₅2 D₇1

G87 的说明：

参数	单位	功能说明	
X(U)			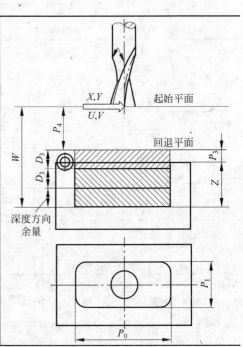
Y(V)	mm	方形槽中心坐标	
Z(W)	mm	槽深度	
P₃	mm	定义回退平面（相对于坐标零点）	
P₄	mm	定义回退平面（相对于起始高度）	
P₀	mm	X 向尺寸	
P₁	mm	Y 向尺寸	
D₃	μm	深度方向每次进给量	
D₅	02 或 03	02：顺铣 03：逆铣	
D₇	0	Z 向进给用 G00	
	1	Z 向进给用进给率的一半	

G88 的说明：

参数	单位	功能说明
X(U) Y(V) Z(W)	mm	槽中心的坐标值及深度值
P_1	mm	槽直径
P_3	mm	定义回退平面(相对于坐标零点)
P_4	mm	定义回退平面(相对于起始高度)
D_2	μm	XY 平面内进给值
D_4	0	最外圆全速进给
	1	最外圆半速进给
D_5	02 或 03	02：顺铣
		03：逆铣
D_7	0	Z 向进给用 G00
	1	Z 向进给用进给率的一半

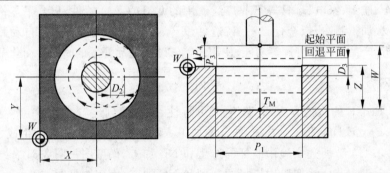

3) 辅助功能指令代码(M 代码)说明见表 3-8。

表 3-8　辅助功能指令代码(M 代码)说明

代码	说明	代码	说明
M03	主轴正转(顺时针)	M09	冷却关
M04	主轴反转(逆时针)	M30	程序结束,回程序头
M05	主轴停	M90	镜像加工取消
M38	精确停位开 ON	M91	相对于 X 轴作镜像加工
M39	精确停位关 OFF	M92	相对于 Y 轴作镜像加工
M00	程序停止	M93	相对于坐标原点(即工件坐标系零点)作镜像加工
M17	子程序结束		
M08	冷却开		

3.1.2　基于 Pro/Engineer 的计算机辅助设计与制造

1. 实验目的

(1) 学习基于 Pro/E 的造型基本设计方法;

(2) 学习基于 Pro/E NC 的基本方法;

(3) 观察和了解数控车削加工和铣削加工的工艺过程。

2. 实验学时和人员组织

8 学时,1 人一组。

3. 实验设备

(1) 计算机若干台。

(2) Pro/Engineer 软件。该软件是美国 PTC 公司的产品,是世界和国内电子、机械、模具、工业设计、汽车、航天、家电、玩具等行业广泛使用的 CAD/CAM 软件,集合了零件设计、产品装配、模具开发、加工制造、钣金件设计、铸造件设计、工业设计、逆向工程、自动测量、机构分析、有限元分析、产品数据库管理等功能,使用户能够缩短产品开发的时间并简化开发的流程。

4. 实验内容

(1) 学习 Pro/E 的造型方法,如草绘、尺寸标注、特征的创建与编辑等;

(2) 学习 Pro/E NC 的基本方法,如各类加工方法的应用、刀具轨迹的生成、后处理等;

(3) 完成 3.1.1 节所述实验中酒杯的造型和 NC 加工,模型图见图 3-3;

(4) 完成 3.1.1 节所述实验中操场的造型和 NC 加工,模型图见图 3-4。

5. 实验报告

(1) 将计算机辅助制造(CAM)后处理生成的程序代码添加必要的注释;

(2) 体会手工编程与 CAM 的区别、它们各自的特点及适用范围。

6. 附录:设计及 NC 加工参考

1) 酒杯

(1) 酒杯模型创建要点

① 设计模型、工件模型与制造模型的单位要一致。本书零件模型的创建均采用 mmns_part_solid 公制模板,制造模型的创建均采用 mmns_mfg_nc 公制模板,而不采用默认模板。

② 为了易于加工,在创建设计模型时,以 TOP 平面为草绘平面,主要采用旋转造型方法创建酒杯,再辅以倒直角、倒圆角和打孔。此处提供的造型步骤仅供参考,设计模型的主

要创建步骤如下：

（a）单击 ✳→以 TOP 平面为草绘平面→单击 ⠸，以 FRONT 平面投影线为基准绘制中心线→绘制截面轮廓，如图 3-6 所示→选择 ✔→旋转 360°。

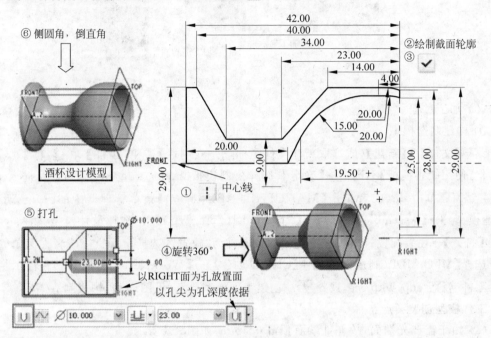

图 3-6　酒杯设计模型创建

（b）单击 🔩 打孔，如图 3-6 所示。

（c）单击 🔩 和 🔩 分别进行倒圆角和倒直角。

（2）酒杯 Pro/E 加工方法

酒杯加工过程中用到的 Pro/E 加工方法见表 3-9。加工的大致流程参见图 3-7。

表 3-9　酒杯加工

序号	工　序	刀具号	刀　具	刀具位置	加工方法
1	光端面	T0202	55°左偏刀	2	轮廓车削
2	钻底孔	T0404	φ10 麻花钻	4	钻孔
3	扩孔、粗车酒杯口	T0707	镗刀	7	区域车削
4	精车酒杯内孔	T0707	镗刀	7	轮廓车削
5	粗车酒杯外形 1	T0606	55°尖刀	6	区域车削
6	精车酒杯外形 1	T0606	55°尖刀	6	轮廓车削
7	粗车酒杯外形 2	T0202	55°左偏刀	2	区域车削
8	精车酒杯外形 2	T0202	55°左偏刀	2	轮廓车削
9	切断	T0313	切断刀（左刀刃）	3	轮廓车削

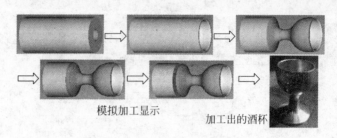

模拟加工显示　　　　　加工出的酒杯

图 3-7　酒杯加工流程示意图

（3）加工过程

① 构建制造模型

菜单【文件】→【新建】（或选取新建文件图标□）→【制造】/【NC 组件】，在【名称】处输入cup，将【使用缺省模板】不选中→【确定】，选择公制模板 mmns_mfg_nc→【确定】，进入 Pro NC 主界面。单击🔲（或者单击【MANUFACTURE（制造）】菜单管理器中的【Mfg Model（制造模型）】→【Assemble（装配）】→【Ref Model（参照模型）】）→选择设计模型文件：cup.prt→【打开】→在装配设置操控板中选择约束条件为"缺省"，选择☑→🔲（或者在菜单管理器中选择【MFG MDL（制造模型）】→【Create（创建）】→【Workpiece（工件）】）→在提示栏中输入零件名称：cup_wkpiece，选择☑→创建工件模型要点（见图 3-8），构成制造模型。

工件模型创建要点：

（a）由于需要光端面，故坯件端面预留 0.5mm，如图 3-8 所示。

（b）毛坯创建以设计模型为基准，创建 $\phi30\times65$ 的同心圆柱棒料。

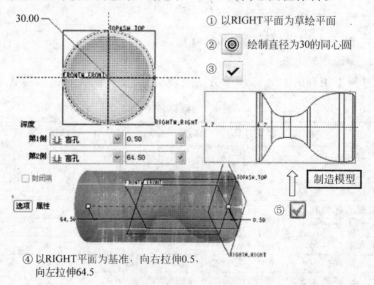

① 以RIGHT平面为草绘平面

② ◎ 绘制直径为30的同心圆

③ ✔

深度

第1侧　⊥ 盲孔　　0.50

第2侧　⊥ 盲孔　　64.50

□ 封闭端

选项　属性

④ 以RIGHT平面为基准，向右拉伸0.5，向左拉伸64.5

制造模型

⑤ ☑

图 3-8　毛坯创建

② 设定加工操作环境

在【MANUFACTURE(制造)】菜单管理器中,单击【Mfg Setup(制造设置)】,弹出"操作设置"对话框,将"操作名称"改成 OP01,单击"NC 机床"文本框旁边的 ,选择机床为 1 个塔台的车床,单击【确定】按钮。单击"基准显示"工具栏中的 ,查看现有模型上的坐标系位置,由于没有适合的坐标系,直接单击"基准特征"工具栏中的 ,创建如图 3-9 所示的坐标系,将加工零点设定在前端面的轴中心。单击"操作设置"对话框中的"加工零点"文本框旁的 ,指定刚创建的坐标系。

③ 设计 NC 序列

a. 创建 NC 序列的进刀与退刀点

酒杯的加工有一个固定的进刀点与退刀点,相当于换刀点,在 X60,Z60 处。该点的创建参数见图 3-9。

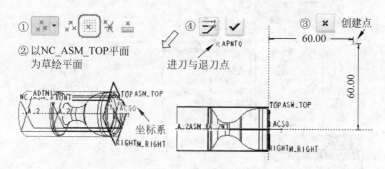

图 3-9　进刀点与退刀点的创建

b. 左偏刀(T0202)光端面,轮廓车削 NC 序列设置

在菜单管理器中单击【MACHINING(加工)】→【NC Sequence(NC 序列)】→【新序列】→【MACH AUX(辅助加工)】,选取【Machining(加工)】|【Profile(轮廓)】→【Done(完成)】。接着进行相应的序列设置,如图 3-10 所示,其中序列名称为 1prof。草绘以 RIGHT 面为参照,方向为右。直线的起点与终点若与图 3-10 所示方向不同,可先不理会,在执行图 3-10 中第 13 步骤后,会弹出【INT CUT(切割)】菜单,如图 3-11 所示,此时可以单击【Play Cut(演示切减材料)】选项,如果演示有问题,则可选用【INT CUT(切割)】菜单中的选项进行修改。如果需修改加工方向,则选用【Ends(端点)】进行起点或终点的设置。如果演示没有问题,则可以直接执行图 3-10 中第 14 步骤。起始/终止点选取 APNT0。

选择【NC SEQUENCE(NC 序列)】菜单中的【Play Path(演示轨迹)】→菜单【PLAY PATH(演示路径)】→【Computer CL(计算 CL)】,分别选取【Screen Play(屏幕演示)】以及【NC Check(NC 检测)】模拟加工切削,可以看到系统自动生成的刀具路径,如图 3-11 所示。最后,要选取菜单管理器中【NC Sequence(NC 序列)】→【Done Seq(完成序列)】,将此序列保存在此操作中。

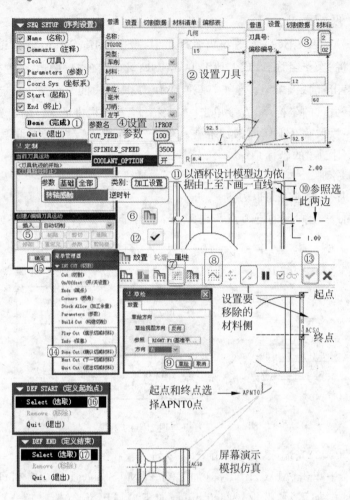

图 3-10　端面序列操作

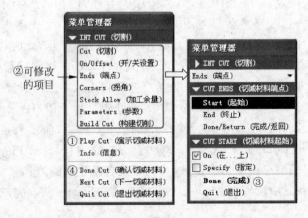

图 3-11　【切割】菜单

c. φ10(T0404)钻头钻底孔,钻孔 NC 序列设置

在菜单管理器中单击【MACHINING(加工)】→【NC SEQUENCE(NC 序列)】→【新序列】→【MACH AUX(辅助加工)】,选取【MACHINING(加工)】|【HOLE MAKING(孔加工)】→【Done(完成)】。接着进行相应的序列设置,如图 3-12 所示,其中序列名称为 2hole,起始/终止点选取 APNT0。

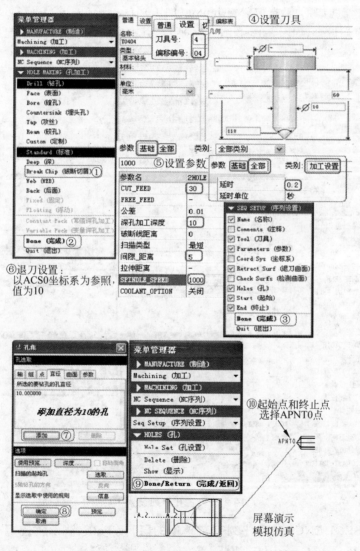

图 3-12 钻孔序列设置

选择【NC SEQUENCE(NC 序列)】菜单中的【Play Path(演示轨迹)】→菜单【PLAY PATH(演示路径)】→【Computer CL(计算 CL)】,分别选取【Screen Play(屏幕演示)】以及

【NC Check(NC 检测)】模拟加工切削,可以看到系统自动生成的刀具路径,如图 3-12 所示。最后,要选取菜单管理器中的【NC Sequence(NC 序列)】→【Done Seq(完成序列)】,将此序列保存在此操作中。

　　d. 镗刀(T0707)初步加工出酒杯形状,区域车削 NC 序列设置

　　在菜单管理器中单击【MACHINING(加工)】→【NC Sequence(NC 序列)】→【新序列】→【MACH AUX(辅助加工)】,选取【Machining(加工)】|【Area(区域)】→【Done(完成)】。接着进行相应的序列设置,如图 3-13 和图 3-14 所示,其中序列名称为 3area,起始/终止点选取APNT0。

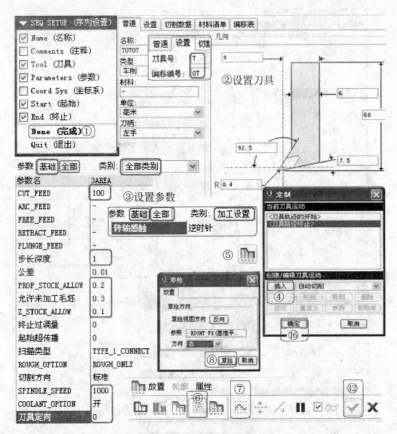

图 3-13　扩孔序列设置 1

　　选择【NC SEQUENCE(NC 序列)】菜单中的【Play Path(演示轨迹)】→菜单【PLAY PATH(演示路径)】→【Computer CL(计算 CL)】,分别选取【Screen Play(屏幕演示)】以及【NC Check(NC 检测)】模拟加工切削,可以看到系统自动生成的刀具路径,如图 3-15 所示。可以看到发生了加工干涉,而且有一部分是空加工,上一工序(打孔)已经去除的材料部分仍然在此序列中被加工。因此要为钻孔序列添加材料去除,该操作参见图 3-15,再查看序列 3 的

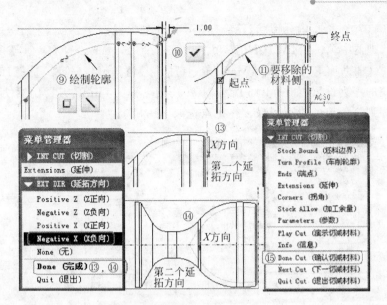

图 3-14 扩孔序列设置 2

刀具轨迹，就可以看到空加工被避免了，同时刀具也没有发生干涉，符合加工要求。

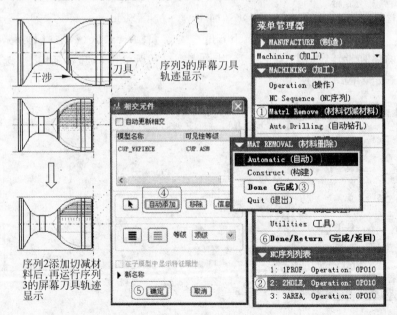

图 3-15 序列 3 刀具轨迹

最后，要选取菜单管理器中的【NC SEQUENCE（NC 序列）】→【Done Seq（完成序列）】，将此序列保存在此操作中。

以下序列的加工方法都已涉及，不再详述。

e. 镗刀(T0707)精车内孔形状,轮廓车削 NC 序列设置

在菜单管理器中单击【MACHINING(加工)】→【NC Sequence(NC 序列)】→【新序列】→【MACH AUX(辅助加工)】中选取【Machining(加工)】|【Profile(轮廓)】→【Done(完成)】。接着进行相应的序列设置,如图 3-16 所示,其中序列名称为 4prof,刀具仍然使用 T0707,车削轮廓选用序列 3 创建的轮廓,起始/终止点选取 APNT0。

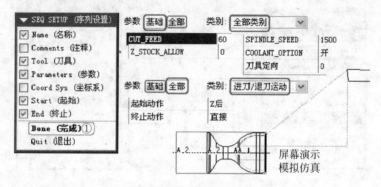

图 3-16　序列 4 的主要序列设置

f. 尖刀(T0606)粗车酒杯外形,区域车削 NC 序列设置

在菜单管理器中单击【MACHINING(加工)】→【NC Sequence(NC 序列)】→【新序列】→【MACH AUX(辅助加工)】,选取【Machining(加工)】|【Area(区域)】→【Done(完成)】。接着进行相应的序列设置,如图 3-17 所示,其中序列名称为 5area,起始/终止点选取 APNT0。加工轮廓的确定如图 3-18 所示。

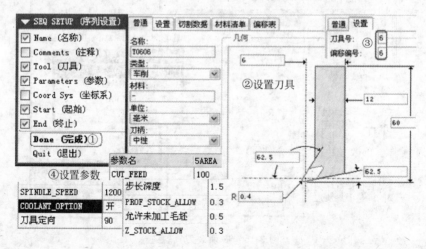

图 3-17　序列 5 的序列设置

选取【Machining(加工)】|【Matrl Remove(材料切减材料)】→从【NC 序列列表】中选取序列 5,创建序列 5 的材料去除。

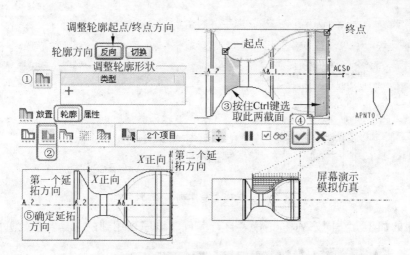

图 3-18　序列 5 切削轮廓的确定

g. 尖刀（T0606）精车酒杯外端，轮廓车削 NC 序列设置

在菜单管理器中单击【MACHINING（加工）】→【NC Sequence（NC 序列）】→【新序列】→【MACH AUX（辅助加工）】，选取【Machining（加工）】|【Profile（轮廓）】→【Done（完成）】。接着进行相应的序列设置，如图 3-19 所示，其中序列名称为 6prof，刀具仍然使用 T0707，起始/终止点选取 APNT0。

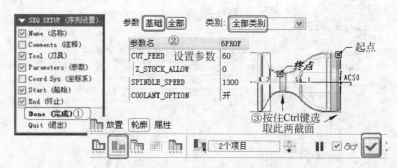

图 3-19　精车酒杯外端

h. 左偏刀（T0202）继续粗车酒杯剩余外端，区域车削 NC 序列设置

此工序的加工参数基本与序列 5 同，故可在工艺管理器中复制序列 5，并做相应修改，请读者自行完成。选取【Machining（加工）】|【Matrl Remove（材料切减材料）】→从【NC Sequence（NC 序列）】中选取序列 7，创建序列 7 的材料去除。请读者自行完成。

i. 左偏刀（T0202）精车酒杯剩余外端，轮廓车削 NC 序列设置

此工序的加工参数可参照序列 6，刀具使用 T0202。请读者自己完成该序列。序列 7 和序列 8 的屏幕演示模拟参见图 3-20。

j. 切断（T0313），轮廓车削 NC 序列设置

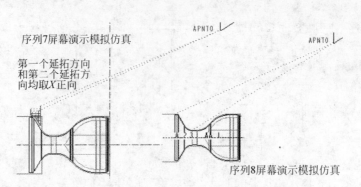

图 3-20　序列 7 与序列 8 模拟仿真

此工序的加工方法同序列 1，请读者自行完成。该序列用到的刀具及参数见图 3-21。

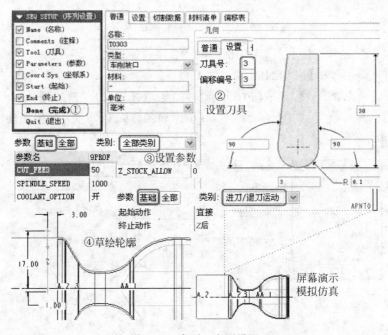

图 3-21　序列 9 主要设置

2）田径场

（1）田径场模型创建要点

① 设计模型、工件模型与制造模型的单位要一致。本书零件模型的创建均采用 mmns_part_solid 公制模板，制造模型的创建均采用 mmns_mfg_nc 公制模板，而不采用默认模板。

② 图 3-4 中所示的 Z 值均是在先铣掉坯料上表面 1mm 后的尺寸标注，故在创建设计模型时要考虑。

③ 场地线可以使用"刻模"加工方法，故构建场地线为"凹槽"修饰特征。选取 proe 主

菜单中的【插入】|【修饰】|【凹槽】。

④ 为了易于加工,在创建设计模型时,以 TOP 平面为草绘平面,主要采用拉伸造型方法创建田径场,再辅以"凹槽"修饰特征。此处提供的造型步骤仅供参考,设计模型主要创建步骤如图 3-22 所示。

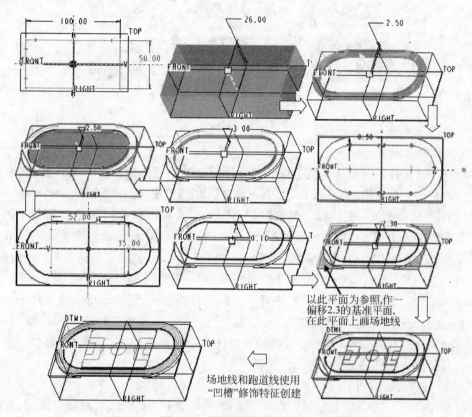

以此平面为参照,作一偏移2.3的基准平面,在此平面上画场地线

场地线和跑道线使用"凹槽"修饰特征创建

图 3-22　操场建模过程示意

（2）田径场 Pro/E 加工方法

田径场加工过程中用到的 Pro/E 加工方法见表 3-10,加工过程如图 3-23 所示。

表 3-10　田径场加工

序号	工　序	刀具号	刀　具	刀具位置	加工方法
1	铣平表面	T0202	φ40 端铣刀	2	表面
2	铣削跑道外四角	T0101	φ10 端铣刀	1	轮廓
3	铣削内部半圆区域	T0101	φ10 端铣刀	1	腔槽加工
4	铣削矩形槽	T0808	φ3 槽铣刀	8	腔槽加工
5	铣削外围跑道	T0808	φ3 槽铣刀	8	轮廓
6	铣削场地线	T0303	φ1 槽铣刀	3	刻模

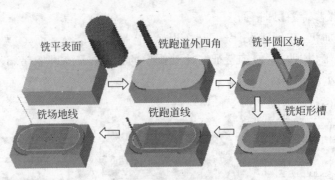

图 3-23　操场加工过程

（3）加工过程

① 构建制造模型

单击菜单【文件】→【新建】（或选取新建文件图标▢）→【制造】/【NC 组件】，在【名称】处输入 caochang，将【使用缺省模板】不选中→单击【确定】按钮，选择公制模板 mmns_mfg_nc→【确定】，进入 Pro/NC 主界面。单击【MANUFACTURE（制造）】菜单管理器中的【Mfg Model（制造模型）】→【Assemble（装配）】→【Ref Model（参照模型）】→选择设计模型文件：caochang.prt→【打开】→在装配设置操控板中选择约束条件为"缺省"，选择☑→"创建参照模型"对话框中的"参照模型类型"选取"同一模型"，单击【确定】→在菜单管理器中选择【Assemble（装配）】→【Workpiece（工件）】→选择工件模型文件：caochang_wkpiece.prt→【打开】→在装配设置中选择约束条件为"缺省"，选择☑→"创建毛坯模型"对话框中的"参照模型类型"选取"同一模型"，单击【确定】→设计模型和创建的工件模型装配在一起，构成制造模型→【完成/返回】。

② 设定加工操作环境

在【MANUFACTURE（制造）】菜单管理器中，单击【Mfg Setup（制造设置）】，弹出"操作设置"对话框，将"操作名称"改成 OP01，单击"NC 机床"文本框旁边的 ☞，选择机床为 3 轴铣削机床，单击【确定】。单击"基准显示"工具栏中的 ▨，查看现有模型上的坐标系位置，由于没有适合的坐标系，直接单击"基准特征"工具栏中的 ✳，创建如图 3-24 所示的坐标系，将加工零点设定在田径场中心。单击"操作设置"对话框中的"加工零点"文本框旁的 ▶，指定刚创建的坐标系。

③ 设计 NC 序列

a. 铣平表面，表面加工 NC 序列设置

在菜单管理器中单击【MACHINING（加工）】→【NC Sequence（NC 序列）】→【MACH AUX（辅助加工）】，选取【Face（表面）】和【3 Axis（3 轴）】→【Done（完成）】→【Done（完成）】。接着进行相应的序列设置，如图 3-24 所示，其中序列名称为 FACE。设置刀具、序列参数和退刀设置。在距毛坯上表面向下 1mm 作一基准平面，在基准平面中草绘两条线，使用铣削

曲面选择此两条边，生成一个曲面，在表面加工中选择此面，具体操作如图 3-24 所示。

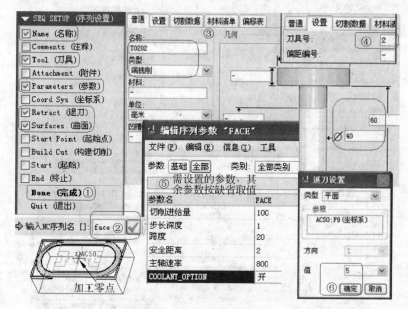

图 3-24 表面序列设置

选择【NC SEQUENCE（NC 序列）】菜单中的【Play Path（演示轨迹）】→菜单【PLAY PATH（演示路径）】→【Computer CL（计算 CL）】，分别选取【Screen Play（屏幕演示）】以及【NC Check（NC 检测）】模拟加工切削，可以看到系统自动生成的刀具路径，如图 3-25 所示。单击菜单管理器中的【Done Seq（完成序列）】结束此 NC 序列的设置。

b. 铣削跑道外四角，轮廓加工序列设置

在菜单管理器中单击【MACHINING（加工）】→【NC Sequence（NC 序列）】→【New Sequence（新序列）】→【MACH AUX（辅助加工）】，选取【Profile（轮廓）】和【3 Axis（3 轴）】→【Done（完成）】→【Done（完成）】。接着进行相应的序列设置，如图 3-26 所示，其中序列名称为 prof。单击菜单管理器中的【Done Seq（完成序列）】结束此 NC 序列的设置。

c. 铣削内部半圆区域，腔槽加工序列设置

在菜单管理器中单击【MACHINING（加工）】→【NC Sequence（NC 序列）】→【New Sequence（新序列）】→【MACH AUX（辅助加工）】，选取【Pocketing（腔槽加工）】和【3 Axis（3 轴）】→【Done（完成）】→【Done（完成）】。该 NC 序列的主要参数设置如图 3-27 所示，其中序列名称为 pocket1。单击菜单管理器中的【Done Seq（完成序列）】结束此 NC 序列的设置。

d. 铣削矩形槽，腔槽加工序列设置

在菜单管理器中单击【MACHINING（加工）】→【NC Sequence（NC 序列）】→【新序列】→【MACH AUX（辅助加工）】，选取【Pocketing（腔槽加工）】和【3 Axis（3 轴）】→【Done（完

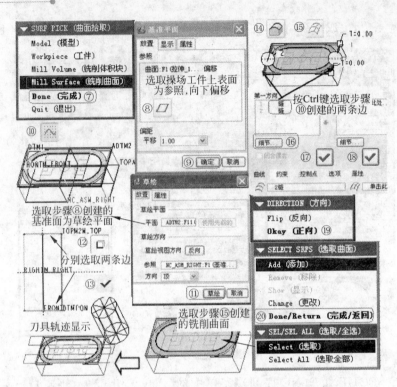

图 3-25　表面序列具体操作

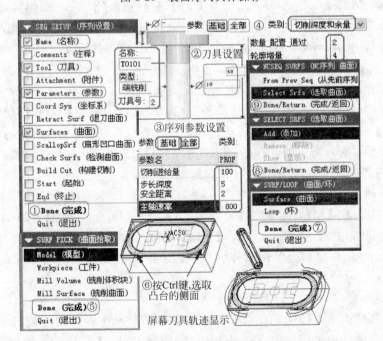

图 3-26　跑道外四角加工

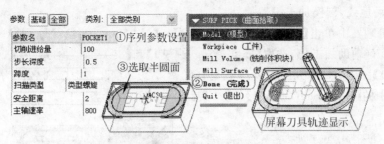

图 3-27 序列 3 主要参数

成)】→【Done（完成）】。该 NC 序列的主要参数设置如图 3-28 所示，其中序列名称为 POCKET2。单击菜单管理器中的【Done Seq（完成序列）】结束此 NC 序列的设置。

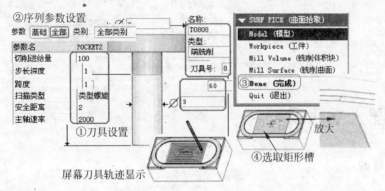

图 3-28 矩形槽加工主要参数

e. 铣削外围跑道，轮廓加工设置

在菜单管理器中单击【MACHINING（加工）】→【NC Sequence（NC 序列）】→【新序列】→ 【MACH AUX（辅助加工）】，选取【Profile（轮廓）】和【3 Axis（3 轴）】→【Done（完成）】→ 【Done（完成）】。该 NC 序列的主要参数设置如图 3-29 所示，其中序列名称为 prof2。单击 菜单管理器中的【Done Seq（完成序列）】结束此 NC 序列的设置。

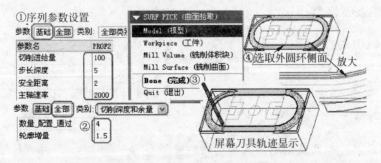

图 3-29 外围跑道加工主要参数

f. 铣削场地线,刻模加工设置

在菜单管理器中单击【MACHINING(加工)】→【NC Sequence(NC 序列)】→【新序列】→【MACH AUX(辅助加工)】,选取【Engraving(刻模)】和【3 Axis(3 轴)】→【Done(完成)】→【Done(完成)】。该 NC 序列的主要参数设置如图 3-30 所示,其中序列名称为 prof2。单击菜单管理器中的【Done Seq(完成序列)】结束此 NC 序列的设置。

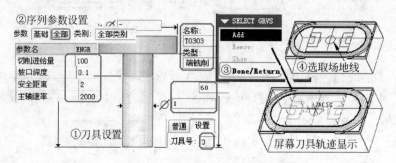

图 3-30　场地线加工主要参数

3.2　机器人编程实验

1. 实验目的

(1) 学习使用和操作机器人;

(2) 掌握机器人的手动控制和程序控制;

(3) 了解程序控制机器人的过程。

2. 实验学时和人员组织

3 学时,1 人一组。

3. 实验设备及器件

(1) RV-M1 机器人;

(2) 示教盒;

(3) 零件毛坯。

4. 实验内容

(1) 学习并熟悉如何使用示教盒手动调整机器人。

(2) 根据给定的参照文件,了解控制机器人运作的方法和命令。

(3) 本实验需要完成模拟机器人用于自动上下料的动作过程。手动方式调节机器人,确定机械手的空间行走路径。分以下两种情况：①机械手从参考点移动到料带上方取料到参考点。②机械手从参考点将料送到卡盘上，加工完毕，取料送回料带上的托盘。每条路径确定足够多的点数，确保机械手动作时不发生干涉。

（4）根据上面确定的空间点编制机器人控制程序。

（5）机器人空间点运行无误后，由指导教师检查空间点及编制的控制文件，由教师指导下使用编制的控制文件控制机器人的运行。

5. 实验步骤

（1）阅读相关辅助资料，读懂下面的机器人程序文件，参照此范例文件进行编程。用文本编辑器进行编辑，存成＊.rob后缀文件。

```
DL 1,2048
10 OB +0
30 ID
350 GO
360 TI 5
370 MO 32,O
380 SP 7,H
400 MO 100,O
480 OB -0
RN
```

（2）熟悉机器人示教盒的操作方法（操作指导另附）。

（3）规划机器人的轨迹，用手动方式为机器人设定姿态和位置编码。分3步进行：将机器人示教盒上的手动控制开关拨到ON状态；对机器人进行初始化；执行mov 100，将机械手回到点号为100的参考点。根据要求机器人完成的动作，可先依次设定姿态和位置编码，用示教盒调整机械手的行走路径，确定所需的节点数和大致位置，按照空间顺序，依次将机械手以手动方式分别调节到这些节点上，并按照一定的顺序进行编号和存储，位置号设定从200号位置开始。

（4）用Mov位置编码（位置编码由自己定）依次运行一遍，测试机器人的运行过程，确保此机器人要完成的动作无误，并观察是否有干涉以及时调整。

（5）针对测试结果上机改编和整理机器人的控制程序。将重新编制的控制程序存为"?＊.rob"。其中，"?"为组号，如对第一组，为1part1.rob，其他依次类推。

（6）程序改编完成后，交与指导教师查看，由教师在主程序中设置路径，运行并查看程序的正确性。注意观察这些程序是如何生效以及如何控制机器人运作的。

注意事项：

（1）机器人运行前，要检查是否与周围设备发生干涉。

（2）机器人的位置编码是唯一的，一定要按照要求设置自己的位置编码，否则会将给定

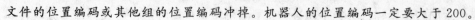

文件的位置编码或其他组的位置编码冲掉。机器人的位置编码一定要大于200。

（3）构成机器人行走路径的位置点是有一定顺序的,如果中间忽略位置点,则可能会发生干涉碰撞。

（4）机器人关闭电源后,若要重新开启,一定要重新初始化,否则保存的位置点无法读取。

6. 实验结果要求

（1）机器人行走路径节点的选择保证无干涉,取料送料位置正确;

（2）程序编写正确,运行正常;

（3）程序控制机器人完成动作符合实验要求,运行顺利。

7. 实验报告

（1）对每个文件的每一行注明指令含义;

（2）叙述实验中遇到的问题,以及相应的解决方法;

（3）对实验结果进行总结;

（4）实验体会。

8. 附录:实验机器人的基本说明、操作和命令描述

1）基本说明

（1）标准规格（见表 3-11）

表 3-11　实验机器人的标准规格

项　目		规　格	注　释
机械结构		5 自由度,垂直关节机器人	
操作范围	腰部旋转	300°(最大速度 120(°)/s)	J_1 轴
	肩部旋转	130°(最大速度 72(°)/s)	J_2 轴
	肘部旋转	110°(最大速度 109(°)/s)	J_3 轴
	腕部倾斜	90°(最大速度 100(°)/s)	J_4 轴
	腕部旋转	180°(最大速度 163(°)/s)	J_5 轴
臂长	上臂	250mm	
	前臂	160mm	
重量驱动		最大 1.2kgf(包括手部重量)	距机械表面 75mm(重心)
最大轨道速度		1000mm/s(腕部设备表面)	图 3-31 中 P 点的速度
复位		0.3mm(腕部设备表面旋转中心)	图 3-31 中 P 点的准确度
动力系统		直流伺服电机	
机器人重量		大约 19kgf	
电机功率		$J_1 \sim J_3$ 轴:30W;J_4 和 J_5 轴:11W	

（2）基本运动（见图 3-31）

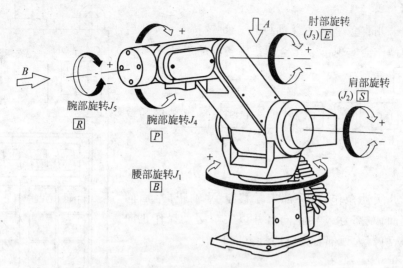

图 3-31 系统中各轴的转动

注释：（1）J_1 和 J_5 轴转动的正方向分别是从箭头 A 和 B 看过去的顺时针方向；

（2）J_2，J_3 和 J_4 轴转动的正方向分别是沿臂部和腕部向上的方向。

2）操作（示教盒的基本功能）

机器人示教盒的外形如图 3-32 所示。

（1）各开关的作用

① ON/OFF（开/关）

通过此键能选择是否可以使用示教盒上的各键。当机器人通过示教盒来控制时，打开开关 ON。当使用个人计算机进行命令传送并控制机器人时，选择开关 OFF。一次错误的键操作可以通过将此开关转变为 OFF 来取消。在编程操作过程中，如果开关设定为 ON，则不能实现示教盒上的操作。

② EMG. STOP（紧急停止开关）

此按钮用于机器人的紧急停止操作。当开关按下时，信号内部中断，机器人立刻停止运动，并且错误指示器 LED 闪亮（错误模式Ⅰ），在驱动单元侧面通道的 LED4 也亮。

（2）各键的作用

① NST（+ ENT）

机器人复位（参看命令"NT."）。

② PTP

选择关节缓动操作。此键按下后，其后任何缓动键的操作会实现各关节的运动。当示教盒打开 ON 时，PTP 就设置好了。

③

选择笛卡儿直角坐标的缓动操作。此键按下后,其后任何缓动键操作会实现笛卡儿坐标系内各轴的运动。

④ | ENT |

完成从 | INC | , | DEC | , | P.C | , | P.S | , | NST | , | MOV | 各键的输入以实现相应的操作。

⑤ | X+ / B+ |

用笛卡儿缓动操作,将手部末端移至 X 轴正向(面向机器人的正面,左部为 X 轴正向),并以关节缓动操作正向旋转腰部(从机器人顶部看为顺时针方向)。

⑥ | X- / B- |

用笛卡儿缓动操作,将手部末端移至 X 轴负向(面向机器人的正面,右部为 X 轴负向),并以关节缓动操作负向旋转腰部(从机器人顶部看为逆时针方向)。

⑦ | Y+ / B+ |

用笛卡儿缓动操作,将手部末端移至 Y 轴正向(机器人的正面为 Y 轴正向),并以关节缓动操作正向旋转肩部(向上)。

⑧ | Y- / B- |

用笛卡儿缓动操作,将手部末端移至 Y 轴负向(机器人的后面为 Y 轴负向),并以关节缓动操作负向旋转肩部(向下)。

⑨ | Z+ / 4 E+ |

用笛卡儿缓动操作,将手部末端移至 Z 轴正向(垂直向上),并以关节缓动操作正向旋转肘部(向上),以设备缓动操作向前移动手部。可作为数字键④使用。

⑩ | Z- / 9 E- |

用笛卡儿缓动操作,将手部末端移至 Z 轴负向(垂直向下),并以关节缓动操作负向旋转肘部(向下),以设备缓动操作收缩手部。可作为数字键⑨使用。

⑪ | P+ / 3 |

在保持由"TL"工具长度命令决定的当前位置的情况下,用笛卡儿缓动操作,正向(向上)旋转手部末端,以关节缓动操作正向(向上)倾斜腕部(腕部倾斜)。可作为数字键③使用。

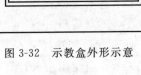

图 3-32　示教盒外形示意

⑫ P–
8

在保持由"TL"工具长度命令决定的当前位置的情况下,用笛卡儿缓动操作,负向(向下)旋转手部末端,以关节缓动操作负向(向下)倾斜腕部(腕部倾斜)。可作为数字键⑧使用。

⑬ R+
2

正方向(向手部装配表面看去,顺时针方向)弯曲腕部(腕部旋转)。可作为数字键②使用。

⑭ R–
7

负方向(向手部装配表面看去,逆时针方向)弯曲腕部(腕部旋转)。可作为数字键⑦使用。

⑮ ▶O◀
0

打开手夹。可作为数字键⓪使用。

⑯ ▶C◀
5

关闭手夹。可作为数字键⑤使用。

⑰ MOV (+ Number + ENT)

将手部末端移至指定位置(参看命令"MO."),移动速度为 SP4。

⑱ P.S (+ Number + ENT)

定义当前机器人位置坐标到指定位置号。如果一个数字被指派给两个不同的位置,后定义的优先。为防止错误的产生,不要将机器人姿态设置为接近各轴的极限。

⑲ P.C (+ Number + ENT)

取消位置内容中的指定数字。

(3) 指示器 LED 的功能

4 位 LED 显示如下信息:

① 位置数字

当 INC , DEC , P.S , P.C , MOV 键使用时,以 3 位数显示位置数字。

② 程序行号

在程序运行过程中使用 STEP 键,可以以 4 位数显示程序行号。

③ 示教盒状态指示器(左边第一位数字)

" ⎵ "表示由于释放 ENT 键而引起的处理过程正在进行或者已经结束;"⎡"表示由于 ENT 键的释放引起的处理过程无法实现。

(4) 各键相应的智能命令

示教盒上各键的功能与由计算机发出的智能命令的功能相对应,如下:

INC	"IP"	DEC	"DP"
P.S	"HE"	P.C	"PC"
NST	"NT"	ORG	"OG"
TRN	"TR"	WRT	"WR"
MOV	"MO"		

3）命令描述

（1）命令综述

① 位置/运动控制命令（24 个）

这些命令与机器人的位置和运动相关，包括定义、替换、设置和计算位置数据以及影响关节连接线性插补和连续路线的运动，还包括速度设置、原点设置和夹板装载命令。

② 程序控制命令（19 个）

这些命令控制程序流程，包括子程序、循环和状态跳转，以及记数命令和利用外部信号中断操作的声明。

③ 手控制命令（4 个）

这些命令控制手，也适用于电动机操作手（可以设置夹紧力和夹紧放开/关闭时间）。

④ I/O 控制命令（6 个）

这些命令与通过普通 I/O 口输入输出数据相关。对输入和输出，数据可以同步或异步交换，处理过程可以串行或并行进行。

⑤ RS232C 读命令（6 个）

这些命令允许计算机从机器人存储器中读入数据。可以读入的数据包括位置数据、程序数据、记数数据、外部输入数据、错误模式和当前位置。

⑥ 其他（4 个）

包括错误重置命令、读/写命令（用户程序，位置数据）和控制注释写入命令。

（2）常用命令描述

① 位置/运动控制命令

[功能]——给出这个命令所用功能的简单描述。

[输入格式]——显示命令项，<>表示命令参数，[ ]表示可以省略的命令参数。

[输入例子]——显示典型命令项。

[解释说明]——功能的详细说明或者命令所涉及的功能并给出一些警告和用法。

[例程]—— 给出每行带有准确解释和注脚的典型程序。

a. IP（Increment Position）

[功能]

移动机器人到比当前位置号大的预先定义的位置。

[输入格式]

IP

[输入例子]

IP

[解释说明]

- 这个命令使机器人移到比当前位置号大而又紧接当前位置的预选定义的位置。
- 若没有预先定义比当前位置号大的位置号,则产生错误模式Ⅱ。

[例程]

```
10   MO 5                        ;移到位置5
20   MO 4                        ;移到位置4
30   MO 3                        ;移到位置3
40   IP                          ;移到位置4
```

b. SP（Speed）

[功能]

设置操作速度和机器人加速/减速时间。

[输入格式]

SP <速度级>, [<H or L>].

[输入例子]

SP 7, H

[解释说明]

- 这个命令设置操作速度以及开始和停止的加速/减速时间。速度可在 10 级间变化,最大速度为 9,最小速度为 0。加速/减速时间可以从 H 或 L 中选择。对于 H,加速时间为 0.35s,减速时间为 0.4s;对于 L,加速时间为 0.5s,减速时间为 0.6s。当选择 H 或 L 时,加速和减速可以从 SP0 到 SP9。
- 当涉及两个或更多轴运动时,这个命令可在电动机最大脉冲数时设置操作速度。
- 当设置速度和加速/减速时间时,运动所需的加速度和减速度距离要预先决定,这意味着,若运动距离很小,就不能达到设置速度。
- 如果设置高速度和 H 时间会影响向后运动或此时机器人装载负荷很大,就会产生错误Ⅰ。在这种情况下,应设置低速和 L 时间。
- 一旦设定速度和加速/减速时间,除非重新设定,否则它将一直有效。在初始状态,设置为"SP 4,L"(如果省略设置,最后加减速时间保持有效)。
- 速度参数省略时,默认值为 0。

［例程］

```
10   SP 3
20   MO 10
30   SP 6, L
40   MO 12
50   MO 1
```

c. MO（Move）

［功能］

移动手末端到指定位置。

［输入格式］

MO ＜位置号＞［,＜O or C＞］.此处位置号大于等于1,小于等于629.

［输入例子］

MO 2, C

［解释说明］

• 这个命令使手末端通过关节插补（articulated interpolation）移到指定位置坐标。
• 如果指定手的开/闭状态,那么执行手的控制命令后,手末端移动;若没有指定手的状态,则执行指定位置定义。
• 错误Ⅱ产生的原因:一是没有预先定义指定位置;二是运动超过机器人操作空间。

［例程］

```
10   SP 5                    ;速度设定为 5
20   MO 20, C               ;手闭合移动到位置 20
30   MO 30, O               ;手打开移动到位置 30
```

d. TI（Timer）

［功能］

在指定时间段内停止运动。

［输入格式］

TI ＜定时计数＞

［输入例子］

TI 20

［解释说明］

• 这个命令使机器人在下面时间段内停止运动:指定时间数值×0.1s(最大 3 276.7s)。
• 这个命令可以用于手装夹工件放开或关闭前后引入时间延时。

- 默认值为 0。

[例程]

```
10   MO 1, O                    ;手打开移动到位置 1
20   TI 5                       ;延时 0.5s
30   GC                         ;手爪闭合
40   TI 5                       ;延时 0.5s
50   MO 2, C                    ;手闭合移动到位置 2
```

e. NT（Nest）

[功能]

使机器人返回机械原点。

[输入格式]

NT

[输入例子]

NT

[解释说明]

- 这个命令使机器人返回原点，应在上电之后立即执行。在任何移动命令执行前，需要执行此命令。原点的设置是由在每个轴的限位开关和 Z 向三极管自动完成的。
- 先执行 J_2，J_3 和 J_4 轴原点设置，接着执行 J_1 和 J_5 轴原点设置。如果机器人周围的物体对其臂产生干涉，则应在机器人试图返回原点之前，利用示教盒使其移到安全位置。
- 原点设置操作开始后手就会松开，因此如果手里握有工件，必须小心避免人身伤害。
- 在原点设置完成前，不要接触限位开关和机器人身体。

[例程]

```
10   NT                         ;执行原点设置
20   MO 10                      ;移动到位置 10
```

② 程序控制指令

a. DC（Decrement Counter）

[功能]

从指定计数器的数值中减 1。

[输入格式]

DC ＜计数器号＞。此处，计数器号大于等于 1，小于等于 99。

［输入例子］

DC 35

［解释说明］

• 计算器中数值若小于－32 767,则会产生错误模式Ⅱ。

• 这个命令可以用于记录工件和工序数,以及设置托盘装夹点数。

• 计数器内容可通过计数器相关命令来改变、比较和读取。

［例程］

10	SC 21, 15	; 设置 21 号计数器的值为 15
20	DC 21	; 将 21 号计数器中的数值减 1

b. DL (Delete Line)

［功能］

删除指定行号内容。

［输入格式］

DL ＜行号 (a)［,＜行号(b)＞］.此处,行号大于等于1,小于等于2 048.

［输入例子］

DL 200, 300

［解释说明］

• 这个命令删除从行号(a)到行号(b)的全部内容。

• 如果行号(b)忽略,则仅删除行号(a)的内容。

［例程］

100	MO 10
110	MO 12
120	MO 15
130	MO 17
140	MO 20
DL　130	; 删除行号 130 的内容

c. ED (End)

［功能］

结束程序。

［输入格式］

ED

［输入例子］

ED

［解释说明］

- 这个命令标志程序结束。
- 除非该程序命令是直接在个人计算机上执行的,否则这个命令是必需的。(然而,当程序处于闭循环时,也可以不需要这个命令。)

［例程］

```
100   SP 3
110   MO 3
120   MO 5
130   ED
```

d. RN ∗ (Run)

［功能］

执行程序中指定部分指令。

［输入格式］

RN［＜起始/结束行号＞］［, ＜结束行号＞］.此处,起始/结束行号大于等于1,小于等于2 048.

［输入例子］

RN 20, 300

［解释说明］

- 如果忽略开始行号,则程序从第一行开始执行。
- 如果继续执行程序,则从结束行号开始。

［例程］

```
100   MO 10
110   MO 12
120   GC
130   MO 17
140   ED
RN  100                                ; 程序从第 100 行号开始
```

③ 手控制指令

a. GC (Grip Close)

［功能］

关闭手的夹具。

［输入格式］

GC

［输入例子］

GC

［解释说明］

- 电动操作手。这个命令会通过由 GP 命令定义的夹紧力波形使手夹具关闭。如果命令 GC 重复使用,那么"保持夹紧力"仅在 GP 命令参数间有效。
- 气动操作手。这个命令使电磁阀增加能量来关闭手。
- 从机器人关闭手夹持工件到机器人静止之前需要一定时间,这样有必要在这个命令前后使用命令 TI 引入时间延时。这个命令的执行时间是由 GP 命令参数决定的。

［例程］

```
100    MO 10, O          ;移到位置 10(手开)
110    TI 5              ;设置 0.5 秒计数器
120    GC                ;闭合手(加紧工件)
130    TI 5              ;设置 0.5 秒计数器
140    MO 15, C          ;移到位置 15(手闭)
```

b. GO (Grip Open)

［功能］

张开手的夹具。

［输入格式］

GO

［输入例子］

GO

［解释说明］

- 电动操作手。这个命令会通过由 GP 命令定义的夹紧力波形使手夹具张开。如果命令 GO 重复使用,那么"保持夹紧力"仅在 GP 命令参数间有效。
- 气动操作手。这个命令使电磁阀增加能量来张开手。
- 从机器人张开手释放工件到机器人静止之前需要一定时间,这样有必要在这个命令前后使用命令 TI 引入时间延时。这个命令的执行时间是由 GP 命令参数决定的。

［例程］

```
100    MO 10, C
110    TI 5
120    GO
130    TI 5
140    MO 15, O
```

c. GP (Grip Pressure)

［功能］

定义为电动操作手关闭或打开时的夹紧力。夹紧力示意图见图 3-33 所示。

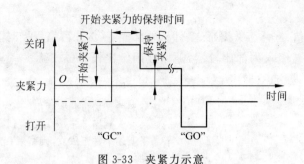

图 3-33 夹紧力示意

[输入格式]

GP <开始夹紧力>，<保持夹紧力>，<开始夹紧力的保持时间>。此处，开始/保持夹紧力大于等于 0，小于等于 15；命令的执行时间大于等于 0，小于等于 99．

[输入例子]

GP 15, 7, 5

[解释说明]

- 这个命令设置电动操作手随时间变化的夹紧力。
- 开始和保持的夹紧力最大为 15，最小为 0。开始夹紧力保持时间是参数×0.1s（最大为 9.9s）。为工件定义合适夹持参数。参数一旦设置，将一直保持有效，直到进行新的设置。
- 上电时的初始设置为"GP 10,10,3"。
- 参数、开始和保持夹紧力对气动操作手无效。
- 在开始夹紧力保持时间内，机器人停止运动。

[例程]

10　GP 10, 6, 10
20　GC

④ I/O 控制命令

a. ID（Input Direct）

[功能]

无条件从输入端口取得外部信号。

[输入格式]

ID

[输入例子]

ID

［解释说明］

• 这个命令使信号(并行数据)无条件从外部设备(例如可编程控制器)的输入端口获得。

• 这个数据被装载入内部比较器,随后被用做比较和位校验。

［例程］

100 ID	; 从外部输入端口获取数据
110 EQ 100,130	; 如果输入数据等于 100,则跳到行号为 130 的程序行
120 ED	; 如果上述条件不成立,则结束程序
130 MO 7	; 移到位置 7

b. OB (Output Bit)

［功能］

通过外部输入端口设置指定位输出状态。

［输入格式］

OB ＜+ or −＞ ＜位号＞.此处,位号大于等于 0,小于等于 7(15).在()内的数值表示 A16 或 B16 I/O 卡.

［输入例子］

OB +1

［解释说明］

• 设置"+"使指定位转为 ON,设置"−"使指定位转为 OFF。在位号前面添加"+"或"−"。

• 非指定位的其他位不会受到这个命令影响。指定位的输出状态保持有效,直到通过命令 OB 或 OD 进行新的设置。

• 如果没有指定位号,则默认为 0 位。

［例程］

10 OD &FF	; 输出值为 &FF(十六进制).设置所有外部位号(0~7 位)为 ON 状态
20 OB −0	; 设置 0 位为 OFF 状态

c. OD (Output Direct)

［功能］

通过输出端口无条件输出指定数据。

［输入格式］

OD ＜输出数据＞.此处,输出值(十进制)大于等于 0(−32 767),小于等于 255(+32 767).或者,输出值(十六进制)大于等于 &0(&8001),小于等于 &FF(&7FFF).在()内的数值表示 A16 或 B16 I/O 卡.

［输入例子］

OD 7

［解释说明］

- 这个命令使信号(并行数据)通过输出端口无条件输出给外部设备(例如可编程控制器)。输出给外部设备的数据被保留。
- 输出值可以是十进制或十六进制。当使用十六进制数时,一定要在数前加上"&"。

［例程］

```
10 OD &FF                    ;输出值为 &FF(十六进制).设置所有外部位号(0~7 位)为 ON 状态
```

3.3 成形加工实验

1. 实验目的

(1) 体验以肥皂制作为例的成形加工的各个环节;

(2) 锻炼团队协作能力;

(3) 为后期的专业课程学习打基础。

2. 实验学时和人员组织

2 学时,3 人一组。

3. 实验器材

(1) 微波炉;

(2) 切皂基使用的刀具;

(3) 适宜放到微波炉中加温用的容器;

(4) 做香皂使用的造型模具;

(5) 制皂原材料:皂基、色素和香精。

4. 实验内容

1) 调查肥皂的设计与制作情况。

2) 体验制作肥皂。有以下步骤:

(1) 切削皂基。将皂基刨成丝状或切削成薄片,厚度越薄,融化成皂液的时间就越短。

(2) 融化皂基。把切碎的薄片放到微波炉里加热,用 100 火力每融化 100g 皂基所需时间大概是 30s。融化皂基过程中如果过度加热,会造成气泡过多,影响香皂的透明度。因此设定加热时间时,不要设置太长的时间,而且微波炉火力(20,40,60,80,100)的选择也需要讲究。具体的建议是:先用高火(例如 80)加热一段时间到皂基大部分融化,然后用中火(60 或者 40)加热至融化,为了防止过度加热,每次设置的时间段为 20s 或者 30s。以加热

200g 的皂基为例,首先设置 80 火力加热 1min,这时皂基大部分已经融化,接着设置 60 火力加热 20s,这时皂基还有一小部分没有融化,接着设置 40 火力加热 20s,此时皂基已经全部融化,而且泡沫较少。

(3) 添加色素材料。添加色素后的透明皂,会呈现颜色多彩且透明的质感,添加量约为皂基的 0.5% 以下。添加色素的注意事项有:加入色素后缓缓搅拌,以免产生太多气泡;制作多层颜色效果,请事先调配好 2 种以上颜色;可参照所添加的精油去调配颜色,如熏衣草配紫色,淡雅颜色易呈现透明质感。

(4) 添加香精。建议添加纯粹的百分百天然香精,避免添加劣质的香精。在皂液温度55℃以下添加,每 1kg 皂基约添加 3～6mL(0.3%～0.6%)香精。加入后缓缓搅拌,避免产生气泡。

(5) 添加各种功能性物质。适量加入具有润肤作用的羊毛脂、甘油、能降低碱性的柠檬酸、有消毒作用的尿素等,可以制作碱性小、对皮肤无刺激并有护肤作用的护肤香皂;加入一定量的人参、麝香等营养性药物,可以制作保健香皂(例如老年香皂,具有润肤、止痒等作用,适用于老年、皮肤干燥、脱屑、瘙痒者使用);在香皂中加入各种药物,可以制作具有各种功能、防止皮肤病的药物香皂。

(6) 凝固成形。将皂液慢慢倒入香皂模具内,夏天约 50min 凝固成形,冬天(冷气房)约30min 凝固成形。在倒的过程中要用勺子阻隔皂液表层的气泡,防止过多气泡随皂液流到模具里面,影响香皂的透明度。

(7) 脱模。等香皂凝固以后,把香皂从模具里取出。在这个过程中,要避免用力过大,以免损坏模具或者香皂的外形。

(8) 包装。凝固后的手工造型香皂,再用保鲜膜、油蜡纸或花纹塑料袋包装好,以增添美感。

3) 成形肥皂质量评定

从外形、色彩、香型等方面评定所制作的肥皂,并制定肥皂制作的质量参照标准。

5. 实验报告

(1) 通过肥皂设计、制作和成本核算,提出针对小批量生产的、比较完整的肥皂制造生产设计规划。以下方面仅供参考:①肥皂配方、外形、花色;②香型、包装设计;③材料、制作及成本核算;④人员配备。

(2) 归纳出肥皂制作质量控制的方法及标准。

(3) 对市售与自制肥皂进行感观评定与比较。

(4) 阐述手工制皂与工业制皂的区别(方法、设备等)。

(5) 对肥皂产品进行扩展,提出其他可供生产的肥皂产品。

(6) 调研属于成形加工类别的其他产品加工方法及使用设备的情况。

(7) 总结与体会。

（8）人员分工清单。

3.4 布艺生产系统的设计和运行管理实验

布艺产品生产不同于以往的机械制造，多以手工生产为主，是典型的劳动密集型生产方式。虽然不同类型的布艺产品生产企业有不同的组织结构、生产形态和目标，但其生产过程及工序是基本一致的。一个典型的布艺产品的生产流程为：产品设计→纸样设计→生产准备→裁剪工艺→缝制工艺→熨烫工艺→成品检验→后处理。

通过本实验，学生可以亲身了解和体会布艺生产系统的设计和运行管理特点，从系统的角度了解产品设计开发的流程，以及生产系统设计和运行环节中的诸多要素。本实验涉及采购、销售、设计、制造、管理等诸多环节，力图使学生得到多方面的能力提高（见图 3-34），为后续专业课程的学习奠定基础。

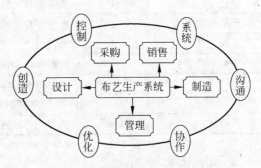

图 3-34　实验环节及能力培养

由于实验学时的限制，以及考虑产品的消化渠道、成本、运行效率等问题，我们选用加工技术难度低的手机袋作为生产产品。在手机袋的基础上，可以对尺寸、款式和布料作变异，也可以获得卡袋、储物袋、相机袋、移动硬盘袋等衍生产品。

整个实验的运行需要组内成员团结协作，共同完成。在实验过程中需要严格遵守实验室的规章制度，爱护设备，禁止大声喧哗。实验结束后，按照实验室的要求整理工具，清理现场，完成相应的实验文档报告。

1. 实验目的

（1）体验产品开发过程；

（2）了解布艺产品生产的特点，体验布艺产品生产从客户定制到成品出货的各个环节；

（3）体会生产组织方式对布艺产品生产系统绩效的影响；

（4）培养学生系统组织和协调的能力，为后期的专业课程学习奠定基础。

2. 实验器材

缝纫机 3 台，绣花机 1 台，熨斗 3 台，熨烫板 3 块，喷墨打印设备 1 套，穿绳针 1 根，量布尺 1 把，剪刀若干。

3. 实验学时和人员组织

8学时，每个组15人左右。

角色分配见表3-12所示，可根据本组的实际情况，进行成员工作分配。每个大组确定本大组的产品，确定工艺流程及生产规划，收集客户定制信息，实施生产，并最终进行成品发货。

表3-12　角色分配

岗　　　位	人数	主 要 任 务
经理	1	负责整体运作、人员的调度和安排等
产品研发人员	2	负责客户需求的收集与分析，完成产品的研发和设计
车间主任	1	负责生产方式设计、生产安排和调度
采购和销售员	1～2	负责客户定制信息的搜集、原材料的购买
操作工	7～9	负责烫画打印、裁剪、熨烫和烫画、缝纫、装绳、整烫和包装、上衬布、绣花、绣花图案电脑加工等操作
质检员	1～2	负责生产过程的质量控制和成品检验

4. 实验内容

本实验分成3个阶段。

第1阶段：产品设计开发

1）确定生产的产品

此阶段需确定生产产品的设计、类型、材质和加工工艺。本实验产品以手机袋为例，目前主要有4种类型供参考：单布手机袋、单布烫画手机袋、单布绣花手机袋、双布混搭手机袋，如图3-35所示。学生可以在此基础上，根据客户需求进行设计创新或改良，根据手机的特性和实验室的生产条件选取合适的布料和加工工艺。

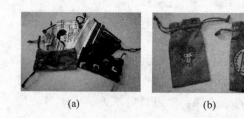

(a)　　　　　　　　　　(b)　　　　　　　　　　(c)　　　　　　　　　　(d)

图3-35　手机袋类型

(a) 单布手机袋；(b) 单布烫画手机袋；(c) 单布绣花手机袋；(d) 双布混搭手机袋

根据设计结果，进行样品试制；征询客户意见，进行设计改进；最终明确产品的选材、工艺及生产标准。

2）收集手机数据

收集全年级同学的手机信息（见图 3-36），填入表 3-13 中，汇总数据后，用以确定手机袋的号型。

表 3-13　手机信息汇总表

序号	班级	姓名	学号	手机型号	手机厚	手机高	手机宽
1							
...							

3）确定手机袋的号型

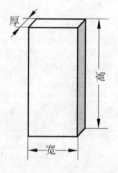

在此提供使用散点图确定手机袋号型的方法，以供参考。学生需根据实际数据进行处理，确定手机袋的号型和相关尺寸。以下公式是以图 3-35 所示的手机袋类型为基础得出的，学生需根据自己的实际设计，确定换算公式。

（1）将手机的尺寸换算成手机袋的尺寸（单位为 cm）。公式如下：

$$手机袋宽 = 手机宽 + 手机厚 \tag{3-1}$$
$$手机袋长 = 手机高 + 手机厚/2 + 2.5 \tag{3-2}$$

图 3-36　手机尺寸示意图

注：式（3-2）中的 2.5cm 是为手机袋绳槽、袋冠预留的长度余量。

（2）将手机袋长和袋宽换算成裁片的尺寸。

单裁片袋的换算公式：

$$裁片长 = 2 \times 袋长 + 6 \tag{3-3}$$
$$裁片宽 = 袋宽 + 1.5 \tag{3-4}$$

注：式（3-3）中的 6cm 是两边袋口内翻的长度和，即每边内翻 3cm；式（3-4）中的 1.5cm 是两侧缝边的宽度之和。

双布混搭袋的换算公式：

$$中间裁片长 = 2 \times 袋长 \times 2/3 + 1.5 \tag{3-5}$$
$$两端裁片长 = 袋长/3 + 3 + 0.8 \tag{3-6}$$

注：式（3-5）中的 1.5cm 是缝边余量；式（3-6）中的 3cm 是袋口内翻余量，0.8cm 是缝边余量。

使用全年级同学的手机数据绘制袋长和袋宽的散点图。设无差异感觉阈值为 1cm，可得到长、宽均为 1cm 的方框，在散点图上不断移动和增加方框，使得落在方框内的点尽可能多，经过多次尝试，得到手机袋的码数。样例设定如图 3-37 所示，此样例是根据 144 款手机尺寸设定的。

由图 3-37 结果，各尺码手机袋的详细尺寸见表 3-14～表 3-16。

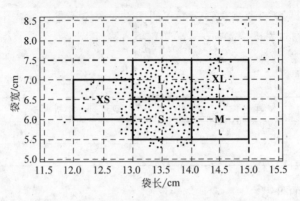

图 3-37　根据手机尺寸设定的手机袋尺码样例

表 3-14　各码数手机袋袋长、袋宽、袋面积

码数	袋长/cm	袋宽/cm	袋面积/cm²
XS	13	7.0	91.0
S	14	6.5	91.0
M	15	6.5	97.5
L	14	7.5	105.0
XL	15	7.5	112.5

表 3-15　各码数单裁片手机袋裁片尺寸

码数	裁片长/cm	裁片宽/cm	裁片面积/cm²
XS	32.0	8.5	272.0
S	34.0	8.0	272.0
M	36.0	8.0	288.0
L	34.0	9.0	306.0
XL	36.0	9.0	324.0

表 3-16　各码数双布混搭手机袋裁片尺寸　　　　　　　　　　　　cm

码数	中片长	端片长	裁片宽
XS	18.8	8.1	8.5
S	20.2	8.5	8.0
M	21.5	8.8	8.0
L	20.2	8.5	9.0
XL	21.5	8.8	9.0

4）成本核算

成本是衡量系统绩效的重要指标，对企业的经营决策有重大影响。成本核算对企业成本计划的实施、成本水平的控制和目标成本的实现起着至关重要的作用。

产品成本的计算公式如下：

产品成本 ＝ 原材料成本 ＋ 直接劳动力成本 ＋ 工厂运营成本 ＋ 公司运营成本　　(3-7)

其中，原材料成本包括布料、彩绳、线、珠子、烫画和绣花等材料的费用，还需考虑布料的利用率以及人员等问题。布料成本的计算公式如下：

布料成本 ＝ 单位面积布料成本 × 裁片面积/ 布料利用率　　　　(3-8)

最终，确定产品的销售价格。

第 2 阶段：采购、销售和人员培训

1）采购

根据产品设计，进行原材料的采购。

2）销售

采取多样营销方式，进行产品的介绍和推销，争取客户，获取订单。产品允许客户根据需求进行定制生产。

3）生产人员培训

各岗位的技术难度由低到高的排序为：整烫和包装、质检、装绳、裁剪、烫画、绣花、缝纫。针对各岗位的培训详细信息见表 3-17。图 3-35 所示的手机袋生产工艺的具体内容见参考资料。

表 3-17　员工培训详细信息

岗　　位	培　训　内　容
缝纫工	穿缝纫机底线、穿缝纫机面线、单块布上缝直线、用直缝线拼接布料、缝单裁片手机袋、缝双布混搭手机袋
绣花工	熨斗的使用、上衬布、上箍环、穿绣花机底线、穿绣花机面线、绣花机使用
烫画工	熨斗的使用、打印、白布上喷墨打印纸烫画、白布上浅色转印纸烫画、白布上深色转印纸烫画、麂皮绒上喷墨打印纸烫画
裁剪工	画线、单裁片手机袋裁剪和折叠参考线绘制、双布混搭手机袋裁剪和折叠参考线绘制、绣花参考线绘制
装绳工	装绳流程
整烫和包装工	熨斗的使用、整烫流程、包装流程
质检工	质检的方法和手段，明确质检的标准

第 3 阶段：生产运行和管理

学生自行设计和组织的生产运行方式，可以根据实际生产时的现场环境以及自己对制造系统的理解对生产布局加以调整。图 3-38 和图 3-39 分别为经典的流水线式和精益生产中的 Cell 式两种布局方式，仅供参考。

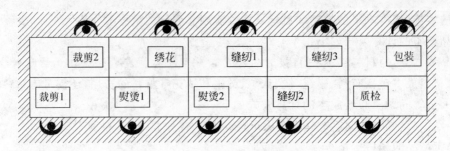

图 3-38　缝纫生产流水线式布局

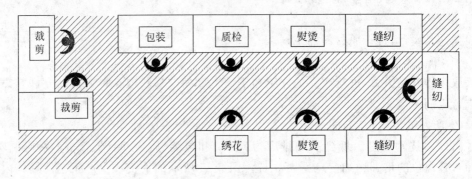

图 3-39　缝纫生产 Cell 式布局

5．实验报告

（1）人员分工清单；

（2）阐述产品设计方案（第 1 阶段结束时提交）；

（3）对产品生产运行状况进行总结（第 2 阶段结束时提交生产运行的初步方案）；

（4）对本组运营状况进行总结；

（5）个人承担任务的总结和体会。

6．参考资料

（1）绣花机使用手册；

（2）缝纫机使用手册；

（3）手机袋生产工艺（图 3-35 所示的手机袋）；

（4）手机袋质检标准。

7．附录

1）手机袋生产工艺

虽然不同款式手机袋的加工过程有所差别，但基本加工流程是一样的。底袋的生产都要经历裁剪、熨烫、缝纫、装绳和整烫 5 个环节。若有印花需求，则视实际情况决定在缝纫前烫画还是在缝纫后烫画。若有绣花需求,则需要绣花后再进行裁剪等后续加工。生产车间设有裁剪、熨烫和烫画、缝纫、装绳、整烫和包装、质检、绣花共 7 个工种,手机袋基本工艺流程如图 3-40 所示。下面主要就图 3-35 所示的手机袋进行介绍。

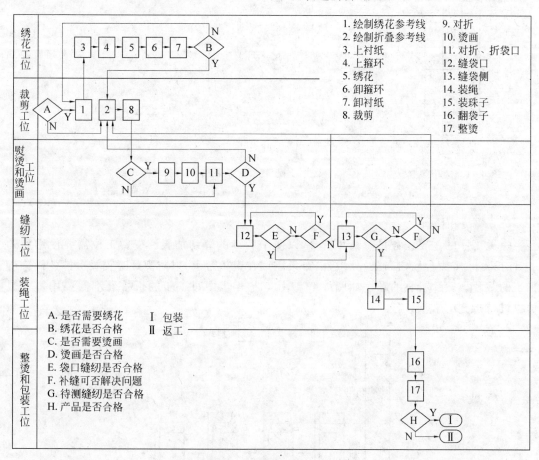

图 3-40　手机袋基本工艺流程

（1）裁剪

排版排料是布艺产品加工的关键工序,与布艺生产的成本密切相关,我们可采用人工排版排料的方法,凭借裁剪工的经验,对布料的裁剪进行适当的安排,在布料上画线裁剪。

裁剪工位所需要的工具有尺子、剪刀、画线饼、裁片纸样。

裁剪工位需要执行 3 种操作:绘制绣花参考线、绘制折叠参考线和裁剪。裁片纸样用于绘制裁片框,将裁片纸样扣在布面上,沿纸样四周画线,则可绘得裁片框。绘制绣花参考线时,裁剪工需要在布片的正面绘制裁片框及其中线,若一批订单中多个要绣花的袋子使用同一种布料,则建议将这些袋子对应的裁片框并排画在同一块布料上,并使其中线对齐,如图 3-41 所示。折叠参考线绘制在裁片的两端、布料的背面,如图 3-42 所示。沿裁剪框裁剪下来的布片称为裁片。

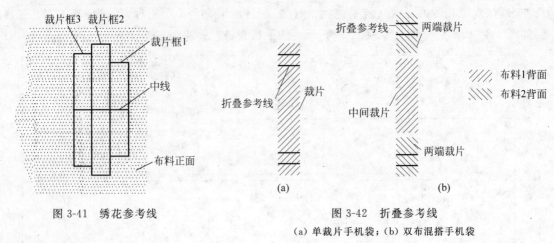

图 3-41　绣花参考线　　　　　　图 3-42　折叠参考线
　　　　　　　　　　　　　　　　（a）单裁片手机袋；（b）双布混搭手机袋

（2）熨烫和烫画

熨烫工序的主要任务是将裁片折叠，以便于后续的缝纫加工。熨烫工位需要使用到的工具有熨斗、熨烫台和白布条，其中，白布条需铺在熨烫台上，以防熨烫时熨烫台掉色污染待加工的裁片。裁片折叠的顺序如图 3-43 所示，1～4 步中每一步的折叠处都需要用熨斗熨烫以维持折叠的形状。

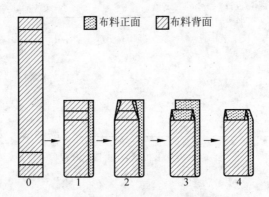

图 3-43　折叠顺序
0—初始裁片；1—对折；2—折袋口梯形；3—折袋口绳槽；4—折另一边袋口

烫画工序所需工具有电脑、彩色喷墨打印机（需改装成连续供墨系统，装入热转印油墨）、烫画纸（喷墨打印纸、浅色转印纸、深色转印纸）、熨斗和熨烫台。

烫画纸的选择取决于待印花的布料、待印图案和所追求的印花效果，表 3-18 是对不同烫画纸适用条件的经验总结。由于布料多种多样，表 3-18 所述内容仅供参考，在实际生产中，往往需要通过试验来选择最合适的烫画纸。各种烫画纸的烫画原理见图 3-44，各种烫画纸的烫画流程见图 3-45。

表 3-18　各种烫画纸对比

烫画纸	适用布料	烫画效果	操作注意事项
喷墨打印纸	浅色布料	无胶层,印迹较淡	烫画纸不与布料粘着,因此压熨斗时不可移动熨斗
浅色转印纸	浅色布料	有胶层,胶层与布料较易黏合。胶层透明,印花颜色受布料颜色影响	烫画后不可对烫画部位再度加热,否则已印图案会融化
深色转印纸	深色布料	有胶层,胶层与布料不易黏合。胶层白色,布料颜色对印花颜色无影响	压力要足够大,温度偏低

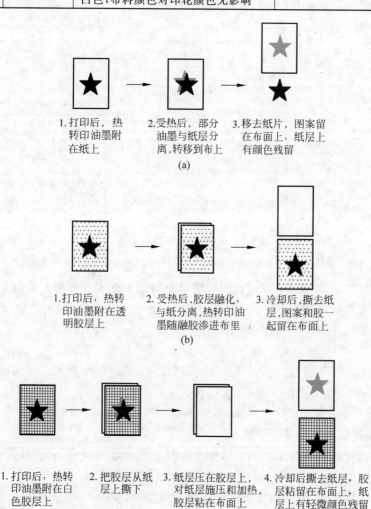

1.打印后,热转印油墨附在纸上　　2.受热后,部分油墨与纸层分离,转移到布上　　3.移去纸片,图案留在布面上,纸层上有颜色残留

(a)

1.打印后,热转印油墨附在透明胶层上　　2.受热后,胶层融化,与纸分离,热转印油墨随融胶渗进布里　　3.冷却后,撕去纸层,图案和胶一起留在布面上

(b)

1.打印后,热转印油墨附在白色胶层上　　2.把胶层从纸层上撕下　　3.纸层压在胶层上,对纸层施压和加热,胶层粘在布面上　　4.冷却后撕去纸层,胶层粘留在布面上,纸层上有轻微颜色残留

(c)

图 3-44　各种烫画纸烫画原理
(a) 喷墨打印纸;(b) 浅色转印纸;(c) 深色转印纸

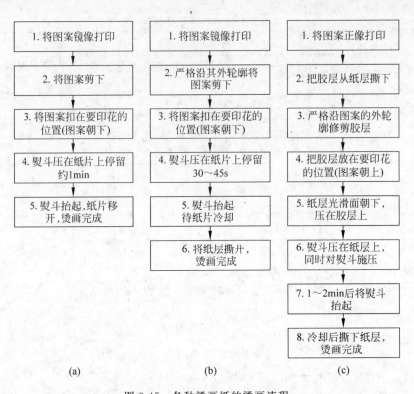

图 3-45　各种烫画纸的烫画流程

（a）喷墨打印纸烫画流程；（b）浅色转印纸烫画流程；（c）深色转印纸烫画流程

3 类烫画纸中，尤以深色转印纸烫画最难以获得理想的印花效果。经过实验，得到获得深色转印纸最佳烫画效果的参数为：

温度——丝档，压力——大于 4kgf，时间——1～2min

（3）缝纫

缝纫所需工具有缝纫机、脚踏、各色缝线（面线和底线）和小剪刀。缝纫时，对柔软布料（人造棉、绸、绒等），缝纫速度应放慢，并用双手辅助进布；对一般布料（棉麻、亚麻等），缝纫速度应适中，并用单手辅助进布；对较硬、较厚的布料（如帆布），应避免 3 层及 3 层以上同时缝制，且缝纫时应留较大缝边余量。

单裁片手机袋和双布混搭手机袋的缝纫顺序分别如图 3-46 和图 3-47 所示。

（4）装绳

装绳所需工具有剪刀、打火机、穿绳针。装绳的流程如图 3-48 所示。

（5）整烫和包装

完成此工序所需要的工具有熨斗和熨烫台。操作员首先要将袋子由里往外翻，再调整袋子的形状，调整好后用熨斗将袋子熨平。

根据产品设计的质量检验标准进行检验，将合格品装入透明塑料包装袋中，再把包装袋

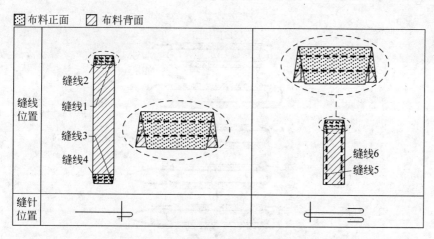

图 3-46 单裁片手机袋缝纫流程

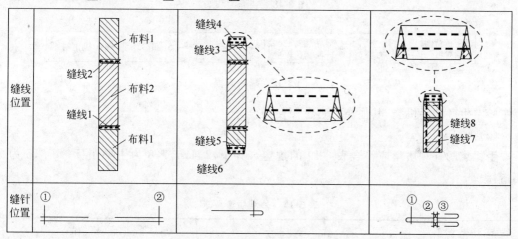

图 3-47 双布混搭手机袋缝纫流程

袋口粘上即可。

（6）质检

有关手机袋质检的内容见下文。

（7）绣花

绣花所需要的工具有绣花机、各色绣线（面线和底线）、熨斗、熨烫台、箍环和剪刀。绣花流程如图 3-49 所示。

2）手机袋质检标准

（1）范围

本标准规定了手机袋的要求、实验方法和检验规则，适用于清华大学工业工程系生产工

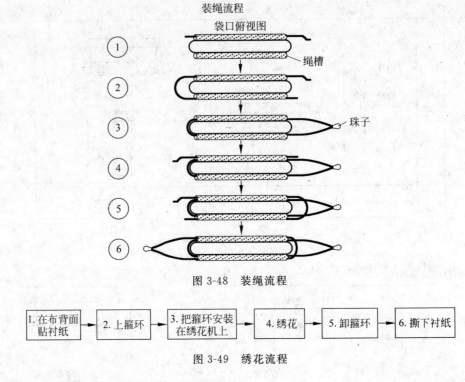

图 3-48　装绳流程

| 1. 在布背面贴衬纸 | → | 2. 上箍环 | → | 3. 把箍环安装在绣花机上 | → | 4. 绣花 | → | 5. 卸箍环 | → | 6. 撕下衬纸 |

图 3-49　绣花流程

程实验室生产的手机袋,其他布艺可参照使用。

（2）要求

手机袋的外观质量应符合表 3-19 的规定。其中,2,4,6,7,8 为主要指标;1,3,5 为次要指标。

表 3-19　外观质量要求

序号	检验项目	优　等　品	合　格　品
1	整体外观	对称,端正,整洁干净	端正,整洁干净。双色手机袋前后色块错位不超过 3mm
2	面料要求	无脱色,不允许有明显印道、折痕、污点、瑕点	无脱色,允许有一处不明显印道、折痕、污点或瑕点
3	缝合线	选用适合所用面料、里料质量的缝线,质量、色泽与各部位相适应	
4	缝合针迹	上下线吻合,线迹平直,针距一致。袋子表面不允许空针、漏针、跳针;不允许有线迹歪斜	上下线吻合,线迹平直,针距一致。袋子表面不允许空针、漏针、跳针,不允许有超过 5mm 长的线迹歪斜
5	绳子	两边对称	两边长度相差不超过 7mm
6	珠子	圆润,色泽均匀	无明显变形、脱色
7	烫画	达到烫画 5 级标准	达到烫画 4,5 级标准
8	绣花	针迹平整,图案完整	针迹平整,空针缝隙不超过 2mm

烫画等级说明：

1 级——严重失败（画面严重烧焦或大范围贴不上）；

2 级——失败（画面烧焦或小范围贴不牢）；

3 级——一般（画贴较牢，颜色能分辨，白色部分有明显的染色，有明显晕色）；

4 级——较好（画帖牢，颜色维持原色，白色部分有些许污染，有轻微晕色）；

5 级——非常好（画帖牢，颜色与原图一致，白色部分无污染）。

手机袋的物理性能应符合表 3-20 的规定。

表 3-20　物理性能要求

序号	检验项目	优 等 品	合 格 品
1	负重	规定负重 0.25kg，在试验条件下，布料、拉绳、缝合处不损坏	
2	缝合强度	面料之间的缝合强度在 60mm×60mm 有效面积上不低于 196N	
3	袋口耐用度	反复拉紧放松 200 次，绳槽布料、绳槽缝合线、绳子无损坏	反复拉紧放松 100 次，绳槽布料、绳槽缝合线、绳子无损坏
4	耐磨度	干擦 50 次，湿擦 10 次，面料无损坏。干擦 10 次，湿擦 5 次，烫画无损坏	干擦 30 次，湿擦 8 次，面料无损坏。干擦 5 次，湿擦 3 次，烫画无损坏

（3）实验方法

① 规格

用尺子检验，最小分度 1mm。

② 外观

在自然光线下进行感官检验。

③ 物理性能

a. 静止、跌落试验

测量绳槽两端的宽度，袋子按规定负重的 1.2 倍负重，袋口不收缩，处于自然状态悬空挂起，袋子底面离地面 60cm，呈静止端正状态，使其受力均匀，30min 后垂直落下，检验面料、绳子、缝合处是否损坏，在 2min 内测量绳槽两端的宽度，与原长度相比，其变形是否超过 30%。

b. 摆动试验

袋子按规定负重，袋口不收缩，自然挂起。摆动 20 次（往、返记做一次），摆动角度为 60°±3°，摆动停止后，检验面料、绳子、缝合处是否损坏。在 2min 内测量绳槽两端的宽度，与原长度相比，其变形是否超过 30%。

c. 缝合强度

取袋子前、后面料各一块，面积分别为 60mm×60mm，上、下夹具宽 50mm，深（30±2）mm，用拉力机测试，拉伸速度为（100±10）mm/min，至拉断（线或面料）为止，结果取最低值。如果拉力机显示数值超过缝合强度规定值，而试样未断，可终止试验。

d. 袋口耐用度

如表 3-20 所述。

e. 耐磨度

如表 3-20 所述。

（4）检验规则

① 组批

以同一品种原材料投产、按同一生产工艺生产的同一品种的产品组成一个检验批。

② 出货检验

a. 检验项目

外观质量按外观质量要求进行检验，物理性能按物理性能要求进行检验。

b. 合格判定

单件判定：如果外观质量中的主要指标、物理性能中有一项不合格，则判定该产品不合格；如果外观质量中的次要指标不合格项不超过两项，则判定该件产品合格。

批量判定：如果 3 件产品全部合格，则判定该批产品合格。

3.5　生产计划与控制实验

本实验是"生产计划与控制"课的重要实践环节和组成部分，通过在装配生产线上进行产品的装配，使学生亲身体会制造系统中装配线的生产过程，并能够从系统的角度加深对产品的结构与装配关系的理解，学习产品功能与性能分析的方法以及多品种混流装配生产的组织与计划方法等。通过产品装配过程的规划、调整、运行和协同工作，切实体验装配线的平衡与优化、操作过程优化以及电子看板系统和安灯系统在装配过程中的应用。

实验所使用的生产线为直线型，由原材料货架、混流组装线、质量检验处和单件包装台组成。其中，混流组装线部分（长 9.6m，宽 1.4m）包括传送带、托盘、工作台、工位计算机和工位物料车等，如图 3-50 和图 3-51 所示。传送带采用板链结构，可以连续移动或节拍移动，具有 8 个可调节的组装工位，每个组装工位行线槽上设 220V 5A 电源插座，并且有控制按钮。物流车装有 3 层可拆换物料盘，每层物料盘分 12 个货槅，每个货槅容积为 800cm³。

将欲组装的产品按照某一节拍时间连续不断地投入到组装线的传送带上，随着传送带的移动，各个零部件分别在不同的工位被组装，最终成为成品。装配人员采取坐姿作业，当托盘进入工位后，从传送带上的托盘取下产品，组装完毕后放回托盘，再继续下一个产品的组装作业。为了避免原材料缺货的现象频繁发生，通常在每个工位物料车内存放该工位需要的零部件，从而产生工位库存，这一部分的库存成本与原材料库中的库存成本同级。

生产线可进行多种产品的装配，产品主要是小型机电产品，如遥控汽车模型、鼠标、手摇削笔器、电动剃须刀、小台灯、小收音机等。对产品的要求如下：

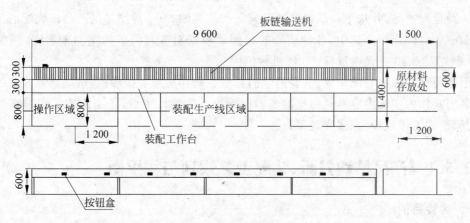

图 3-50　生产线布局

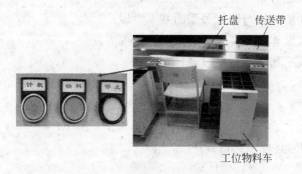

图 3-51　控制按钮和组装工位

（1）所选产品应为具有多种变型的系列化产品，如鼠标分为光电鼠标、机械鼠标、无线鼠标等。

（2）产品本身外形尺寸一般不大于 $200\text{mm} \times 200\text{mm} \times 200\text{mm}$，单件产品包装尺寸一般不大于 $250\text{mm} \times 250\text{mm} \times 150\text{mm}$。

（3）产品分解的零部件数量一般在 $10 \sim 30$ 件之间，装配过程可分为 $20 \sim 60$ 个装配作业任务。部分产品零件参考数据如下（括号内为零件数量）：闹钟（$15 \sim 20$ 件），鼠标（$10 \sim 15$ 件），玩具车（30 件），手柄（$15 \sim 20$ 件）。

（4）使用一般工具就可以对产品进行拆卸和装配作业。实验室提供的工具有十字改锥和一字改锥、镊子、尖嘴钳子、小刷子、剪刀、六角扳手、老虎钳、电烙铁、裁纸刀。所需的其他工具请自备。

（5）产品批量采购单价一般不超过 30 元。

为了保证实验效果，$5 \sim 6$ 人为一个小组，15 人为一个大组。实验共 9 个学时。第一次实验先以小组为单位，选定产品，通过分析、拆装产品以及进行装配线平衡分析，为混流装配生产实施打下基础。第二次实验实施混流装配生产，在第一次实验的基础上，每个大组将优选出一种目标产品,并从单一品种扩展到同一产品族的 3～5 种型号的产品。装配的批量可以在 50～200 件之间。其中,各种型号的比例须根据对客观需求的预测来确定,例如生产 10 件无线鼠标、30 件光电鼠标、60 件机械鼠标。

因为要确定标准装配作业,需要同学们自带数码相机或者摄像机,请提前做好准备。

各组具体的实验内容参见每次的实验指导书。实验结束后,各小组按照实验室要求整理工具,清理工作现场,完成实验报告。

3.5.1　产品结构分析、装配工艺规划与线平衡

1. 实验目的

(1) 学习产品功能分析与性能分析的方法;

(2) 掌握分解功能结构与装配关系的基本手段;

(3) 学习产生装配作业任务及紧前关系约束的方法;

(4) 实践装配线平衡与优化的过程。

2. 实验器材

(1) 拆卸工具:十字和一字改锥,镊子,尖嘴钳子,小刷子,剪刀,六角扳手,老虎钳,电烙铁,裁纸刀。所需的其他工具请自备。

(2) 秒表。

(3) 数码相机或者摄像机(自备)。

(4) 纸和笔。

3. 实验内容

1) 产品的功能与性能分析

根据选定的产品,进行如下分析:

(1) 产品主要功能和辅助功能分析;

(2) 产品性能指标描述,并确定如何对产品性能进行检验;

(3) 分析装配过程对产品功能、性能的影响,指出装配注意事项,确保产品装配后能实现其功能,达到一定的性能指标。

2) 拆分产品,描述功能结构与装配关系

(1) 对产品进行拆卸分解,直至最底层零件与部件(对电机、线路板等功能部件一般不再拆分);

(2) 从实现功能的角度描述产品结构,建立产品功能结构树;

(3) 从装配关系的角度描述产品结构,建立产品的装配结构树,生成 BOM(bill of

materials)表,见表 3-21。

表 3-21　产品 BOM 表

层次	零件名称	数量/产品	备注

3) 分解装配作业任务,确定紧前关系

通过对产品反复拆装,描述装配过程中的各个装配作业任务以及作业任务之间的紧前关系。这里应包括完成装配后的功能检查与性能检验(也可以将这两项检验分解到装配过程之中),以及对单件产品的包装。对每一个装配任务确定合理的作业时间(秒表计时并留出合理余量)。按表 3-22 的格式绘制作业表,多人多次测量取平均值以确保数据准确。

表 3-22　作业表

基本作业	作业内容	装配时间/s	紧前作业

此部分可借助数码相机、摄像机、秒表等设备进行记录分析。

(1) 通过动作研究确定标准作业方法

进行工艺程序分析和流程程序分析后,可通过进行双手操作分析的动作研究确定标准作业方法。

动作研究的目的是分析每一个基本动作的合理性。把不必要的去除,把有必要的动作变为既有效率,又不易疲劳的最经济性动作。

首先用作业、检查、移动以及等待的要素进行作业者工序分析。确定工序后,确定作业者的基本动作。基本动作分为 3 大类共 17 种动作要素,见表 3-23。尽量做到保留第一类动作,简化第二类动作,除去第三类动作。

表 3-23　基本动作要素

有　用　度	名　　称	说明(以使用装配式螺丝刀为例)
第 1 类 (必需的基本元素)	伸手(transport empty)	把手伸向螺丝刀
	握住(grasp)	握住螺丝刀
	搬运(transport loaded)	把螺丝刀拿到作业台
	确定位置(position)	在搬运的途中换手
	组装(assemble)	在螺丝刀的前端装上螺丝
	使用(use)	用螺丝刀拧紧螺丝
	拆卸(disassemble)	取下螺丝刀的前端
	放手(release load)	把螺丝刀放到工具箱里
	检查(inspect)	查看螺丝刀前端是否有螺丝

有 用 度	名　　称	说明（以使用装配式螺丝刀为例）
第2类 （辅助性的基本元素）	寻找（search）	寻找工具箱中的组合式螺丝刀
	选择（select）	选择规格合适的组合式螺丝刀
	考虑（plan）	根据螺丝的规格考虑确定螺丝刀的规格
	准备（pre-position）	把使用完的螺丝刀立在架子上
第3类 （无意的基本元素）	保持（hold）	把材料握在一只手中
	休息（rest）	在拧螺丝的过程中休息
	不能避免的迟误（unavoidable delay）	由于材料缺陷而停工
	能避免的迟误（avoidable delay）	跟别人闲谈而后进行工作

详细分析现行工作方法中的每一个步骤和每一个动作是否必要，顺序是否合理，哪些可以去掉，哪些需要改变。这里，可以运用表 3-24 所示的 5W1H 分析法和表 3-25 所示的工作研究的 ECRS（或 4 种技巧）技术反复提出问题。

表 3-24　5W1H 分析法

WHY	为什么这项工作是必不可少的？	WHAT	这项工作的目的何在？
	为什么这项工作要以这种方式、这种顺序进行？	HOW	这项工作如何能更好地完成？
	为什么给这项工作制定这些标准？	WHO	何人为这项工作的恰当人选？
	为什么完成这项工作需要这些投入？	WHERE	何处开展这项工作更为恰当？
	为什么这项工作需要这种人员素质？	WHEN	何时开展这项工作更为恰当？

表 3-25　ECRS（4 种技巧）技术的内容

1	取消 （elimination）	对任何工作首先要问：为什么要干？能否不干？包括：取消所有可能的工作、步骤或动作（其中包括身体、四肢、手和眼的动作）；减少工作中的不规则性，比如确定工件、工具的固定存放地，形成习惯性机械动作；除需要的休息外，取消工作中一切息工和闲置时间
2	结合、合并 （combination）	如果工作不能取消，则考虑是否应与其他工作合并： 对于多个方向突变的动作合并，形成一个方向的连续动作 实现工具的合并、控制的合并、动作的合并
3	重排 （rearrangement）	对工作的顺序进行重新排列
4	简化 （simplification）	指工作内容、步骤方面的简化，亦指动作方面的简化和能量的节省

（2）通过秒表法进行时间研究，确定标准时间

为了确定装配线的时间平衡、作业者之间的相互关系和承担时间的平衡，我们采用秒表连续时间观测法，借助摄像辅助分析，确定标准时间。时间数据记录见表 3-26。

表 3-26 时间研究中的数据记录表

作业要素		1	2	3	4	5	合计	平均	观测时间
1. ……	T								
	R								
2. ……	T								
	R								
测量时间合计									

将连续时间记录到表 3-26 中的 R 栏,然后做减法,求出作业时间,再记入 T 栏。去掉异常值,然后对每个作业要素算出平均值。由于实验时间有限,观测次数一般不少于 3 次,作为标准用的最好测 3～5 次。有关计算公式如下:

$$标准时间 = 净时间 + 宽裕时间$$
$$净时间 = 观测时间 × 定额系数$$
$$标准时间 = 净时间 × (1 + 宽裕率)$$
$$宽裕率(\%) = 宽裕时间 / (净时间 + 宽裕时间)$$

其中,宽裕率一般取 10%～20%;宽裕时间要考虑作业、人的心理和生理需求、疲劳等因素。

4) 装配线平衡

(1) 在装配作业任务列表与紧前关系图的基础上,按照 RPW(ranked positional weight,分级位置权重)方法将装配作业任务分配到装配生产线的 8 个工作站,计算装配线的节拍时间与效率。

(2) 找出影响装配线效率的关键作业任务,研究将其进一步分解的方法,并重新进行线平衡,得到优化的节拍时间与装配线效率。

4. 思考问题

(1) 在实验中每一个装配任务的作业时间是如何确定的? 都考虑到了什么影响因素? 经过实验检验,所确定的时间是否"合理"? 是否对实验结果造成了影响?

(2) 在装配线平衡时,如果不采用 RPW 方法,而是随意地将装配作业任务分配到 8 个工作站上,装配线的效率有什么变化? 能否设计出其他更好的方法将装配作业任务分配到 8 个工作站上?

(3) 如果提供的工作站数目不局限于 8 个,即 8 个工作站可以不都使用,也可以适当增加工作站数目来延长装配线,甚至可以在主装配线旁边增加一条分支的装配线,那么是否有更好的装配线平衡结果?

(4) 试讨论在实验中已经平衡过的生产线是否还有其他影响装配效率的工序,是否有继续优化的可能。

5. 实验报告

(1) 选择产品的考虑;

(2) 产品的功能与性能描述,以及装配作业注意事项;

(3) 产品功能结构树与装配结构树、BOM 表;

(4) 产品组装的工艺程序分析和流程分析,以及如何确定标准作业;

(5) 装配作业任务及操作时间、紧前关系表、紧前关系图;

(6) 装配线平衡计算与优化的过程及结果,装配线节拍与效率;

(7) 组员分工情况说明。

3.5.2 混流装配生产实验

1. 实验目的

(1) 学习多品种混流装配生产的组织与计划方法;

(2) 学习使用电子看板系统;

(3) 掌握在线库存控制的方法与手段;

(4) 实践装配作业操作过程优化。

2. 实验器材

(1) 拆卸工具:十字改锥和一字改锥,镊子,尖嘴钳子,小刷子,剪刀,六角扳手,老虎钳,电烙铁,裁纸刀。所需的其他工具请自备。

(2) 秒表。

(3) 数码相机或者摄像机(自备)。

(4) 纸和笔。

3. 实验内容

混合型装配线是在一个计划期内,在同一条生产线上生产 m 种规格的产品。生产线上的产品通常是结构和工艺相似,但规格和型号不同。生产过程中,不同产品之间的转换基本上不需要调整生产线。生产线上的 m 种产品是连续、混合(非成批轮番)投入的。

对生产现场的各种生产要素进行合理的配置与优化组合,以保证生产系统目标的顺利实现。要求物料有序、生产均衡、设备完好、信息准确、纪律严明、环境整洁。

生产现场要开展 5S 活动,即

(1) 整理(Seiri):将现场里需要与不需要的东西区别出来,并将后者处理掉。

(2) 整顿(Seiton):将整理后需要的物品定位、定量地摆放整齐,明确地标示,安排成为有秩序的状态。

(3) 清扫(Seiso)：保持机器及工作环境的干净。

(4) 清洁(Seiketsu)：将前 3S 实施做法制度化、规范化，贯彻执行并维持成果。

(5) 素养(Shitsuke)：人人依规定行事，尊重他人劳动，养成良好习惯。

整个实验分为前期准备工作和装配生产实验实施两个阶段。

4. 实验前期准备工作

1) 选择产品

在 3.5.1 节所述实验的基础上，每个大组优选出一种目标产品，并从单一品种扩展到同一产品族的 3~5 种型号的产品。装配的批量可以在 50~200 件之间。其中，各种型号的比例须根据对客观需求的预测来确定，例如生产 10 件无线鼠标、30 件光电鼠标、60 件机械鼠标。

2) 优化装配工艺与线平衡

在小组单一品种实验数据的基础上，依据 3.5.1 节所述实验的方法对预生产的产品族中所有型号的产品进行功能与性能分析；拆分产品，描述功能结构与装配关系，绘制产品功能结构树与装配结构树、BOM 表；通过装配程序分析(包括工艺和流程)和动作研究确定装配标准作业任务及装配时间、紧前关系；将装配作业任务合理分配到装配生产线的 8 个工作站，计算装配线的节拍时间与效率。

本次实验将采用固定节拍的方式来生产，即对于所有产品，它们的生产节拍在生产过程中是一样的。这就需要确定最优的节拍，使工作站的闲置与超载时间最小化(负荷均衡化)。

由于不同产品的工序和作业时间都不相同，所以混流生产必须考虑工序同期化和投产顺序问题，编制出可行的混流生产计划，各个生产环节衔接协调，实行有节奏、按比例的混合连续生产，生产过程同步化，使品种、产量、工时、设备负荷达到全面均衡。此外应有熟练掌握多种操作技能的生产装配操作员。

手工装配工序同期化的措施主要有：

(1) 根据节拍重新组合(分解与合并)工序。

(2) 合理调配装配操作员。如组织相邻工序的装配操作员相互协作，在高负荷工序配备熟练的装配操作员，适当配备人员沿流水线巡视、帮助高负荷工序。

(3) 通过采用高效工具，改进装配工艺，减少装配工时。

确定主流产品型号，作为装配线平衡的基础产品；根据产品型号比例安排轮番生产顺序，并将装配操作任务合理分配到装配生产线的 8 个工作站，得到最优的节拍时间与效率。相关内容请参见 3.5.1 节。

3) 拟定生产计划，准备生产数据

制造执行系统(manufacturing execution system，MES)是为了保证产品的质量、数量、交货期，有效地使用工厂资源，综合管制工厂资源活动的系统。当工厂里面有实时事件发生时，MES 能对此及时做出反应、报告，并用当前的准确数据对它们进行指导和处理。物流实验室的 MES 作为管理信息系统，与实验室的生产线、原材料库以及质检台相对应，具有管理原材料库，管理在线库存，管理工具与混流生产的电子看板（包括工序信息、物料需求信息等），监控生产质量情况，记录人员操作情况，进行生产状态跟踪等功能。电子看板类似于 JIT 中的看板概念，车间计划调度人员通过调度和分配模块，将任务分配给工人和设备，通过计算机网络及设备面前的计算机获得分配的任务。其特点是具有可视化、简洁化和即时性。

由于在实验实施时有按计划生产节拍时间的 200％，150％，120％试运行的阶段以及按正常节拍生产的阶段，因此要根据预组装产品的总量确定分批运行的计划生产量及生产节拍，试运行批量建议为 10 个零件。此外根据 BOM 表和轮番生产顺序，拟定每次运行的生产计划，并将数据输入 MES 需求的模板文件中，这其中包括各种型号产品在各工作站的操作任务、装配工艺文件与装配工序卡片等，用于在生产过程中向装配操作员发出操作任务指令。

4）物料准备

准备实施装配生产所需要的原材料、零部件、包装材料，以及所需的工具、检测设备与试验材料等。

最好能购买到所装配产品的零部件套装件（比如玩具车模）。如果以批发价购买了成品，在拆卸为零件时注意不要损坏。

装配过程中不能让生产线出现"断流"，即每个工位每时每刻都要有原材料可供装配，并且要考虑运送人员的劳动强度即利用率问题，针对不同类型的物料，合理地拟定各工作站的安全库存量和送料批量与频度。

在装配生产实验实施前，根据生产需求拟定物料存放规则，将物料放置于原材料存放处和工位物料车内。

5）装配生产实验实施前，各大组提交实验预习报告以及 MES 需求的数据文件

预习报告的内容包括：

(1) 选择产品的考虑，附选定产品的照片、产品的购置金额与数量；

(2) 产品的功能与性能描述以及装配作业注意事项；

(3) 产品功能结构树与装配结构树、BOM 表，附产品的零部件示意图；

(4) 产品组装的工艺程序分析和流程分析，以及如何确定标准作业（包括动作研究和时间研究）；

(5) 装配作业任务及操作时间、紧前关系表、紧前关系图；

(6) 装配线平衡计算与优化的过程及结果，装配线节拍与效率；

(7) 混流装配生产计划（包括产量及投产顺序等）的制定依据及执行方案，具体说明试运行的批量及节拍；

(8) 用于 MES 的每种选定产品在各工位的组装操作示意图；

(9) 物料在线库存控制策略的制定依据及执行方案；

(10) 组员分工情况说明。

5. 装配生产实验实施

1) 人员分工(见表 3-27)。

表 3-27 人员分工及职责

序号	角色	人数	角色职责及备注
1	装配生产线现场经理	1	兼任全能装配操作员,随时准备帮助其他工位进行装配
2	调度员	1	兼任数据库管理员,定义生产批次,更改运行节拍时间,查看帮工请求
3	工艺员	1	兼任全能装配操作员
4	物料管理员	1	查看、管理物料信息,将所需信息及时传递给仓库管理员
5	仓库管理员	1	管理仓库物料,将所需物料交给送料员
6	送料员	1~2	送料至工作站,监管每个工作站的物料情况,将有质量问题的料件带回
7	装配操作员	6~8	工作站的数目可根据需要调整,操作员人数根据工作站数目调整
8	质量检验员	1	
9	包装操作员	1	可由质量检验员兼任

表 3-27 为建议方案,可根据各组具体人数调整。当人员不足时,有些岗位可以合并,如物料管理员和仓库管理员合并,质量检验员和包装操作员合并。

2) 生产启动

按照拟定的投料顺序和生产计划,启动装配生产。刚开始时可以按计划生产节拍时间的 200%,150%,120%试运行一段时间。等到生产各环节均运行顺畅后,再提速到正常的生产节拍。根据生产试运行的结果,确定最终生产计划和节拍,保证最终生产时间在 0.5~1h。

混流组装过程中需要借助 MES 进行信息的管理与控制,共有 4 类计算机信息终端:

(1) 工位端(8 个),具有工序指示、帮工请求、物料损坏报告、工具损坏报告、系统状态等功能信息,每个工作站均配备。

(2) 质检端(1 个),具有质量检验、系统状态等功能信息。

(3) 物料工具维护端(1 个),具有工位物料情况、原料入库、维护原料库、工位工具、维护工具库等功能信息。

(4) 调度端(1 个),具有系统、生产调度、物料管理、工具管理、人员管理、现场监控、统计分析等功能信息。

注意:

(1) 由于采用固定节拍,因此在托盘进入每个工位区域内时不要进行操作,只有在托盘停住后,才能开始本工作站的组装工作。

(2) 装配生产线上工位之间移动的时间,由实验指导老师统一进行处理,加入到MES中。

(3) 混流组装前一定要核实每个工位的实际物料、工具的种类和数量,以保证同MES中的信息一致。

3) 出现设备故障或质量问题情况处理

(1) 出现实际的或人为设定的设备故障时,如果无法及时排除,请按组装工位上的"停止"按钮,使组装线停滞下来,以排除故障。

(2) 组装过程中出现质量问题时,将有问题的组装件放至装配操作员的左侧,以便送料员带走,同时在本工位的计算机信息系统中选取"工序指示"项目卡中"异常下线"项,终止本产品的组装。

4) 坏料及补料情况处理

当装配操作员发现工位物料车中取的零部件有质量问题时,应将有问题的零部件放至装配操作员的左侧,以便送料员回收。如果本工位的工具发生损坏,也同样处理。此外,还需要将损坏件的信息输入本工位的计算机信息系统中的"物料损坏报告"项目卡或"工具损坏报告"中,以便及时补充零部件或工具。

物料工具维护的计算机信息终端会根据设置的每个工位的安全库存量,及时提示信息给仓库管理员,以补充物料,保证装配组装的正常进行。

5) 不能在节拍内完成装配任务情况的处理

当装配操作员因操作不熟练或失误导致不能在规定的节拍时间内完成装配任务时,全能操作员应及时予以帮助。如果不能及时解决问题,请按组装工位上的"停止"按钮,必须在蜂鸣器响后立即按下,使组装线停滞下来。如果是因为任务操作时间的估计不合理,则应调整装配工艺和任务安排。

6. 思考题(选作)

(1) 在实际生产中,可能由于紧急订单等原因需要在短时间内临时增加产能,比如节拍要缩短到原来的80%才能使生产效率满足需求。在实验中尝试这种产能的突然提升,观察装配线的运行情况,解决出现的问题。

(2) 在实际生产中,生产线不仅要有处理产能变化的柔性,还需要有处理产品品种数目变化的柔性。假如由于需求变化,在混流装配线上需要增加或减少一个型号的产品,试通过实验进行相应的调整。

(3) 在装配线上找到一个典型的瓶颈工位,试用人因学的知识和原则对该工位进行动作分析和优化,观察优化效果。

（4）不同的轮番生产顺序（混流方式）有各自的优缺点。尝试变化轮番生产的顺序,体会对装配生产的影响。

7. 实验报告

（1）装配生产现场的人员组织;
（2）生产计划方案的实施与效果;
（3）处理故障、质量问题以及不能及时完成装配任务等情况的措施与效果;
（4）实验经费使用明细;
（5）实验体会及总结;
（6）组员分工情况说明。

3.6 管理信息系统实验

管理信息系统(MIS)的教学目标是,通过本课程的学习,使学生在今后的学习与研究中可以运用数据库来从事事务及项目管理,掌握常用的系统,特别是信息系统的分析方法,了解信息系统的全生命周期,最终为企业信息资源的管理打下相应的理论基础,并掌握其所需要的基本技能。

为了实现这一目标,课程拟通过项目及实验两个方面,进行有关的理论学习与实践。项目以自选或指定的管理信息系统设计与开发为目标,综合应用课堂上讲授的系统分析与设计方法,按照信息系统的生命周期进行项目开发。而有关的理论方法是通过先讲,再由实验教学及布置的实验任务来学习。整个教学、实验与项目的进展是有计划地按课程的进度统一安排的,三者构成了一个有机的整体。实验,除了具备其传统的功能外,在本课程的设计中起到了连接课堂教学与项目实践的桥梁作用。

实验涉及整个信息系统开发过程中不同阶段所用到的系统分析与设计工具(详见表3-28),目标是让学生通过实际使用软件工具来掌握方法的应用,这对于从系统角度培养学生描述、分析和设计系统的能力有很大的益处。不仅如此,项目要求学生以小组的形式来完成,一是因为工作量较大,二是要培养学生的团队意识和合作精神。项目的最终结果是团队共同努力学习和工作的结果。

系统设计的方法有很多,本实验课程选取的原则一为广泛应用,二为有工具支持,而这些工具又为成熟的软件,可在一般微机环境下运行,从而为实验以及学生今后的应用创造良好的环境。

具体的实验安排见表3-28,每个实验3学时,实验内容参见相应的实验指导书。

表 3-28   实验安排

序号	实验内容	参照的系统	实 验 目 的
Lab1	数据库学习与练习（学分积 MIS 系统初步设计）（Access）	学分积 MIS 系统	掌握 Access 数据库管理系统使用的基本操作；复习数据库设计与使用的基本理论；理解管理信息系统实现过程，并为后续的实验打基础
Lab2	E-R 图设计与练习（ERWin or Visio）	人力资源 MIS 系统	掌握 Visio/ERWin 综合绘图软件中数据库模型图的基本操作；复习 E-R 图设计与使用的基本理论；理解 E-R 图设计过程，并为后续的实验打基础
Lab3	功能模型（IDEF0）、过程模型（IDEF3）和数据流图（DFD）设计与练习（BPWIN）	人力资源 MIS 系统	加深对 IDEF0/IDEF3/DFD 的理解；掌握利用 BPWin 软件绘制 IDEF0/IDEF3/DFD 的基本操作；理解功能模型的设计过程，并为后续的系统设计打基础
Lab4	工作流模型设计与练习（Flash）	案例系统	加深对面向业务流程的工作流原理的理解；掌握利用 Flash 软件绘制工作流模型的基本操作
Lab5	用面向对象方法建模（建立类模型）（ROSE）	人力资源 MIS 系统	加深对面向对象软件开发方法，特别是类与抽象思维模式的理解；通过实验理解 UML 方法；掌握利用 Rational Rose 软件，进行 O—O 建模的基本操作；学习实际运用对象模型的方法
Lab6	界面设计与练习（Access）	学分积 MIS 系统	复习数据库设计与使用的基本理论；掌握 Access 窗体的基本操作；理解计算机界面的功能及用途

3.6.1   数据库学习与练习——学分积管理信息系统初步设计

1. 实验目的

（1）通过示例，复习数据库设计与使用的基本理论，特别是一张表格的设计；

（2）掌握 Access 数据库管理系统使用的基本操作；

（3）通过学分积管理信息系统的设计练习，理解管理信息系统的实现过程，为后续实验打基础。

2. 实验任务

完成学分积管理信息系统初步设计，实现学生成绩的任一改动，包括输入新的课程成绩、改动某一学生的成绩，都能更新学分积的排序。

（1）设计记录学生成绩的数据库表格（Table）；

（2）设计基于上述表格的学分积排序的查询（Query）；

（3）输入若干门课的成绩，查看学分积的新排序；

（4）改动某一学生成绩或某一门课的成绩，查看学分积的新排序；

（5）完成实验报告。

3. 实验步骤

1）熟悉 Access 软件及示例

罗斯文示例数据库（Northwind. mdb）是 MSAccess 系统自带的一个示例，它以一个虚拟的食品公司为对象，建立以合同管理为主，辅以客户管理、雇员管理、供应商管理、产品管理在内的公司管理信息系统，基本覆盖了 Access 的大部分功能，包括表（Table）、查询（Query）、窗体（Form）、报表（Report）和程序（VB 程序与宏）。通过对这一示例的研究，可以学习 Access 的主要功能，也可以作为一个具体的管理信息系统进行研习。

（1）启动 Access，打开 Northwind. mdb 文件，打开罗斯文示例数据库。观察并试用 Access 的主窗口和数据库窗口。

（2）了解数据库的基本组成、"表"及"查询"。

（3）通过罗斯文示例数据库的组成观察 Access 中各种对象的形式和操纵方式。

2）认识并掌握创建数据库的方法

Access 提供了两种创建数据库的方法：使用向导创建数据库；创建空白数据库。

3）进行"表"的创建和使用

"表"是数据库中最基本的组成，是进行各类查询的基础。因此表的设计是一个数据库设计的核心，它是影响到今后数据库管理与使用的主要因素。

表是 Access 中的称谓，英文为 Table，在数据库理论中称作实体（Entity）。在面向对象的方法中对应的是类。

（1）了解表的基本结构，"行"的物理意义是"记录"，"列"的物理意义是"属性"。

（2）了解示例中都包含了哪些表，每张表代表什么实体，它们的结构如何。

（3）了解示例中表的关系，理解其物理含义。

（4）了解示例中都包含了哪些查询，每张查询代表什么实体，它们的结构如何，它们与哪些表发生关联。

Access 中关于一个表的建立提供了 3 种方法：通过向导创建表；通过输入数据创建表；使用设计器创建表。但在创建表之前，首先要明确表的组成（或表的属性）。

表的设计是指对表的结构进行编辑，主要是指对属性的定义与修改，具体包括添加新的属性和修改属性定义（数据类型）。

表的操作主要是指对已建成表的记录进行的操作，包括记录添加、记录删除、记录修改、排序、筛选和查找。

表与表的关系（或实体与实体之间的关系）是"关系型数据库"称谓的由来，也是数据库设计中的一个重要内容。Access 中的关系有"1 对 1"和"1 对多"两种。"多对多"的关系需要采用一定的技术处理来实现，这是以后实验要学习的内容。

通过工具栏上"关系"按钮可以查看示例数据库中各表的关系设置。在实验报告中应指出各种关系所表示的物理意义。

4）掌握查询的创建和编辑方法

查询（Query）是数据库中最具代表性的功能,数据库的广泛应用正是得益于数据库的查询功能。可以说,数据库中表的设计是基础,而查询的设计则是建立在这一基础上的系统功能的最终实现。SQL-Standard Query Language 是所有数据库都采用的一种标准化查询语言。

Access 中进行查询设计,可以用 SQL 直接写查询语句（如大多数数据库系统化）,但其最方便的是提供了一个可视化的查询设计界面,通过这一界面的操作可以实现基本的查询功能。本实验要求学生:

（1）学习查询的两个设计视图（设计视图与 SQL 视图）及其切换;

（2）理解查询的功能和分类;

（3）了解各种查询向导的使用方法;

（4）了解各类查询的设计方法;

（5）说明以建立的学生成绩表为基础,进行学分积查询的初步思考与设计。

5）完成学分积管理信息系统的初步设计

（1）明确设计任务,确定数据库的功能;

（2）确定数据库中的表;

（3）确定表中的字段和主关键字;

（4）如果是多个表,则确定表之间的关系;

（5）优化设计,输入数据;

（6）设计学分积查询的基本算法;

（7）根据需求创建查询,并使该查询能计算出学分积,同时按学分积排序,学分积计算公式为

$$学分积 = \sum（每门课的成绩 \times 该门课的学分）/ 总学分$$

（8）测试成功并完善系统。

6）将完成的学分积系统提交给老师

经实验老师确认后才算成功。

4. 实验报告

1）关于 Northwind 案例研习的问题

（1）说明每个表的物理含义;

（2）指出各种关系所表示的物理意义;

（3）指出下列查询的物理意义与基本结构（查询表的组成）:订单小计;扩展订单明细;按地区分类的客户数量信息。

2) 关于学分积的设计

(1) 学分积表格的设计说明,包括有几个表、每个表的属性及其定义、表的关系。

(2) 学分积查询的算法说明,包括查询的设计视图(可屏考)以及相应的 SQL 语句。

3) 问题与解决方案

列出在此实验中遇到的问题及相应的解决方案。如果有没有解决的问题也应列出,以备后续实验进一步研究。

4) 心得体会与建议

3.6.2 *E-R* 图设计与练习——设计人力资源管理系统数据库人事基本信息的 *E-R* 图

1. 实验目的

(1) 通过 Visio 中的示例(Championzone),复习 *E-R* 图设计与使用的基本理论;

(2) 掌握 Visio 综合绘图软件中数据库模型图的基本操作;

(3) 通过人力资源管理系统数据库中有关人事基本信息的学习,了解人力资源管理的工作流程与内容;

(4) 通过人力资源管理系统数据库人事基本信息的 *E-R* 图设计练习,理解 *E-R* 图的设计过程,为后续实验打基础。

2. 实验任务

参照所给案例,完成人力资源管理系统数据库人事基本信息的 *E-R* 图设计(用 Visio 制作的 *E-R* 图文件)。

3. 实验步骤

1) 熟悉 Visio 软件及示例

Championzone 认证课程系统(ChampionZone 数据库.vsd)是 Visio 系统自带的一个示例,它以 Championzone 公司为对象,建立以参加认证课程、申请参加认证考试和参加认证考试这 3 个主事件为基础的认证课程系统(详见附录)。通过对这一示例的研究,可以学习 Visio 的关于数据库模型图的设计功能,了解并掌握 *E-R* 图的设计,也可以作为一个具体的管理信息系统进行研习。

(1) 启动 Visio,打开 ChampionZone 数据库.vsd 文件。观察 Visio 的模具窗口、绘图页和数据库属性窗口。

(2) 通过示例,观察各实体的属性和联系以及表现形式。

2）认识并掌握创建数据库模型图的方法

Visio 提供了 3 种创建数据库模型图的方法：从头开始创建一个新的模型图；将反向工程模型图作为起始点；导入并改进现有模型。

3）标识并定义实体

表在下述数据模型表示法中的显示形式为：

（1）IDEF1X 表示法。将数据模型描述为具有属性并参与到关系之中的实体。每个实体都被绘制为一个矩形，其正上方显示实体的名称，内部显示其属性。实体之间的关系由一维（1-D）连接线形状来表示。

（2）关系表示法。使用表、列和键来描述数据模型。每个表由一个矩形表示，其顶部显示表的名称。表的列垂直排列在表名的下方。键则代表一个特殊的列，标于列旁。键的种类在下面描述，其外键关系由一维连接线形状来表示。

4）标识并定义实体的属性与键

属性是表（关系模型）的列或实体（实体关系模型）的特性。

如前所述，有些属性定义为键。您可以声明将表中的一列或一组列作为主键或外键。主键有唯一的值，用于标识数据库中表行的实例。每个表必须有一个主键来传递逻辑验证。外键是列或列的组合，其群组必须包括在其他表的主键群中。

列批注包括主键（PK）、外键（FKn）、可选键（AKn）、唯一（Un）和索引（In）。

5）标识并定义实体之间的关系

关系可以直观地指示出数据库模型图中的表如何与另一个表交互作用。编辑关系属性能够控制在数据库中存储并检索数据的方式。

（1）关于父子关系。外键关系中的源表被称为父表；采用或继承该父表主键属性的表被称为子表。从父表继承的属性在子表中表现为外键。源表和接收表决定了哪个是父表，哪个是子表。父表是关系中的源表；子表是采用或继承父表特性的接收表。向模型添加关系时，应先连接父表再连接子表，以建立关系的方向。

（2）关系的基数。关系的基数说明父表中有多少记录可与子表中的记录直接相关。基数可以表达为一对一、一对多、多对一或多对多。

（3）关系表示法。在关系表示法中，关系线末端的箭头指向父表。而在 IDEF1X 表示法中，关系线末端的大点表示子表。两者的对比见图 3-52。

6）*E-R* 设计图提交

将完成的人力资源管理系统数据库人事基本信息的 *E-R* 设计图提交给指导教师。

4. 附录

1）Championzone 认证兼课程系统

（1）参加认证课程

事件前提：该人士计划注册认证课程。

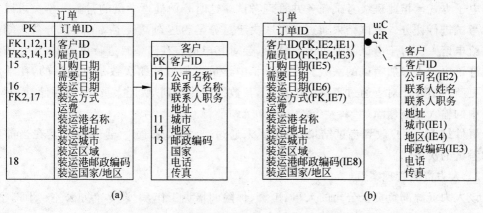

图 3-52　关系表示法与 IDEF1X 表示法的对比

(a) 关系表示法示例；(b) IDEF1X 表示法示例

主事件流：当某人通过输入个人信息、付款信息并选择课程日期和上课场所来注册参加认证课程时，该事件启动。系统判断注册信息的有效性后，以先来先服务的原则自动将注册人添加到相应的课程班级上。在注册课程期间，一旦确定此人所在的班级后，就对此人的付款进行处理。

事件结束：该人士注册完要参加的认证课程并接受带有课程日期和上课场所的确认。

(2) 申请参加认证考试

事件前提：该人士计划注册认证考试。

主事件流：在申请人通过输入名称、地址(电子邮箱)、经历、出生日期、证明和公司等信息申请时，该事件启动。系统检查是否缺少信息并验证这些数据。如果所有信息均存在并有效，则系统确认输入并将其存储到申请表数据库中，同时带有"未审核"申请状态。程序管理员检查带有"未审核"状态的申请表中的申请。此时，该状态更改为"正进行审核"。管理员检查证明信息，然后或者批准该申请(申请状态更改为"已批准")或者拒绝它(申请状态更改为"已拒绝")。在任何一种情况下，都应该发送电子邮件或信件(取决于申请人申请的方式)以通知该申请人。

例外的事件流：申请人可以在联机提交之前或之后(联机或手写)取消申请，只要该状态是"未审核"或"正进行审核"，则将从申请表中删除该申请；如果其状态是"正进行审核"，将通知管理员。

事件结束：批准该人士认证考试的注册，或拒绝该人士。

(3) 参加认证考试

事件前提：批准该人士注册认证考试，以及计划注册参加认证考试。

主事件流：当申请人注册考试并付费后，该事件启动。此费用可以通过电子或邮寄的方式支付。在该学员实际参与考试并开始考试前，保留该收费(仅限信用卡、存款单或认可的支票，不接受现金)。当有足够的考试教室时，考试的注册才被确认。在考试开始时，主考官以电子方式承担此班级考试任务并管理考试。这时开始处理学员的付款。学员可以选择不对考试进行评分。考试结果通过与否取决于总分是否达到了预定义的考试分数。结果将发送给申请人。对于考试未通过的申请人,会对其申请表存储条目进行更新,体现在该年度仍允许该申请人参加考试的次数。在一学年中学员参加考试的次数是有限制的,在学年开始时更新申请表。对于通过考试的申请人,其数据被传送到"认证人员"库中存储,而其在申请表中的输入将被删除。

事件结束:用户收到考试结果(通过或未通过)。如果未通过,告知允许其在当前学年参加考试的次数。

2) 人力资源管理案例

该人力资源部负责全公司的人事、工资、保险和培训工作,下设 5 个办公室:干部室、工人室、保险室、工资室和培训室。它们各自的工作内容如下。

(1) 干部室

干部室主要负责干部的人事管理工作。工作内容分为 3 部分:人员增加、人员变更、人员减少。人员增加的原因主要有录用(被录用人员之前有单位和无单位)、招聘(应届毕业生、社会人员、工人转干部)和分配(复员军人);人员减少的原因主要有解除或中止劳动合同、调出、退休和死亡(因病、因事故);人员变更指公司内部的单位里或单位间的干部变动。

干部室处理完相应的工作后,向有关部门发出人事通知,这是指一般干部。由于干部室的业务性质,对人员基本信息的查询很频繁,对人员配置状况的了解要及时准确,日常工作中对某些人员信息简表的需求也很大。

(2) 工人室

工人室的日常工作分为 6 部分:招收、调配、退休、考勤汇总、合同管理、奖惩管理。

招收:工人管理室根据基层单位用工计划,制定招收报告。该报告经上级批准后,正式成为指导招收工人工作的文件。

调配:用人单位提出用工需求,经工人现工作单位许可,工人管理室进行调配操作,并发出调令给工资和保险部门。

退休:适龄工人均需要到该室办理退休手续。按照规定提前退休的人员,需向该室提出申请,经审核合格,可以办理退休手续。提出退休的名单,要提交给干部、工资、保险等部门。

考勤汇总:基层单位将考勤记录汇报到该室,由该室进行汇总、存档,供工资部门调用。

合同管理:负责全公司员工的合同管理,包括签约、续签、中止合同、结束合同。根据员工竞赛获奖情况和记功信息,该室依据《条例》做出奖惩决定。工资部门以此作为调整工资的依据。

(3) 保险室

保险室负责全公司职工的保险业务,主要内容有养老保险、失业保险和住房公积金。根据职工的实际年均收入,确定该职工的缴费基数,记录缴费信息,以此作为保险待遇发放的依据。

根据保险室的业务特点,除了人员的基本信息,保险室的工作还需要有与计发保险相关的其他信息,例如保险号码、缴费金额等。另外,对于人员变动也需要及时了解。

（4）工资室

公司实行岗位技能工资制度,计算公式如下：

$$员工工资总数＝技能工资＋岗位工资＋年工资(5 元/年工龄)$$

技能工资一般固定,由职工入厂时按学历和技术能力等比较决定；岗位工资根据职工所在岗位确定。工资室的主要工作内容有起薪、停薪和岗位工资变动。

起薪时,首先要拿到人事调令,然后比较同龄、同学历和技能的固定工资作参考确定技能工资,按所在级别确定岗位工资,年工资 1 年加 5 元,最后下发相关部门。停薪时,首先要拿到人事通知(退休、解除合同),然后给部门或车间发停薪通知单。岗位工资需要变动时,要在接到人事改变(包括职称、岗位)通知、晋级表或厂中文件后,根据标准表做出工资变动,并向相关部门或车间发放变动通知单。

（5）培训室

培训室负责全厂职工的培训工作。首先根据人事调令,按新人、转岗、兼岗(兼职)3 个类别进行相应的课程培训。培训完成时填考核表和合格证审批表,颁发培训合格证,最后填上台账(人事培训记录)。人事部门通过审批表了解培训状况,改变工资。

特别说明：

整个人力资源部通过人事通知来驱动各业务流程的进行。例如人事变动流程,干部室(或工人室)根据基层申请决定进行人事变动,同时向培训室和工资室发出人事通知。培训室根据人事通知,对被调动人进行相应课程的培训及考核,考核结果通过人事通知送达干部室(或工人室)。工资室根据人事通知,对被调动人的工资信息进行相应调整,结果通过人事通知返回给干部室(或工人室),同时通知保险室进行相应的保险业务处理。

3.6.3　功能模型、过程模型和数据流图设计与练习——设计人力资源管理系统

1. 实验目的

（1）加深对功能模型(IDEF0)和过程模型(IDEF3)的理解；

（2）学习数据流图(DFD)；

（3）掌握利用 BPWin 软件绘制 IDEF0、IDEF3 和 DFD 的基本操作；

（4）理解从 IDEF0 到 DFD 的转换。

2. 实验任务

学习和掌握 IDEF0 图和 IDEF3 图的设计方法(用 BPWin 制作 IDEF0 图和 IDEF3

图）；在 IDEF0 基础上，将 DFD 与功能模型集成（用 BPWin）。

3. 实验步骤

1）熟悉 BPWin 软件及示例

通过对示例的研究，学习 BPWin 关于 IDEF0 图和 IDEF3 图的设计功能，了解 IDEF0
图和 IDEF3 图的设计。

（1）启动 BPWin，打开示例文件，观察 BPWin 的菜单、工具条和工作界面；

（2）通过示例观察 IDEF0 图、IDEF3 图和 DFD 图的设计以及表现形式；

（3）通过示例观察 IDEF0 图、IDEF3 图和 DFD 图的设计规则（不同层次的关联一
致性）；

（4）学习绘制 IDEF0 图、IDEF3 图和 DFD 图。

2）理解并掌握创建 IDEF0 图的方法

IDEF0 图用来描述系统的功能活动及其联系。它用结构化分析方法建立图形模型，其
基本图形是方框和箭头，如图 3-53 所示。方框代表系统功能（活动），其名称用动词或动宾
短语表示。箭头表示由系统处理的与活动关联的各种事件。事件看作任何可用名词命名的
数据，可代表具体事物，也可是抽象的信息。箭头可以汇合、分流和共用。图 3-54 是箭头
示例。

图 3-53　箭头名称　　　　　　　　图 3-54　箭头名称示例

图 3-53 中，输入（input，I）是这个活动需要"消耗掉"、"用掉"或"变换成"输出的东西；
输出（output，O）是活动的结果；控制（control，C）是该活动所受的约束或进行变换的条件、
工作的依据；机制（mechanism，M）是该活动赖以进行的基础或支撑条件，可以是执行活动
的人或硬、软设备。

一个活动可以没有输入，但不允许既没有输入又没有控制。同时，没有输出的活动是不
符合实际的，因为活动的输出反映了活动的目的。

一个系统的功能模型可以用一组按递阶分解的活动图形来表示，通过层次分解，可以得
到整个系统的详细描述。在这样一个树形结构的框图系列中，用节点号来标志图形或方框
在层次中的位置。一个实际系统的最顶层的图形为 A0 图，在 A0 图以上用一个方框来代表
系统的内外关系，编号为 A-0。每个节点的父图编号和父模块在父图中的编号组合起来，形
成"父—子—孙……"的节点编号。实际上每个节点可以对应一张 IDEF0 图，按此树状结构

分解就可得到整个系统的功能模型图。

为了简化图面,对一些公认的事实,在与当前分析无直接联系时,可将它屏蔽起来,这种画法称为通道箭头。此时,在箭头的头部或尾端加上括弧,表示在该图的子图或父图中不出现。

建立功能模型的基本方法如下。

(1)选择范围、观点及目的

这里所说的"范围",是指描述外部接口,建立与环境间的界线,确定讨论的问题;"观点"是指确定从什么角度观察问题,以及在一定范围内能看到什么;"目的"是指确定模型的意图或明确其交流的目标。

(2)建立内外关系图(A-0 图)

画一个单个的方框,里面写上活动的名字,概括所描述系统的全部内容,再用进入及离开方框的箭头表示系统与环境的数据接口,这就是整个模型的内外关系图。此图确定了系统的边界,构成进一步分解的基础。

(3)画出顶层图(A0 图)

把 A-0 图分解成 3~6 个主要部分,得到 A0 图,即模型真正的顶层图。A0 图的结构清楚地表示了 A-0 图的含义。比 A0 图更低级的图形,说明了 A0 图中各个方框所要说明的内容。同样情况对更低级图形也成立。

(4)建立一系列图形

把 A0 图中的每个方框分解成几个主要部分来形成一张新图,内容更为详细。依次层层细化到不能再分的地步。

分解的次序可采用以下原则:

① 保持在同一水平上进行分解——均匀的模型深度。

② 按困难程度进行选择,即从最困难的部分开始,选择某一方框进行分解,此方框分解会产生最多的关于其他方框的信息。

(5)写文字说明

每张图附上叙述性文字说明,描述图形所不能表达的重要内容。

3)理解并掌握创建 IDEF3 图的方法

(1)IDEF3 的基本图形定义

IDEF3 提供了一种结构化的方法,用于表示一个系统、场景或组织是如何工作的。IDEF3 用两个基本组织结构——场景描述和对象来获取对过程的描述,并有相应的过程流描述和对象状态转换描述两种建模方法与之对应,构成两种视角不同的视图——过程流图和对象状态转换网图(object state transition network diagram,OSTN)。过程流图用来描述组织中事件如何工作的信息;OSTN 图用来描述在特定过程中一个对象可能发生的变化,如图 3-55 所示。

场景是一种特殊的重复出现的情景,以及其具体过程和过程赖以发生的背景描述。场

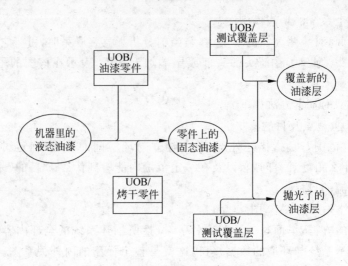

图 3-55　IDEF3 油漆过程的 OSTN 图

景限定了过程描述的上下文,主要把过程描述的前后关系确定下来。场景的名字通常为动词、动名词或动词短语,如处理用户意见、实施工程修改等。每个 IDEF3 可有一个或多个场景。

对象可以是与过程相联系的任何物理的或概念的事物。

过程流图是以场景描述为主体,获取、管理和显示以过程为中心的知识的主要工具过程流网的显示手段。此次实验只着重于过程流图的设计,范例见图 3-56。

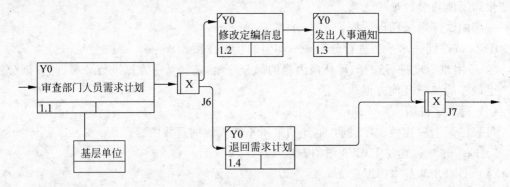

图 3-56　IDEF3 过程流图

IDEF3 图的主要语法元素如下:

① 工作单元(unit of work,UOW)/行为单元(unit of behavior,UOB)。每个 UOB 代表着一个现实世界的活动、动作、过程、操作或事件。对一个 UOB 可以进行分解,从而将一个复杂的过程分成一些子过程,从语法上讲,一个分解就是另一张过程流图。UOB 串行排列时前后有先后关系;并行排列时先后无依赖关系。UOB 必须给一个唯一的编号,基本上是按创建和发现的顺序编排,而与进程描述的号无关。编号由软件自动生成。进行分解时,

其第 1 位为其父 UOB 的编号；第 2 位表明它是第几种分解；第 3 位是在整个系统中的序号。位间用句点分隔(见图 3-57)。

② 连接(link)。将 UOB 盒子连接在一起，以反映 UOB 之间的一些约束条件和相互关系，如时间的、逻辑的、因果的。为了增加过程图的可读性，最好是从左到右、从上到下地表示对象流(物理的或信息的)的方向或时间的顺序。有关连接类型的说明见表 3-29。

图 3-57 UOB 图例

表 3-29 连接类型说明

名　称	图　例	说　明
(前后)顺序连接	—→	第 1 个 UOB 的完成才使得第 2 个 UOB 可以开始工作
对象流连接	—►→	强调了有一个对象从第 1 个 UOB 流向了第 2 个 UOB
关系连接	- - ►	强调在两个或多个 UOB 之间存在着某种关系

③ 交汇点(junction)。表示两个或两个以上的过程流在此处分开或者汇合，反映事件或过程之间的逻辑关系和相对相序关系(同步、异步)见表 3-30。

表 3-30 交汇点说明

图　例	说　明
同步型：|&| |O| 异步型：|&| |O| |×| 　　　　与　或　异或	依据时间关系，可以分为同步和异步。依照逻辑语义，交汇点可以分为与、或、异或 同、异步：控制前后到达关系 或：有一个就执行 与：必须同时具备 异或：多条件只响应一个
\[&\] J4 扇入　　\[X\] J2 扇出	汇合处的交汇点为扇入型，分开处的交汇点为扇出型

④ 参照物(referent)。用于描述存储在处理流以外的额外信息，通常用来强调一个过程中特定对象的参与，详细说明交汇点的逻辑关系。参照物可以用来指代一个 UOB、交汇点或对象等，见表 3-31。

(2) IDEF3 图的绘图原则

① 每个描述必须有场景名称。

② 每个描述和场景必须有需求、目的和范围说明。

③ 只有一个起点和一个终点。每个场景(不同于分解子图)和分解子图中，只能有一个左端点，它或是 UOB 或是交汇点。每个分解子图只能有一个右端点，不是分解子图的场景

表 3-31　参照物说明

图　例	参照类型	说　明
参照物类型	OBJECT 对象	参照物所关联的行为单元中的一个感兴趣的对象
	GOTO	过程将要转换而成的 IDEF3 元素(如转至某行为单元,然后从此点继续进行)
	UOB 单元行为	图表页中或之外的一个行为单元
	NOTE 注释	对参照物所关联的 IDEF3 元素,由使用者定义的额外的信息
	ELAB(elaboration)细化说明	一份细化说明(通常用于对参照物与交汇点的关联进行说明)

则可有多个右端点。如何 IDEF3 元素(UOB 或交汇点)不许直接反过来连接其本身。

④ 有分必有合(先分后合)。

⑤ 所有线条的合并与分解都必须经一个交汇点。

⑥ 先顶图,后分解(扩展)。任何分解中都不允许出现两个以上不连接的图形。

⑦ 从一个行为单元不能引出多个先后顺序的联接。若有这种需求,说明应在此处设置一个扇出交汇点。

⑧ 多个先后顺序的连接,进入同一行为单元是允许的,不过,它们相应的时序和逻辑的语义解释,要在该行为单元的细化说明中阐明。

(3) IDEF3 图的句法规则

① 一个交汇点不能同时既是扇出又是扇入;

② 每个扇入交汇点要有相应的扇出交汇点;

③ 不允许从复杂结构内部引出指向结构外的任何点的环路;

④ "扇入的与"型交汇点与"扇出的或"型交汇点不能匹配;

⑤ "扇入的与"型交汇点与"扇出的异或"型交汇点不能匹配;

⑥ "扇入的异或"型交汇点与"扇出的与"型交汇点不能匹配;

⑦ 每个扇入交汇点必须要有两条以上先后顺序的联接进入;

⑧ 每个扇出交汇点必须要有两条以上先后顺序的联接离开。

(4) 构造过程流图的基本过程

构造过程流图中重要的是要明白我们只是对已知的关于系统如何工作的事实加以组织,记录过程中发生的事实,而非设计系统。构图过程如下:

① 确定 UOB;

② 将 UOB 与相应的场景相联系;

③ 将场景中的 UOB 按基本因果顺序进行组织;

④ 逻辑描述中加入交汇点结构;

⑤ 对 UOB 及联接做出细化说明；

⑥ 对选定 UOB 做分解。

4) 理解并掌握创建 DFD 图的方法

(1) DFD 的基本图形定义

DFD 数据流图模型将系统描述为一个活动的网络。在网络中,系统的活动从位于系统边界内和边界外的存储中处理和保存数据。

IDEF0(功能建模)和 IDEF3(过程描述分析,工作流建模)均属于具体模型,它们是现行系统内部的组织机构、信息与物资的流动、业务流程的真实反映。舍去物资、材料等具体的流,单把信息的流动及信息的存储情况抽出来,就可得出全组织中信息流动及存储的总的情况。这就是所谓数据流程图(DFD)。

数据流程图有两个特点：

① 抽象性。抽象总结出信息处理的内部规律,包括信息和数据存储、流动、使用以及加工的情况。

② 概括性。把系统对各种业务的处理过程联系起来,形成一个总体考虑。而业务流程图不能反映这种数据流之间的关系。

上下文图为顶层图,通常包含一个活动方框和外部实体,参见图 3-58。活动方框通常以系统的名字标识,如 Quill 计算机交易系统,增加的外部实体不能更改模型的基础需求,建模需要具有明确的目的、意图和范围。

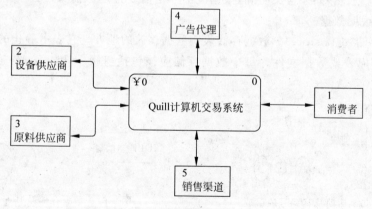

图 3-58　典型的数据流上下文图

(2) DFD 图中的组件

① 活动(activity)。活动指描述处理或转换数据的动作,即处理逻辑。名称用动宾短语表示,通常用圆角方框表示。DFD 的活动与 IDEF0 和 IDEF3 中的活动是同义的。如同 IDEF3 活动,DFD 活动也具有输入和输出,但不支持像 IDEF0 中的控制或机制箭头。根据活动,数据流程图有两种基本类型：变换型数据流程图和事物型数据流程图,参见图 3-59。在 DFD 中,每个活动编号必须包含一个前缀、图号和一个对象号(见图 3-60)。对象号唯一

确定图表中的活动。父图号和对象号一起使用可以唯一标识模型中的每个对象。

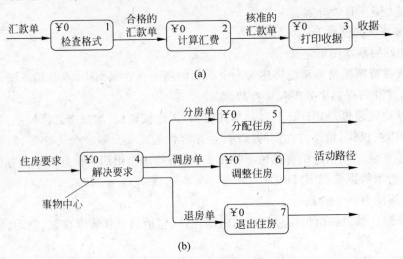

(a)

(b)

图 3-59　两种类型的数据流程图

(a) 变换型数据流程图；(b) 事物型数据流程图

② 箭头(arrow)。箭头能从活动的任意部分引出，表达数据流，即表示数据在活动、数据存储和外部参照之间的流动。一般来说，对每个数据流都应有简单扼要的描述，并将其写在线段的上方。当然，如果含义明确，数据流不一定需要描述。箭头可以"分流"和"汇合"，需要分别标注说明数据。

③ 数据存储(data store)。数据存储表明数据存放的地方。它表示静止的对象，代表数据实体或数据库表或数据文件。每个数据存储应该包括前缀 D 和一个唯一的存储号，如图 3-61 所示。

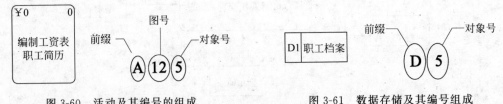

图 3-60　活动及其编号的组成　　　　　图 3-61　数据存储及其编号组成

④ 外部实体(external entities)。外部实体也称为外部项，代表位于 DFD 图所描述的范围以外的一个位置、实体、人或部门。它们是数据的外部来源或数据的终点。外部实体是相对某 DFD 图而言的。随着 DFD 图的逐层扩展，某些处理逻辑相对于特定的处理逻辑而言，则变成了外部实体。为了避免在 DFD 图中出现数据流线的交叉，同一外部

图 3-62　外部实体及其编号组成

实体可在同一张图上出现多次。每个外部实体包括前缀 E 和一个唯一的外部实体号，如图 3-62 所示。

（3）建立 DFD 模型的基本原则

① 首先确定系统的外部实体。要识别那些不受系统控制，但影响系统运行的外部因素，把它们作为外部实体，并找出它们与系统之间的数据交换关系，即确定系统的数据来源和输出去向。值得注意的是，外部实体是相对于某层 DFD 图而言的。在逐层扩展 DFD 图时，要仔细考虑每层系统的外部实体是什么。因为系统由若干子系统组成，随着 DFD 图的逐层扩展，在同一层次上，另外子系统相对于本子系统而言则成了外部实体。

② 注意把握逐层扩展的幅度。自顶向下逐层扩展的目的是把一个复杂的大系统逐步分解成若干个简单的小系统，并始终保持整个系统的完整性与一致性。如果扩展后的 DFD 图已经足够详细表达系统的所有逻辑处理功能以及必要的输入和输出，则可以不必再往下扩展。扩展的幅度没有绝对的标准，但一般要求：

a. 展开的层次与管理层次一致，但可以划分得更细。所以说系统分析必须首先对管理组织有全面了解；

b. 最细一层的处理过程能用几句话或几张判断表表达清楚；

c. 最细一层的处理过程要么是手工操作，要么是计算机处理；

d. 数据存储应是一个实体的描述。

③ 注意保持扩展的一致性。在逐层向下扩展 DFD 图时，除了考虑各层系统的项外，还要考虑各层的输入数据流和输出数据流。随着活动的逐层扩展，功能越来越细、越来越具体，数据流越来越多，输入输出亦相应增加。但是，较低层次的输入和输出至少要和上一层次的输入和输出对应起来，以保持扩展的一致性。

④ 对出错和例外情况进行处理。在高层次 DFD 图上，一般不反映对出错和例外情况的处理，只反映主要的正常运行的逻辑功能和输入输出，以便图形清晰和了解系统整体情况。出错和例外情况的处理通常放在细化后较低层次的 DFD 图上，以便设计相应的程序模块。

⑤ 不反映判断和控制信息。DFD 图仅反映系统中的数据流，而不反映控制流或控制信息。

⑥ 不反映时间顺序。DFD 图不反映时间的顺序，只反映数据的流向、自然的逻辑处理过程和必要的数据存储。既不反映起点，也不反映终点。

（4）绘制 DFD 图

DFD 图是对系统的一个综合概括，它详尽而全面地反映了整个系统的逻辑结构。绘制时，先从左侧开始，标出外部项。左侧的外部项常常是系统的主要数据源。然后画出这些外部项所产生的数据流和相应的处理逻辑。如果需要保存数据，则标出其数据存储。跟踪这些数据流，画出其他的处理逻辑和数据存储。最后，将接受系统输出数据的外部项画在整个图的右侧。当发现某一部分的信息不够时，需要回溯至前面去进一步了解，这也是认识系统的必然过程。当 DFD 图扩展到足以把系统的全部逻辑功能都能清楚表达出来后,绘制工作便告完成。DFD 图的绘制难以一次画好,需要
多次反复。

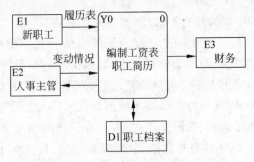

(5) DFD 示例

图 3-63 所示为一个人事管理信息系统子模块的 DFD 顶图,主要用于描述编制职工档案与工资表。图中:

① 编制工资表和职工简历,输入的信息是新职工的"履历表"和来自人事主管的人员"变动情况";

② 所涉及的数据存储是"职工档案"。

图 3-63　编制工资表与职工简历的 DFD 顶图

在完成第 1 级顶图的设计后,DFD 图需要进行分解扩展,分解的对象是"编制工资表职工简历"。图 3-64 是图 3-63 分解后的结果。

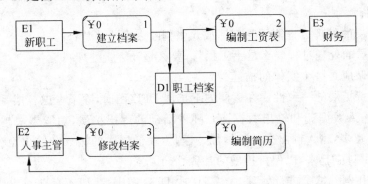

图 3-64　编制工资表与职工简历的 DFD 第 2 级扩展图

5) 思考题

(1) 分析 IDEF0 与 IDEF3 的联系与区别。

(2) DFD 中的处理逻辑对应什么?

(3) DFD 中的数据存储对应什么?

(4) 分析 DFD 与 IDEF0 的关系。

(5) 分析 DFD 与 IDEF3 的关系。

(6) 在 BPWin 中,上述关系是如何实现的?

(7) 什么时候可以从 IDEF0 转换成 DFD 进行建模?

6) 需提交的文件

(1) 包含 IDEF0,IDEF3 和 DFD 图的一个模型文件,以学号+姓名标识文件名

IDEF0 和 IDEF3 是针对人力资源系统的整体功能和过程分析后绘制的相应模型图。在 IDEF0 模型文件的基础上,找到与"职工档案"及"工资表"相对应的模块(如果没有,则在

合适的模块中创建),用 DFD 图继续向下分解,参照示例,进行 DFD 图的绘制。

在正式提交的模型图中,需要正规形式的图表。如 IDEF0 图,标准图表格式由以下 3 部分组成:

① 表头部分(上部),记有工作信息。

② 信息部分(中部),表达 IDEF0 画图所规定的内容。

③ 标识部分(下部),表示图号等内容。

DFD 图要求与 IDEF0 图集成在一起,并至少分解到两层。

(2) 实验报告

① 图形文件。包括以下内容:

a. IDEF0 图,显示 A-0 图和 A0 图并做解释;

b. IDEF3 图,显示第一层流程图并做解释;

c. DFD 图,参照人事管理信息系统示例画两级 DFD 图后,需展开"职工档案"与"工资表"编制模块的 DFD 图设计。

② 描述文档。汇总图形文件中的全部文字说明。

③ 回答实验指示书中的思考题。

④ 心得体会。

3.6.4　工作流模型设计与练习——用 Flash 建立业务过程的工作流模型

1. 实验目的

(1) 加深对面向业务流程的工作流原理的理解;

(2) 掌握利用 Flash 软件绘制工作流模型的基本操作;

(3) 通过所选案例进行设计与练习,建立所对应的业务流程模型,并为后续的系统实现进行与流程有关的分析和系统设计。

2. 实验任务

参照以前的实验,完成所选案例的工作流设计(用 Flash 制作的工作流图文件)。

3. 实验步骤

1) 熟悉 Flash 软件

通过对示例的研究,可以学习工作流的基本元素,以及 Flash 软件的基本操作。

(1) 通过某个工作流的实例,分析工作流的基本元素;

(2) 启动 Flash,观察 Flash 的菜单、工具条和工作界面;

(3) 理解 Flash 的文档类型;

（4）理解 Flash 的基本图形元素；

（5）掌握 Flash 模型文件的测试与发布。

2）理解并掌握基于 Petri 网的工作流模型的创建

（1）工作流及 Petri 网的基本概念

工作流是一类能够完全或者部分自动执行的经营过程，根据一系列过程规则，文档、信息或任务能够在不同的执行者之间传递、执行。（工作流管理联盟的定义）

Petri 网是一种适用于多种系统的图形化、数学化建模工具，为描述和研究具有并行、异步、分布式和随机性等特征的信息加工系统提供了强有力的手段。作为一种图形化工具，可以把 Petri 网看作与数据流图相似的通信辅助方法；作为一种数学化工具，它可以建立状态方程、代数方程和其他描述系统行为的数学模型。

（2）基于 Petri 网的工作流模型

基于 Petri 网的工作流模型，如图 3-65 所示，工作流模型基本（图）元素见表 3-32。

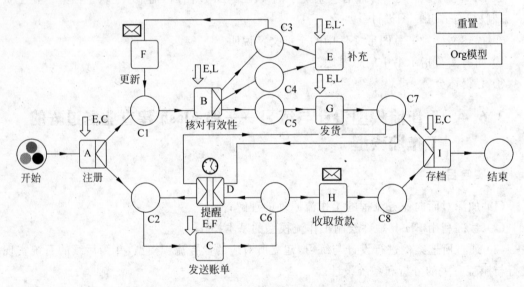

图 3-65　基于 Petri 网的工作流模型示例

表 3-32　工作流模型基本（图）元素说明

Petri 网基本（图）元素		表示及含义	对应工作流建模
○	库所 （place）	用圆圈表示。它是 Petri 网中的被动元素，通常表示媒介、缓冲器、地理位置、（子）状态、阶段或条件	用于描述过程中的条件
●	标记 （token）	用带颜色的圆点表示，用以描述处理的信息单元、资源单元和顾客、用户等对象实体。根据其在库所中的分布和动态变化，描述 Petri 网的状态	库所中的标记代表一个过程实例的状态

续表

Petri 网基本（图）元素		表示及含义	对应工作流建模
☐	变迁（transitions）	描述改变系统状态的事件，如计算机和通信系统的信息处理和发送、资源的存取等，分别用直线或矩形表示无延时的变迁和有延时的变迁。它是 Petri 网中的主动元素。变迁的实施将导致状态的改变	通常表示过程中可执行的活动或任务。如事件、转换、操作或传输
↘	弧（arc）	连接库所和变迁。用带箭头的直线来表示和描述对象通过系统的路径，弧尾部的箭头表示路径的方向。它用两种方法确定局部状态和事件之间的关系：①引述事件能够发生的局部状态；②由事件引起的局部状态的转换	确定变迁的输入和输出库所。放映一种控制逻辑，定义了活动直接的连接关系和执行顺序

此外，在工作流模型中，还需通过定义活动的角色（操作人员）和组织单元（组织结构、部门），来描述业务过程是由谁来完成的。每一个活动（方框）的上方都标明了从事这一活动的组织与角色。参与业务流程的人员依各自在流程中的角色而接收信息和进行业务处理。与此同时，要有描述整个组织和人员关系的图（见图 3-66）。由图 3-66 可以看到，多个组织或角色可以互相交叠，甚至一个组织或角色可以是另外一个的子集。

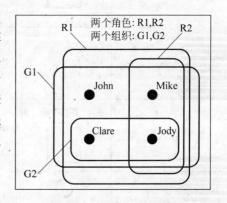

图 3-66　组织人员关系图

完整的工作流模型可研究示例文件。

工作流网的构建规则如下：

① 必须具有一个起始点和一个终止点，进入起始库所的标记代表一个过程实例的开始，而进入终止库所的标记代表一个过程实例的结束；不存在处于孤立状态的活动与条件，所有活动与条件都位于由起始点到终止点的通路上。

② 从库所到库所，或从变迁到变迁的弧是不允许的。

③ 一个库所可能包含 0 个、1 个或多个标记。

④ 结构是固定的，而库所中标记的分布是可变的。变迁只有满足可实施的条件才能实施。即每个输入库所都至少有一个标记。变迁实施时，从它的每个输入库所都取走一个标记，并往它的每个输出库所都增加一个标记。通过实施变迁，过程从一个状态转变到另一个状态。

图 3-67 所示了分支与或关系。

工作流网中常用的触发机制有 4 类，见表 3-33。在每个活动（变迁）的上方，都需标有相应的记号，以指明该活动是通过何种机制来执行的。

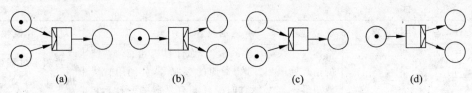

图 3-67　分支与或关系

(a) 与入；(b) 与出；(c) 或入；(d) 或出

表 3-33　常用触发机制说明

触发机制类别	示意图	说　明
自动触发	□	活动(变迁)被使能的同时就被触发。一般用于那些通过应用程序来自动执行,不需要与人进行交互的自动型活动,这类活动一旦被使能,就开始执行
人工触发	⇩	通过执行者执行工作流任务表中的工作项来进行触发
消息触发	✉	由来自系统外部的消息(事件)来触发,比如电话、传真、E-mail 的到达
时间触发	🕐	由控制时间的定时器来触发。对于那些需要在预定的时间或给定时间间隔要求来执行的活动(变迁)是必不可少的

(3) 建立工作流模型的基本方法

① 明确业务过程要做什么。进行结构定义,明确活动和任务组成,明确目的或需达到的目标。

② 明确业务过程如何完成。进行控制流与信息流的定义,明确活动间的执行条件、规则以及所交互的信息。需要哪些操作和步骤来完成?

③ 明确业务过程由谁来做。确定涉及的资源、人或者计算机应用程序。进行组织和角色的定义。

④ 明确完成业务过程所使用的方式和手段。

(4) 用 Flash 复制案例文件

① 创建 Flash Document 文件;

② 在角色定义中,选择其中之一为自己(在计算机图形下写上自己的名字);

③ 完成工作流图形设计；

④ 完成工作流的逻辑设计；

⑤ 生成 Flash Movie 并提交。

3) 提交 Flash Movie 文档

(1) 通过实验指导教师的验收；

(2) 作为正式文档与大作业的项目文档集成。

4. 思考题

(1) 如何依据工作流模型来实现一个软件系统？

(2) 分析工作流模型与 IDEF3 模型的关系。

(3) 分析工作流模型与 IDEF0 模型的关系。

(4) 分析工作流与 DFD 模型的关系。

5. 实验报告

(1) 图形文件。在实验(或大作业)报告中，给出全部业务流程的名称(或 IDEF3 模型)，另加 1～2 个主要工作流模型图。

(2) 描述文档。对此工作流的文字描述。

(3) 回答实验指示书中的思考题。

(4) 心得体会。

3.6.5　用面向对象方法建模——建立人力资源管理系统的类模型

1. 实验目的

(1) 加深对面向对象软件开发方法，特别是类与抽象思维模式的理解；

(2) 通过实验理解 UML(unified modeling language，统一建模语言)方法；

(3) 掌握利用 Rational Rose 软件，进行 O—O 建模的基本操作；

(4) 通过建立人力资源管理系统的类模型，掌握实际运用对象模型的方法。

2. 实验任务

参照 3.6.2 节所给案例，完成人力资源管理系统类图设计(用 Rational Rose 制作的类图)。

3. 实验步骤

1) 熟悉 Rational Rose 软件

Rational Rose 是美国 Rational 公司的面向对象建模工具，利用这个工具，可以建立用

UML 描述的软件系统模型,还可以自动生成和维护 C++,Java,VB,Oracle 等语言和系统的代码。

Rose 支持 8 种不同类型的 UML 框图:Use Case 框图(用例图)、Activity 框图(活动图)、Sequence 框图(时序图)、Collaboration 框图(协作图)、Class 框图(类图)、Statechart 框图(状态图)、Component 框图(组件图)、Deployment 框图(部署图)。

Rose 界面包括浏览器、工具栏、框图窗口、文档窗口和日志。浏览器用于在模型中迅速漫游,可显示模型中的角色、用例、类、组件;工具栏可迅速访问常用命令;框图窗口用于显示和编辑一个或几个 UML 框图;文档窗口可查看或更新模型元素的文档;日志用于查看错误信息和报告各个命令的结果。

浏览器窗口有 4 个视图:

(1) Use Case 视图。包括系统中的所有角色、使用案例和 Use Case 框图,还可能包括一些 Sequence 或 Collaboration 框图。此视图是系统中与实现无关的视图,它只关注系统功能的高层形状,而不关注系统的具体实现方法。

(2) Logical 视图。关注系统如何实现使用案例中提出的功能。它提供系统的详细图形,描述组件间如何关联。此视图还包括需要的特定类、Class 框图和 State Transition 框图。利用这些细节元素,开发人员可以构造系统的详细设计。

(3) Component 视图。包含模型代码库、执行文件、运行库和其他组件的信息。组件是代码实际模块。主要用户是负责控制代码和编译部署应用程序的人。

(4) Deployment 视图。关注系统的实际部署,处理其他问题,如容错、网络带宽、故障恢复和响应时间。

2)通过实例,认识并掌握创建类图的方法

(1) Rose 类图简介

Rose 类图用于显示软件的结构,是面向对象的系统模型中使用最普遍的图,是其他一些相关图的基础,要在 Logical 视图中创建。

建立类模型的过程,是把现实世界中与问题有关的各种对象及其相互间的各种关系进行适当的抽象和分类描述。类封装了一组相关的信息和行为,是具有相同属性、操作、关系的对象集合的总称。通常在 UML 中类被画成矩形,包括 3 个部分:名称、属性和操作,如图 3-68 所示。

名称:每个类都必须有一个名字,用来区分其他的类。类名是一个字符串,称为简单名字。也可以用类名加路径名的表示形式,称为路径名。

属性:类可以有任意多个属性,也可以没有属性。在类图中属性只要写上名字就可以了,也可以在属性名后跟上类型甚至缺省取值。

操作:操作是类的任意一个实例对象都可以调用的,并可能影响该对象行为的实现。

类之间有如下关系:

① 关联(association)关系。关联关系描述了给定类的单独对象之间语义上的连接,如

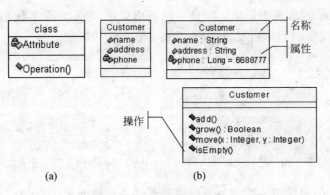

图 3-68 类的表示方式

(a) UML 的类的图形表示；(b) 示例

图 3-69 所示。一般用实线连接有关联的同一个类或不同的两个类。关联至对象的连接点称为关联端点，很多信息被附在关联端点上，它拥有角色名、重数（描述多少个类的实例可以关联到另一个类的实例）。关联有自己的名称，可以拥有自己的属性，这时关联本身也是类，称为关联类。聚集（aggregation）用来表达整体与部分关系的关联；组合（composition）是一种聚集，是关联更强的形式。

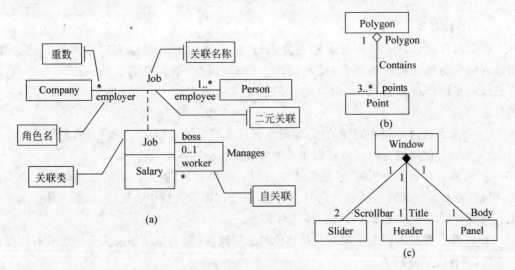

图 3-69 关联关系

(a) 示例；(b) 聚集；(c) 组合

② 泛化（generalization）关系。泛化关系是一般化和具体化之间的一种关系。继承就是一种泛化关系，通常称为"is-a-kind-of"的关系，使一个类可以继承另一个类的公共和保护属性及操作，显示为子类指向父类的箭头，如图 3-70 所示。

③ 依赖或实例化（dependency or instantiates）关系。这种关系指明两个或两个以上模

型元素之间的关系如图 3-71 所示。它是一种使用关系,显示一个类使用另一个类,因此使用类的改变有可能影响到使用该类的类,反之不成立。

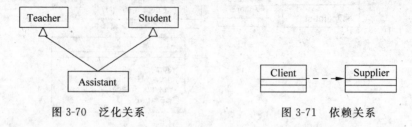

图 3-70 泛化关系　　　　　　　　　　　图 3-71 依赖关系

④ 实现(realizes)关系。实现关系用来表示将一种模型元素(如类)与另一种模型元素(如接口)连接起来,其中的接口只是行为的说明而不是结构或者实现。它用一条带封闭空箭头的虚线表示,如图 3-72 所示。

图 3-72 实现性关系

(2) 寻找对象

通常以自然语言书写的需求陈述为依据,把陈述中的名词作为对象类的候选对象,用形容词作为确定属性的线索,把动词作为服务(操作)的候选者。然后以此为基础,进行更深一步的严格筛选,得到对象类。筛选时主要依据以下标准,删除不必要和不正确的对象类。

① 冗余。若两类表达同样的信息,则应保留在问题域中最富于描述力的名称。

② 无关。仅需把与问题域密切相关的类放到目标系统中。

③ 模糊。在初步分析时,常从陈述中找出一些模糊的、泛指的名词作为候选对象类列出,但是,要么系统无需记忆有关它们的信息,要么在需求分析中有更明确、更具体的名词对应它们所暗示的事务,因此,通常去掉此对象类。

④ 属性。有些名词实际描述的是其他对象的属性,应去掉。如果某个性质具有很强的独立性,则作为独立的类。

⑤ 操作。文档中可能使用一些既可作为名词又可作为动词的词,因此应该慎重考虑它们在系统问题域中的含义,以便正确地决定是作为类还是操作。

⑥ 角色。类名应反映它本身的固有性质而不是一个在关联中扮演的角色。一个物理实体有时对应几个类,区分它们是很重要的。

⑦ 实现结构。在分析阶段不应该过早地考虑怎样实现目标系统,因此应去掉仅和实现有关的候选对象类。在设计和实现阶段,这些对象类可能是重要的,但在分析阶段过早地考

虑它们反而会分散我们的精力。

面向对象分析是一个渐进的过程,要经过反复迭代而不断深化。

(3) 参考范例

① Championzone 认证兼课程系统(说明见实验二指示书的附录)的 UML 模型图,用 Visio 软件打开,文件名称 ChampionZone UML. vsd。

② Rose 安装目录下的 Rose\samples\ordersystem 范例。

3) 提交

完成人力资源管理系统类图设计,将完成的人力资源管理系统类图提交给老师。

4. 思考题

(1) 类设计与关系型数据库中的实体有何关系?

(2) 从类的设计中,说明 O—O 方法是如何实现数据模型与功能模型的统一的。

5. 实验报告要求

(1) 对类图的描述文档。说明所绘制的类图中的各个(对象)类及其相互间的关系;说明每个类都有哪些操作。

(2) 心得体会。

3.6.6　界面设计与练习——学分积管理信息系统的界面设计

1. 实验目的

(1) 通过示例,复习数据库设计与使用的基本理论;

(2) 掌握 Access 窗体的基本操作;

(3) 通过学分积管理信息系统的界面设计练习,理解计算机界面的功能及用途。

2. 实验任务

(1) 完成学分积管理信息系统窗体设计,实现的基本功能如下:信息浏览;成绩录入;成绩查询、修改和删除;学分积查询。也可根据自己系统的需求添加其他功能。其中,学分积查询部分要求能找出学分积进步最大或退步最大的前 3 名学生,并进行排名。

(2) 完成实验报告。

3. 实验步骤

1) 熟悉 Access 软件及示例

罗斯文示例数据库(Northwind. mdb)是 MSAccess 系统自带的一个示例,它以一个虚拟的食品公司为对象,建立以合同管理为主,辅以客户管理、雇员管理、供应商管理、产品管理在内的公司管理信息系统,基本覆盖了 Access 的大部分功能,包括表(Table)、查询(Query)、窗体(Form)、报表(Report)和程序(VB 程序与宏)。通过对这一示例的研究,可以学习 Access 的主要功能,也可以作为一个具体的管理信息系统进行研习。

(1) 启动 Access,打开 Northwind. mdb 文件,打开罗斯文示例数据库。

(2) 通过罗斯文示例数据库,观察 Access 中各种窗体的形式和操纵方式,认识窗体,理解各类窗体的用途。

(3) 观察各种控件及与数据库中数据的绑定。

2) 认识并掌握创建窗体的方法以及编辑窗体的基本方法

(1) 认识窗体

窗体是用来和用户进行交互的界面。数据库的使用和维护大多都是通过窗体完成的。在窗体上可以放置控件,用于进行数据操纵,如添加、删除和修改等各种操作;也可以接受用户的输入或选择,并根据用户提供的信息执行相应的操作,调用相应的对象等。

(2) 创建窗体

Access 提供了两种创建窗体的方法,可以采用手动方式创建窗体,也可以利用系统提供的各种向导创建窗体。使用窗体向导时,Access 会提示有关的信息,只需根据提示操作,即可快速生成纵栏式、表格式或数据表窗体。在不使用向导的情况下,可在"设计"视图中创建更具个性化的窗体。

在实际工作中,可以使用窗体向导来快速创建窗体,然后切换到"设计"视图中修改窗体。

窗体有 3 种视图:"设计"视图、"窗体"视图和"数据表"视图。

要熟悉"设计"视图中的工具箱,能够利用它向窗体添加各种控件。控件是窗体上用于显示数据、执行操作或装饰窗体的对象。

(3) 窗体的编辑操作

修改窗体的显示格式,重新设置控件的大小、位置和属性等。由于窗体是基于表或查询创建的,所以利用窗体的形式,还可以对数据源中的记录进行操作。

(4) 子窗体

子窗体是插入到另一窗体中的窗体。原始窗体称为主窗体,窗体中的窗体称为子窗体。窗体/子窗体也称为阶层式窗体、主窗体/细节窗体或父窗体/子窗体。

当显示具有一对多关系的表或查询中的数据时,子窗体特别有效。例如,可以创建一个带有子窗体的主窗体,用于显示"类别"表和"产品"表中的数据。"类别"表中的数据是一对多关系中的"一"方,"产品"表中的数据是关系中的"多"方,因为每一类别都可以有多个产品。

在 Access 中,创建子窗体有两种方法,一种是同时创建窗体和子窗体,另一种是将已有的窗体作为子窗体添加到另一个已有的窗体中。对于子窗体,可以创建固定显示在主窗体之中的样式,也可创建弹出式子窗体。

3) 完成学分积管理信息系统的窗体设计

(1) 明确设计任务,确定数据库窗体的功能;

(2) 在 3.6.1 节所述实验的学分积管理系统的基础上创建并设计窗体;

(3) 测试成功并完善系统。

4) 提交

将完成的学分积系统提交给老师,经实验老师确认后才算成功。

4. 思考题

思考找出学分积名次变化(即进步或退步)最大的 3 位学生的方法。

5. 实验报告

(1) 问题与解决方案。阐述在此实验中遇到的问题及相应的解决方案。如果有尚未解决的问题也应列出,以便进一步研究。

(2) 心得体会与建议。可以写任何与本实验有关的内容。

3.7 项目管理的计划制定与分析——项目管理软件 Ms Project 的使用

1. 实验目的

结合课堂教学所讲授的项目管理的原理和方法,学习使用项目管理的计算机工具(Ms Project),通过综合应用项目管理的知识,进行实际的项目规划练习。

(1) 通过 Ms Project 软件中的示例(工程设计),复习项目管理的基本理论;

(2) 掌握 Ms Project 软件的基本操作;

(3) 通过 Ms Project 的应用练习,理解项目管理的流程和方法。

2. 实验学时和人员组织

3 学时,1 人一组。

3. 实验任务

参照所给案例,完成自选项目的以下内容:

(1) 项目组及工作日历的定义。

(2) 定义项目工作分解结构(WBS),即项目的计划,包括任务包、任务或活动的定义,细化到时间与资源的确定。

(3) 确定项目的阶段点(里程碑)。

(4) 用资源视图检查是否存在资源冲突。如果出现冲突,进行项目的集成技术管理,即解决各单项任务计划的协调与重排。

(5) 找出关键路径。

4. 实验步骤

1) 熟悉 Ms Project 软件

Microsoft Project 是微软的项目规划管理软件。项目管理是指如何在有限的经费、时间、原料、设备或人力等资源条件下,以最有效的管理和控制方式来实现某项既定的计划。Ms Project 的具体操作过程如下:

(1) 启动软件,打开工程设计.mpt 文件,观察 Ms Project 的菜单、工具条和工作界面;

(2) 学习 Ms Project 的基本操作,包括活动的定义与查看、资源的定义与查看、日历的定义等,以及如何应用项目的各种视图对项目进行分析。

详细描述请参见软件帮助文档。

2) 认识并掌握项目的创建、跟踪和管理

大多数项目管理工作都涉及一些相同的工作,主要是指任务或活动的定义,其中包括将项目分割成便于管理的多个任务、排定任务的日程、在工作组中交流信息以及跟踪任务的工作进展。所有项目都包括以下 3 个主要阶段:创建计划、跟踪和管理项目、报告和结束项目。

(1) 创建计划

① 创建项目。

② 输入任务列表(建立项目 WBS)。项目是由一系列相互关联的任务组成的。一个任务代表一定量的工作,并有明确的可交付结果,通常介于 1 天~2 周之间。添加里程碑(重要事件的任务),最后收集并输入工期的估计值。Microsoft Project 排定每个任务的日程时都会使用以下公式:

$$工期 = 工时/资源投入$$

其中,工期是完成任务所需要的实际时间;工时是为了完成任务而需要在一段时间内完成的工作量;资源投入是指资源的总工作能力被分配给任务的比例以及它们的分配百分比。工期可以利用不同的方式来表达:

分(minute、min、m、分、分钟工时)、时(hour、hr、h、时、工时)、日(day、dy、d、天、工作天、日、工作日)、周(week、wk、w、周、周工时)、月(month、mon、mo、月、月工时)、年(year、yr、y、年工时)。

③ 排定任务日程。利用任务相关性建立任务间的关系。首先选择相关的任务,然后链接它们,如果需要,则可以改变相关的类型。开始和完成时间取决于其他任务的任务称为后

续任务;后续任务所依赖的任务称为前置任务。在前置任务中增加延隔时间实现任务延迟;也可以输入前置重叠时间实现任务重叠;还可以按任务的百分比输入前置重叠或延隔时间。任务相关性的具体说明见表 3-34。

表 3-34 任务相关性说明

任务相关性	图形标示	说　　明
完成-开始(FS)	A⬜→⬜B	任务 B 必须在任务 A 完成后才能开始
开始-开始(SS)	⬜A ⬜B	任务 B 必须在任务 A 开始之后才能开始
完成-完成(FF)	A⬜ B⬜	任务 B 必须在任务 A 完成后才能完成
开始-完成(SF)	⬜A B⬜	任务 B 必须在任务 A 开始之后才能完成

④ 分配资源。资源列表可以由工时资源或材料资源组成。工时资源为人员或设备;材料资源为可消耗的材料或供应品。使用投入比导向进行排定,任务工期会随该任务所分配资源的多少而改变,但完成任务所需的总工时保持不变。如果资源名称为红色并且为粗体,则表示资源为过度分配。

⑤ 输入成本。成本基本上分为两大类:一类是资源成本,另一类是固定成本,二者相加为总成本。资源成本的多少由 Project 累算得出。资源成本是按默认方式来进行分派的。成本累算分布于整个工期中。可以更改成本累算方法,从而使得资源成本在任务开始或结束时生效。固定成本是一种不因任务工期或资源完成工时的变化而变化的成本,例如公司职员的每月固定工资。

⑥ 查看日程。关键路径指一系列必须按时完成的任务,这些任务完成了,才能确保项目的按期完成。在常规项目中的大多数任务都有一些时差,因此可以延迟一些时间而不会影响项目的完成日期。而那些延迟后必然会影响项目完成日期的任务则被称为关键任务。当修改任务来解决过度分配或日程中的其他问题时,请注意关键任务,对关键任务所做的更改会影响项目的完成日期。

⑦ 调整日程。

⑧ 保存计划。在输入了项目的任务、资源和成本信息后,可以保存原始计划的快照,称作比较基准。

(2) 跟踪和管理项目

在管理项目时,需要控制项目的 3 个基本要素:一是时间,它反映在项目的日程中完成项目所需要的时间;二是费用,即项目的预算,它取决于资源的成本,这些资源包括完成任务所需要的人员、设备和材料;三是范围,即项目的目标和任务,以及完成这些目标和任务所需的工时。

其中一个要素变动将会影响其他两个要素,因此一定要随时查看项目的最新状态。可由以下 4 个方面着手:

① 跟踪日程。跟踪实际的开始日期和完成日期是否与拟定的一样,同时查看执行中任务的完成百分比和实际工时。

② 跟踪工时。有助于跟踪资源的绩效和计划未来项目的工作量。

③ 跟踪成本。可跟踪某一阶段的预算是否超出成本,或是了解某些特定资源在某一天的成本支出。跟踪成本对于查看何处需要进行变更有很大帮助。

④ 调配工作量。在检查日程时,最好还能找出工时过多或过少的资源。不要因为人员工作量的不均衡而影响整个工作的进度。

(3) 报告和结束项目

将完成的相关项目文件提交给实验课老师。

5. 思考题

(1) 用 MSProject 如何进行项目的成本管理?

(2) 用 MSProject 如何定义项目的输出结果?

(3) 用 MSProject 如何管理项目的评价体系?

(4) 用 MSProject 如何管理项目结果的质量?

(5) 用 MSProject 如何进行项目的风险管理?

(6) 如何将 MSProject 中对活动的定义与 IDEF0 及 IDEF3 方法中的活动定义相关联?它们各有何特点?如何相互补充?

(7) 除 MSProject 外,在已经学过的系统设计与分析工具中,哪些可为项目管理所用?

6. 实验报告

(1) 说明自选项目的目标、项目相关人及各自的利益、项目应提交的成果及所对应的指标体系。

(2) 通过所绘制的 WBS,描述这一项目的基本情况,如总工期、总预算、总的人力资源需求、关键的时间阶段点等。

(3) 打印项目活动列表(WBS)及对应的计划或进度表。

(4) 心得体会。

3.8   建模与仿真

通过离散事件系统仿真、仿真数据输入输出分析,使学生掌握系统建模的基本方法与过程,深入掌握系统仿真的基本原理和分析方法。

3.8.1 基本仿真模型的建立

1. 实验目的

(1) 学习离散事件系统仿真模型建立的基本方法与过程；
(2) 掌握 Flexsim 或 Arena 等软件的基本建模功能；
(3) 建立简单服务系统和生产系统的运作模型。

2. 实验组织和人数

3 学时，1 人一组。

3. 实验环境

Flexsim 和 Arena 等仿真软件应用于建模、仿真以及实现业务流程可视化。这些仿真软件已经广泛应用于电力、交通运输、通信、化工、核能各个领域。本实验可以使用 Flexsim 或 Arena 等具有离散建模功能的仿真软件。

4. 实验内容

1) 自动取款机(ATM)模型

顾客到达并使用 ATM。顾客到达间隔时间服从平均值为 3.0min 的指数分布。当顾客到达系统后，进行排队，等待使用 ATM。顾客在 ATM 上完成交易平均需要花费 2.4min，交易时间服从指数分布，称为 ATM 的服务时间。建立 ATM 模型，输入运行仿真时间参数为 980h，运行仿真模型。

(1) 每小时能够服务多少顾客？
(2) 顾客在队列中平均等待多长时间？
(3) 顾客在系统中平均等待多长时间？
(4) ATM 的利用率为多少？
(5) 在 ATM 队列中顾客最大和平均等待数量为多少？

要求掌握基本建模元素、到达分布、查看仿真结果，并考察到达间隔时间与服务时间对系统性能的影响，重点掌握对排队队列的处理。

2) 家具工厂模型

家具工厂在收货站台接收圆木，速度为每 10min 一次。然后，圆木被送到劈木机，劈木机将每个圆木切割成 4 小段，切割时间为正态分布(4,1)min。这些小段圆木被送到加工机床，制成饼状圆木，加工时间服从三角形分布(3,6,9)min。接下来饼状圆木被送到油漆室，进行喷漆，喷涂时间服从均值为 5min 的指数分布。最后涂好颜色的饼状圆木被送到仓库。

假设不同加工过程之间原材料搬运需要 1min,建立仿真模型,并运行 10h。

要求重点掌握多场所、多实体的处理,以及流程路线的安排。

5. 实验报告

(1) 用仿真软件对上述服务系统和制造系统进行建模;

(2) 分析仿真结果。

3.8.2　仿真输入分析

1. 实验目的

(1) 掌握对系统仿真随机性输入的分析方法;

(2) 掌握假设分布类型、估计分布参数、进行拟合优度检验的手段;

(3) 掌握仿真软件自动输入分析工具的使用方法。

2. 实验组织和人数

3 学时,1 人一组。

3. 实验环境

Excel 和仿真软件的输入数据分析模块(如 Flexsim 的"ExpertFit"模块,Arena 的"Input Analyzer"模块等)。

4. 实验内容

(1) 利用 Excel 或 Matlab 等数据处理工具对下面的一组轴承直径尺寸数据进行统计分析,给出这组数据的点统计量;绘制直方图与盒型图;假设分布类型;用最大似然估计法计算分布参数;用频度比较和概率图分析拟合的优劣;对拟合的分布函数进行 χ^2 检验和 K-S 检验。

2.31	0.94	1.55	1.10	1.68	−0.16	0.48
1.49	1.20	1.48	0.85	3.21	1.71	4.01
2.10	0.26	1.97	1.09	2.72	1.18	0.28
0.30	1.40	0.59	1.99	2.14	1.59	1.50
0.48	2.12	1.15	2.54	0.70	1.63	1.47
1.71	1.41	0.95	1.55	1.28	0.44	−1.72
0.19	2.73	0.45	0.49	1.23	2.44	−1.62
0.00	1.33	−0.51	1.62	0.06	2.20	1.87

0.66	0.26	2.36	2.40	1.00	2.30	1.74
−1.27	3.11	−0.51	1.62	0.06	2.20	1.87
0.66	0.26	2.36	2.40	1.00	2.30	1.74
−1.27	3.11	1.03	0.59	1.37	1.30	0.78
1.01	0.99	0.24	2.18	2.24	0.22	1.01
−0.54	0.24	2.66	1.14	1.06	1.09	1.63
1.70	1.35	1.00	1.21	1.75	3.27	1.62
2.58	0.60	0.19	1.43	2.21	0.49	0.46
0.56	1.17	2.28	2.02	1.71	1.08	2.08
0.38	1.12	0.01	1.82	1.96	0.77	1.70
0.77	2.79	0.31	1.11	1.69	1.23	2.05
2.29	0.17	−0.12	2.69	1.78	2.26	0.02
1.55	0.44	0.89	1.51	−0.67	1.06	−0.05
0.27	0.78	0.60	1.06	2.29	1.13	1.85
1.62	1.50	0.21	2.04	1.26	1.98	1.50
0.94	0.17	1.90	1.64	1.12	0.89	0.49

（2）自动分析。实验对象数据同上。将数据导入仿真软件的数据分析模块（如 Flexsim 的"ExpertFit"等）；生成直方图，并计算点统计量；自动拟合输入数据，得到分布类型与参数；进行拟合优度检验。对下面一组服务时间数据（时间单位为 s，以升序排列）重复上述过程，拟合随机分布的类型与参数。

1.39	21.47	39.49	58.78	82.10
3.59	22.55	39.99	60.61	83.52
7.11	28.04	41.42	63.38	85.90
8.34	28.97	42.53	65.99	88.04
11.14	29.05	47.08	66.00	88.40
11.97	35.26	51.53	73.55	88.47
13.53	37.65	55.11	73.81	92.63
16.87	38.21	55.75	74.14	93.11
17.63	38.32	55.85	79.79	93.74
19.44	39.17	56.96	81.66	98.82

5. 实验报告

（1）阐述人工进行仿真输入分析的过程与结果；

（2）阐述自动进行仿真输入分析的过程与结果；

（3）讨论上述两种方法各自的优缺点。

3.8.3　服务系统仿真

1. 实验目的

(1) 掌握真实服务系统数据调研和采集的方法;

(2) 掌握服务系统输入输出数据分析、建模、实验设计和系统配置优化的方法。

2. 实验组织和人数

3 学时,2~4 人一组。

3. 实验环境

Flexsim 或 Arena 等仿真软件。

4. 实验内容

选择一个校园内的服务系统或设施进行仿真研究,完成数据采集、输入数据分析、建模、实验设计、系统布置改进或流程再造。选择的系统需具有以下特征:

(1) 顾客随机到达服务系统;

(2) 顾客需要的服务时间、服务类型和商品(食品)数量是随机的;

(3) 顾客之间是互相独立的;

(4) 服务流程简单并易于描述。

5. 实验步骤

(1) 观察所选择的服务系统的运作过程,完成数据统计和分析;

(2) 描述系统的运作过程;

(3) 确定系统的绩效评估(如排队队长、等待时间、满足顾客需求的概率);

(4) 确定实体以及它们的属性、变量、资源,以及系统可能出现排队的地方;

(5) 对于系统的随机输入,确定分布函数的类型和参数,并用统计检验方法进行验证;

(6) 建立系统仿真模型;

(7) 设计实验,确定仿真类型和合理的运行时间,并运行仿真模型,得到仿真输出数据;

(8) 分析仿真输出数据,给出系统的绩效评价;

(9) 分析影响系统能力和绩效水平的瓶颈,提出对系统配置的修改建议,如系统布局重新调整、业务流程再造和增加或减少设施数量,并对系统仿真进行修改;

(10) 重复步骤(7)~(9),直到得到满意和可行的结果。

提示：

（1）简化模型。真实的系统可能非常复杂，规模非常大，你可以选择系统的一部分或者整个系统的特定方面作为仿真研究的目标。对于复杂系统和过程，采取合理的简化和假设，可以使系统规模减小到适当的程度，以便于建模分析。

（2）控制仿真项目的规模。建议每个人在项目上花费的时间不超过 3～4 个工作日。

（3）获得可靠和具有代表性的数据。小组成员应尽最大努力获得足够、可靠并具有代表性的数据。

6. 实验报告

（1）阐述系统的目标、小组成员和任务分工；

（2）描述系统当前的状况；

（3）对系统进行绩效评估；

（4）确定系统随机输入的类型和参数；

（5）搭建系统模型；

（6）设计仿真实验；

（7）对仿真输出数据进行分析；

（8）对系统瓶颈进行分析，阐述对系统配置的改进和流程改造；

（9）项目总结。

4 chapter

人因方向实验

4.1 人体测量

人体测量是通过对人体某些部位的构造尺寸和功能尺寸进行测量，以获得人体外部形态特性和肢体活动范围特性的一种方法。通过测量人体各部位尺寸来确定个体之间和群体之间在人体尺寸上的差别，用以研究人的形态特征，从而为各种工业设计和工程设计提供人体测量数据。

人体测量可分为 3 类：

（1）形态测量，包括人体尺寸、体重等静态尺寸。

（2）生理测量，包括知觉反应、疲劳、肢体体力、生物节律等。

（3）运动测量，包括动作范围、动作特性等。

由于人的形体和尺寸存在着较大的差异，所以如果进行设备设计和工作地设计为人所用时，必须考虑这些差异，考虑人体的各种尺度，使设计满足人员作业、安全和舒适性的要求。因此要求设计者能了解人体测量的基本知识，熟悉有关设计所必需的人体测量基本数据的性质和使用条件。

通过实验，同学们要学会人体测量的基本方法以及测量工具的使用，同时了解人体测量的最新技术，加深对人体尺寸应用的理解。

4.1.1 测量与设计评估

1. 实验目的

（1）巩固人体测量的基本知识；

（2）掌握人体形态测量的基本方法和工具的使用；

（3）掌握测量结果的误差分析方法；

（4）掌握应用人体尺寸进行工作地的设计与评估的方法。

2. 实验学时和人员组织

4 学时,4 人一组。

3. 实验工具

1）直角规

直角规（见图 4-1）主要用来测量两点间的直线距离,特别适宜测量距离较短的不规则部位的宽度或直径。如耳、脸、手、足。

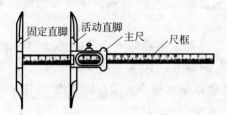

图 4-1　直角规

直角规由固定直脚、活动直脚、主尺和尺框等组成。固定直脚与活动直脚的一端扁平,呈鸭嘴形,主要用于测量活体；另一端尖锐,主要用于测量骨骼。直脚规的主尺范围是 0～200mm,可测量 200mm 范围以内的直线距离。

2）弯角规

弯角规（见图 4-2）用于不能直接以直尺测量的两点间距离的测量,如测量肩宽、胸厚等尺寸。

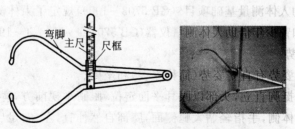

图 4-2　弯角规

弯角规由弯脚、主尺和尺框构成,可用于测量活体和骨骼。弯脚规的主尺范围是 0～45mm,可测量 450mm 范围以内的直线距离。

弯角规的正确执握姿势为一侧的拇指与食指夹住同侧的弯脚,拇指的远侧指节在弯脚端的上方,而拇指的近侧指节和第一掌骨则扣搭在下方。采用此姿势,操作灵活而方便,持握稳固而轻巧。

3）人体测高仪

人体测高仪（见图 4-3）又称为马丁测高仪，主要用来测量身高、坐高、立姿和坐姿的眼高以及伸手向上所及的高度等立姿和坐姿的人体各部位高度尺寸。

图 4-3　人体测高仪

人体测高仪由主尺杆、固定尺座、活动尺座管形尺框、两支直尺和两支弯尺构成。主尺杆由 4 节金属管相互套接而成，测量范围是 0～1 950mm。

当人体测高仪的第一节金属管的固定尺座与活动尺座各插一支直尺时，可作为大型活动直脚规（或称圆杆直角规）使用，可测活体的肩宽、胸宽等，也可测骨骼的股骨体长等。

在活动尺座和固定尺座各插一支弯脚时，人体测高仪可作为大型弯脚规使用，用于测量胸部矢状径等。

4）体重计

体重计是测量体重的器械，有多种，常用的为杠杆秤和轻便型人体秤。

5）卷尺

6）统计分析软件

4. 实验内容

1）人体尺寸测量

《用于技术设计的人体测量基础项目》（GB 5703—1999）规定了人体测量术语和人体测量方法，适用于成年人和青少年借助人体测量仪器（GB 5704.1～5704.4—1985）进行的测量。

（1）测量基本姿势

人体测量的主要姿势有直立姿势（简称立姿）和坐姿。

立姿规定被测者挺胸直立，头部以眼耳平面定位，眼睛平视前方，肩部放松，上肢自然下垂，手伸直，手掌朝向体侧，手指轻贴大腿侧面，膝部自然伸直，左、右足后跟并拢，前端分开，使两足大致呈 45°夹角，体重均匀分布于两足。为确保直立姿势正确，被测者应使足后跟、臀部和后背部与同一铅垂面相接触。

坐姿规定被测者挺胸坐在被调节到腓骨头高度的平面上，头部以眼耳平面定位，眼睛平视前方，左、右大腿大致平行，膝大致弯曲成直角，足平放在地面上，手轻放在大腿上。为确保坐姿正确，被测者的臀部、后背部应同时靠在同一铅垂面上。

无论何种测量姿势，身体都必须保持左右对称。由于呼吸而使测量值有变化的测量项目,应在呼吸平静时进行测量。

（2）测量方法

测量时应在呼气与吸气的中间进行。其次序为从头向下到脚;从身体的前面,经过侧面,再到后面。测量时只许轻触测点,不可紧压皮肤,以免影响测量的准确性。某些长度的测量,既可用直接测量法,也可用间接测量法——两种尺寸相加减。

要求被测者裸体或穿着尽量少的内衣,且免冠赤脚。测量值的读数精度要求线性项目为±1mm,体重为±0.5kg。

（3）测量项目

① 身高(stature(body height)):从地面到头最高点(头顶点)的垂直距离,如图 4-4 所示。被测者取立姿,测量者站在被测者的右侧,将人体测高仪垂直放置在被测者后方站立平面上并使活动滑尺下沿轻触被测者头顶点,测量头顶点至地面的垂距。测量仪器为人体测高仪。

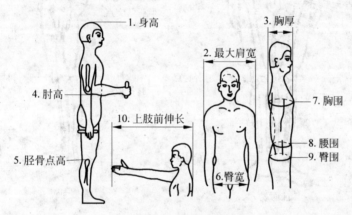

图 4-4 立姿测量项目

② 最大肩宽(maximum shoulder breadth):左、右上臂三角肌部位上最向外侧突出点之间的横向水平直线距离,如图 4-4 所示。被测者取立姿或坐姿,测量者站在被测者的正前方,手持圆杆直脚规,测量左、右上臂三角肌部位上最向外侧突出点之间的横向水平直线距离。测量仪器为圆杆直脚规或带弯臂的圆杆直脚规。

③ 胸厚(chest depth,standing):在乳头点高度上,躯干前、后最突出部位间平行于矢状面的水平直线距离,如图 4-4 所示。被测者取立姿或坐姿,女子戴普通胸罩,双臂自然下垂,测量者站在被测者的右侧,手持圆杆直脚规,在乳头点高度上测量躯干前、后最突出部位间平行于矢状面的水平直线距离。测量仪器为带弯臂的圆杆直脚规。

④ 肘高(elbow height):从地面到弯曲肘部的最下点的垂直距离,如图 4-4 所示。被测者取立姿,上臂自然下垂,前臂水平抬起,与上臂弯曲呈直角,手掌朝向内侧,测量者站在被测者右侧,手持人体测高仪,躬身或下蹲测量从肘点至地面的垂距。测量仪器为人体测高仪。

⑤ 胫骨点高(tibial height):从胫骨点至地面的垂距,如图 4-4 和图 4-5 所示。被测者

取立姿,足跟并拢,身体完全挺直站立,测量者站在被测者右前方,手持人体测高仪,下蹲测量从胫骨点至地面的垂距。测量仪器为人体测高仪。

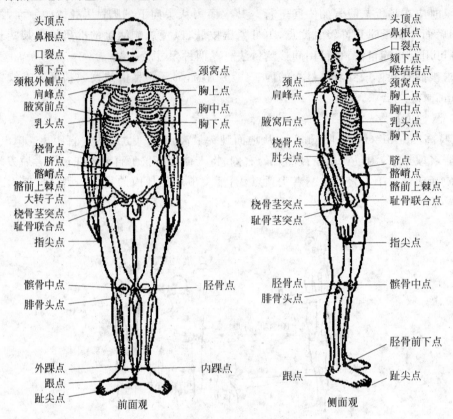

左侧标注(前面观):
头顶点
鼻根点
口裂点
颏下点
颈根外侧点
肩峰点
腋窝前点
乳头点
桡骨点
脐点
髂嵴点
髂前上棘点
大转子点
桡骨茎突点
耻骨联合点
指尖点
髌骨中点
腓骨头点
外踝点
跟点
趾尖点

右侧标注(前面观):
颈窝点
胸上点
胸中点
胸下点
胫骨点

前面观

左侧标注(侧面观):
颈点
肩峰点
腋窝后点
桡骨点
肘尖点
桡骨茎突点
耻骨茎突点
胫骨点
腓骨头点
跟点

右侧标注(侧面观):
头顶点
鼻根点
口裂点
颏下点
喉结结点
颈窝点
胸上点
胸中点
乳头点
胸下点
脐点
髂嵴点
髂前上棘点
耻骨联合点
指尖点
髌骨中点
胫骨前下点
趾尖点

侧面观

图 4-5 体部测点

⑥ **臀宽**(hip breadth,standing):臀部两侧的最大横向水平直线距离,如图 4-4 所示。被测者取立姿,测量者站在被测者的正后方,手持圆杆直角规,测量臀部两侧的最大横向水平距离,测量时不能压迫臀部肌肤。测量仪器为圆杆直脚规。

⑦ **胸围**(chest circumference):在乳头水平测量的胸部围长,如图 4-4 所示。被测者取立姿,自然呼吸,两手臂自然下垂,女子戴普通胸罩,测量者站在被测者的正前方,手持软卷尺,测量经乳头点的胸部水平围长。测量仪器为卷尺。

⑧ **腰围**(waist circumference):经脐点的腰部水平围长,如图 4-4 和图 4-5 所示。被测者取立姿,测量者站在被测者的正前方,手持软卷尺,测量经脐点的腰部水平围长。测量仪器为卷尺。

⑨ **臀围**(hip circumference):经左、右臀峰点的臀部水平围长,如图 4-4 所示。被测者取立姿,测量者站在被测者的右侧,手持软卷尺,测量经左、右臀峰点的臀部水平围长。测量仪器为卷尺。

⑩ 上肢前伸长(armreach from back)：上肢向前方自然地水平伸展时,从背部后缘至中指指尖点的水平直线距离。被测者挺直站立或挺直坐,肩胛部和臀部紧靠一垂直面,一只手臂水平前伸。测量仪器为人体测高仪。

⑪ 体重(body mass(weight))：人体总重量。被测者站立在体重计上。测量仪器为体重计。

⑫ 坐高(sitting height)：从头顶点至水平坐面的垂距,如图 4-6 所示。被测者取坐姿,测量者站在被测者的右侧,将人体测高仪放置在被测者的正后方,测量从头顶点至椅面的垂距。测量仪器为人体测高仪。

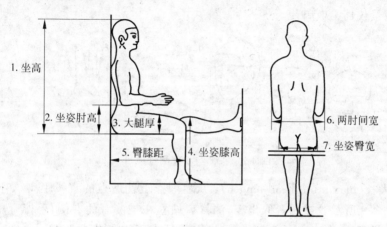

1. 坐高　2. 坐姿肘高　3. 大腿厚　4. 坐姿膝高　5. 臀膝距　6. 两肘间宽　7. 坐姿臀宽

图 4-6　坐姿测量项目

⑬ 坐姿肘高(elbow height,sitting)：从水平坐面到与前臂水平屈肘的最下点的垂直距离,如图 4-6 所示。被测者躯干挺直,且大腿完全由坐面支撑着,小腿自然下垂,上臂自然下垂,前臂呈水平。测量仪器为人体测高仪。

⑭ 坐姿大腿厚(thigh clearance)：从大腿上表面最高点至坐面的垂距,如图 4-6 所示。被测者取坐姿,膝部弯成直角,测量者蹲立在被测者的右前方,手持人体测高仪,测量大腿上表面最高点至椅面的垂距。测量仪器为人体测高仪。

⑮ 坐姿膝高(knee height)：从髌骨上缘的最高点至地面的垂距,如图 4-6 所示。被测者取坐姿,测量者蹲立在被测者的右前方,手持人体测高仪,测量从髌骨上缘的最高点至地面的垂距。测量仪器为人体测高仪。

⑯ 臀膝距(buttock-knee length)：从臀部后缘至髌骨前缘的水平直线距离,如图 4-6 所示。被测者取坐姿,腿部在矢状面内屈膝 90°,测量者蹲立在被测者的右侧,手持圆杆直角规,测量从臀部后缘至膑骨前缘的水平直线距离。测量仪器为圆杆直脚规。

⑰ 坐姿两肘间宽(elbow-to-elbow breadth)：两肘部外侧面之间的最大横向水平直线距离,如图 4-6 所示。被测者取坐姿,上臂自然下垂,前臂水平前伸,曲肘 90°,手掌朝向内侧;测量者蹲立在被测者的正后方,手持圆杆直脚规,测量两肘部外侧面之间的最大横向水平直线距离。测量仪器为圆杆直脚规。

⑱ 坐姿臀宽(hip breadth)：臀部左、右向外最突出部位间的横向水平直线距离，如图 4-6 所示。被测者取坐姿，两膝盖并拢，测量者蹲立在被测者的正后方，手持圆杆直脚规，测量臀部两侧最宽部位的宽度，测量时不能压迫臀部肌肤。测量仪器为圆杆直脚规。

⑲ 头最大宽(maximum head breath)：左、右颅侧点之间的直线距离，如图 4-7 所示。测量方法如图 4-8 所示。被测者取坐姿，测量者站在被测者的正后方，手持弯角规，将弯角规的两脚轻巧接触于头侧壁，然后上下前后移动弯角规，测得的最大数值即为头最大宽。此时，弯角规两脚圆端所接触的两点为头侧点。注意：左、右侧头侧点应在同一水平面和同一冠状面上。测量仪器为弯脚规。

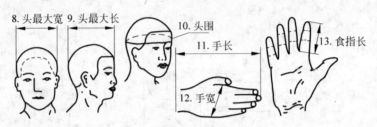

图 4-7　头部与手部测量项目

⑳ 头最大长(maximum head length)：从眉间点至枕后点的直线距离，如图 4-7 所示。测量方法如图 4-9 所示。被测者取坐姿，测量者站立在被测者的右侧，手持弯角规，将弯角规固定脚的一端置于眉间点，活动脚置于枕部，然后在正中矢状面上上下移动，测得的最大数值即为头最大长。测量仪器为弯脚规。

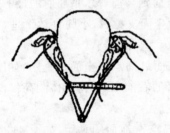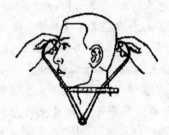

图 4-8　头最大宽的测量　　　　　图 4-9　头最大长的测量

㉑ 头围(head circumference)：由眉间点绕过枕后点的最大水平周长，如图 4-7 所示。软尺放在眉间点经枕后点绕头一周，测量时头发包含在内。测量仪器为软尺。

㉒ 手长(hand length)：从桡骨茎突和尺骨茎突之间的掌面连线到中指指尖点的垂直距离，如图 4-5 和图 4-7 所示。被测者前臂水平前伸，手伸直，四指并拢，掌心向上。两个茎突连线的测点大致在腕部皮肤皱纹的中间。测量仪器为直脚规。

㉓ 手宽(hand breadth at metacarpals)：在第Ⅱ到第Ⅴ掌骨头水平处，掌面桡尺两侧间的投影距离，如图 4-7 所示。被测者前臂水平前伸，手伸直，四指并拢，掌心朝上。测量仪器为直脚规。

㉔ 食指长(index finger length)：从第Ⅱ指的指尖到该指近位掌面的指皱褶之间的距离，如图 4-7 所示。被测者取自然坐姿，右手向前平伸，掌心朝上，测量者面对被测者而坐，手持直角规，测量从食指指尖点至掌指关节的近位弯曲肤纹的直线距离。测量仪器为直脚规。

将被测量者的基本信息和人体尺寸填入表 4-1～表 4-3。

表 4-1 被测者基本信息统计

序号	学号	性别	年龄	出生年月日	民族	籍贯	居住地	城市/农村
1								

表 4-2 人体立姿测量数据

序号	学　号			
1	身高			
2	最大肩宽			
3	胸厚			
4	肘高			
5	胫骨点高			
6	臀宽			
7	胸围			
8	腰围			
9	臀围			
10	上肢前伸长			
11	体重			

表 4-3 人体坐姿测量数据

序号	学　号			
1	坐高			
2	坐姿肘高			
3	坐姿大腿厚			
4	坐姿膝高			
5	臀膝距			
6	坐姿两轴间宽			
7	坐姿臀宽			
8	头最大宽			
9	头最大长			
10	头围			
11	手长			
12	手宽			
13	食指长			

2）测量误差分析

由于理论的局限性、环境的不稳定性、实验仪器灵敏度和精度的局限，以及人的实验技能和判断能力的不同，使得测量值与真实值之间存在一些差异。这种偏差称为测量值的误差。产生误差的原因很多，从性质上可以分为系统误差、随机误差和过失误差3类。它们对测量结果的影响不同，处理这些误差的方法也不相同。

（1）系统误差

系统误差是指在同一条件下，对同一物理量进行多次测量时，误差的绝对值和符号保持不变；当实验条件变化时，误差绝对值和方向按一定的规律变化。系统误差产生的原因包括仪器的不完善、实验方法的不完善、实验条件的不满足，或是实验者的缺乏经验和错误习惯。要消除这些误差，需要尽可能控制好条件，对仪器进行校正，对实验者进行充分的培训以纠正不正确的习惯。

（2）随机误差

随机误差的特点是随机性，即使在很好地控制了系统误差的条件下，对同一物理量进行多次测量，测量值也会出现一些随机的起伏。它由一些随机因素引起，若测量次数很多，可以发现其满足一定的统计规律，可以用概率论来进行估算。

（3）过失误差

这主要是指测量中出现的错误，比如读数错误、记录错误等。这些都不是正常的测量，要尽量避免。应当在实验中端正态度，严格遵守实验程序。在多次测量中，可以将测量结果进行相互对照，或者剔除实验测量值中的异常值。

人体尺寸测量的可信度在很大程度上与测量者的测量手法与技术熟练程度有关。练习测量，可以使测量准确、不确定度小，即提高测量的精确度。还要了解测量不确定度的含义。此处以测量人体某一尺寸为例，讨论测量误差。此部分内容可借助统计分析软件来进行计算分析。

均值：

$$\bar{x} = \frac{\sum\limits_{i-1}^{n} X_i}{n} \tag{4-1}$$

不确定度：

$$\Delta_x = \Delta_A = \frac{S_x}{\sqrt{n}} = \sqrt{\frac{\sum\limits_{i-1}^{n} (x_i - \bar{x})^2}{n(n-1)}} \tag{4-2}$$

式中，S_x 表示样本的标准偏差。

测量结果表示：

$$x = \bar{x} \pm \Delta_x \tag{4-3}$$

注：需标明置信概率，如 $P = 68.3\%$。置信概率为 68.3% 表示真值落在该范围内的概

率为 68.3%。

测量小组内每个成员对某一人的人体同一尺寸测量多次,填入表 4-4 中,并求每个人的测量结果。将组间的数据进行对比,了解由人员产生的误差。使用单因素方差分析方法来检验不同实验者的测量是否有显著差异。使用 SPSS 软件进行分析的步骤见附录。如果测量误差比较大,则应当分析原因,重新测量,以减少测量误差。

表 4-4　单一尺寸测量表

测量次数 n	1	2	3	4	5	测量结果
成员 1 测量值						
成员 2 测量值						
成员 3 测量值						
成员 4 测量值						

3) 设计实例评估

以学校内某处教室的课桌椅为评估对象,测量课桌椅的尺寸,根据我国 1989 年实施的 GB 10000—1988《中国成年人人体尺寸》,评估课桌椅的设计合理性、舒适性、实用性等。

可以考虑以下几个方面:

(1) 人体尺寸与桌椅设计样式的联系是否适宜于就坐者?

(2) 是否适于就坐者保持不同姿势的需要和调节坐姿的需要?

(3) 靠背的结构和形状是否能减少就坐者背部和脊柱疲劳?

(4) 是否配有适当质地的坐垫以改善臀部及背部的体压分布?

(5) 桌面的高度是否与座椅相配合? 就坐是否有不舒适感?

《中国成年人人体尺寸》中的值为裸体测量的结果,在产品或工程设计时,需要做一定的修正,才能成为有实用价值的功能尺寸。

5. 实验报告

(1) 明确组内分工。

(2) 基于年级的人体测量数据,计算人体测量数据各项指标的平均值,标准差,第 5,50 和 95 百分位值,分析和比较与《中国成年人人体尺寸》中相同尺寸指标的差异和变化。

(3) 分析单个尺寸的测量误差,进行测量改进。

(4) 结合《中国成年人人体尺寸》对教室课桌椅进行评估。需要附上教室课桌椅的三维尺寸图纸及照片,并提出课桌椅的不足及改进意见。如以年级的人体测量数据为依据,如何设计该教室的课桌椅(即适于本年级人群使用的书写输入工作地)?

(5) 实验收获与体会。

6. 附录

1) 单因素方差分析方法及操作步骤

首先,简单解释单因素方差分析方法的基本原理。完整解释请参看实验设计的相关资料。

单人重复测量的过程中,多次测量会存在一个组内测量(within group)的方差 SS_E,该方差由测量值与该实验者测量的均值估计得到。而不同的实验者,测量值存在组间方差 $SS_{Treatments}$,由不同实验者测量的均值与所有实验者测量的均值估计得到。总体方差 SS_T 由组内与组间的方差加和得到。组间方差占总体方差比例越小,即组间方差与组内方差的比值越小,说明组与组之间的差异越小,也就是不同实验者的测量值差异越小。令

$$F_0 = \frac{SS_{Treatment}/(a-1)}{SS_E/(N-a)} \tag{4-4}$$

式中,a 为实验中的成员人数;N 为所有成员总共测量的次数。当 $F_0 > F_{a,a-1,N-a}$ 时,就可以拒绝成员之间测量值没有差异的原假设 H_0。

在实验中,使用 SPSS 统计软件进行检验。无需手工计算。具体步骤如下:

(1) 打开 SPSS 统计软件,选择"Type in data"选项,如图 4-10 所示界面 1。

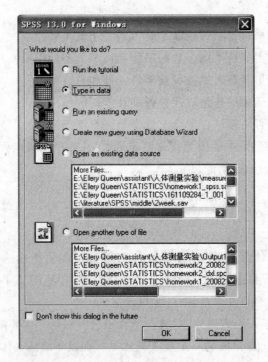

图 4-10　界面 1

（2）单击左下角的"Variable view"标签，出现图 4-11 所示界面 2。添加两个变量："Measurement"和"GroupmemberID"，分别表示测量值和测量者编号。然后根据需要调整小数点后位数（Decimals），如图 4-12 所示界面 3。（选项可以根据实际情况进行调整）

图 4-11　界面 2

图 4-12　界面 3

（3）单击右下角的"Data view"标签，出现图 4-13 所示界面 4。这时就可以准备输入数据了。例如，3 人一组测量同一尺寸，每人重复测量 6 次，测量值如表 4-5 所示。

图 4-13　界面 4

表 4-5　测量数据示例

cm

测量次数 n	1	2	3	4	5	6
成员 1 测量值	10.80	10.70	10.75	10.20	10.65	10.10
成员 2 测量值	10.00	10.25	10.10	9.90	9.80	9.50
成员 3 测量值	8.50	9.60	9.95	10.30	10.50	8.80

将测量数据按行输入，并标记测量数据的测量者编号，如图 4-14 所示界面 5。

（4）使用 Analyze→Compare Means→One-Way ANOVA，进行单因素方差分析，如图 4-15 所示界面 6。将"Measurement"选入"Dependent List"，"GroupmemberID"选入

"Factor"栏（即不同的实验者是影响因素），如图 4-16 所示界面 7。然后单击"OK"按钮。得到分析结果，见图 4-17。由于显著性水平 0.023 < 0.05（设置的检验水平），所以拒绝无差异的原假设，说明不同实验者的测量值差异显著。这表明人的测量误差比较大，应当分析原因，重新测量。

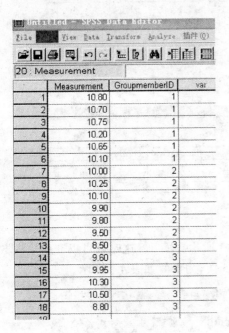

图 4-14　界面 5

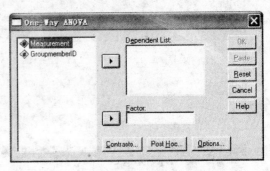

图 4-15　界面 6

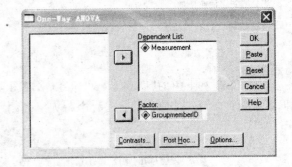

图 4-16　界面 7

ANOVA

Measurement

	Sum of Squares	df	Mean Square	F	Sig.
Between Groups	2.652	2	1.326	4.888	0.023
Within Groups Total	4.069	15	0.271		
	6.721	17			

图 4-17　测量结果

2）人体尺寸修正量及功能尺寸的设定

（1）人体尺寸修正量

人体尺寸修正量有功能修正量和心理修正量两种：

功能修正量是为了保证实现产品或工程的某项功能，而对作为设计依据的人体尺寸百分位数所做的尺寸修正量。功能修正量可分为静态功能修正量和动态功能修正量。其中，动态功能修正量与作业不直接相关,通常指人的必要的活动间隙和活动空间。如工作台要留出膝和脚的活动空间,腿与工作台下边缘之间至少应留出20～30mm的自由空间。

对于着装和穿鞋修正量参照表 4-6 的数据确定。相对人体测量,人体一般处于比较舒适的放松态,对姿态修正量的常用数据是:立姿时的身高、眼高等减 10mm;坐姿时的坐高、眼高等减 44mm。

表 4-6　正常人着装身材修正值　　　　　　　　　　　　mm

人体尺寸	尺寸修正量	修正原因	人体尺寸	尺寸修正量	修正原因
立姿高	25～38	鞋高	两肘间宽	20	
坐姿高	3	裤厚	肩-肘	8	手臂弯曲时,肩肘部衣物压紧
立姿眼高	36	鞋高	臂-手	5	
坐姿眼高	3	裤厚	Akunbo 叉腰	8	
肩宽	13	衣	大腿厚	13	
胸宽	8	衣	膝宽	8	
胸厚	18	衣	膝高	33	
腹厚	23	衣	臀-膝	5	
立姿臀宽	13	衣	足宽	13～20	
坐姿臀宽	13	衣	足长	30～38	
肩高	10	衣(包括坐高 3 及肩 7)	足后跟	25～38	

心理修正量是为了消除空间压抑感、约束感、恐惧感或为了追求美观等心理需要而做的尺寸修正量。

(2) 功能尺寸的设定

功能尺寸的确定,既需保证产品性能,又需考虑对人的适应性。从人因学出发,在确定产品或工程的功能尺寸时,需考虑到人体尺寸百分位数,并加上必要的修正量。

功能尺寸可分为两类:最小功能尺寸及最佳功能尺寸。

最小功能尺寸是为了保证实现产品或工程的某项功能,在设计时所确定的最小尺寸。其计算公式为

$$最小功能尺寸 = 人体尺寸百分位数 + 功能修正量 \qquad (4\text{-}5)$$

最佳功能尺寸是为了方便、舒适地实现产品或工程的某项功能,而在设计时所确定的尺寸。其计算公式为

$$最佳功能尺寸 = 人体尺寸百分位数 + 功能修正量 + 心理修正量 \qquad (4\text{-}6)$$

4.1.2　三维人体测量

1. 实验目的

(1) 巩固人体测量的基本知识,了解人体测量的最新技术;

(2) 学习使用三维激光扫描仪 FastSCAN Cobra™,掌握其操作要点和环境要求;

(3) 学习使用三维扫描进行传统人体尺寸统计测量的方法;

(4) 学习使用三维扫描进行三维人体统计建模的方法。

2. 实验学时和人员组织

3 学时,4 人一组。

3. 实验工具

(1) 三维激光扫描仪 FastSCAN Cobra™ 及其辅助设施,如图 4-17 所示。FastSCAN Cobra™ 可用于扫描不透明非金属物理的表面。该设备使用方便,通过手持方式,采用如喷漆一样的方式,手握扫描仪的把柄,对整个物体的表面进行平稳移动扫描。扫描仪通过投射一束激光到物体上,来实时采集三维物体表面的轮廓截面数据。扫描目标物体的三维图像实时呈现在计算机屏幕上。对于扫描的数据,可以自动进行重叠处理和冗余点的去除,并且能够输出各种标准的图形格式文件,以便扫描数据应用装载入各种各样的主流 3D 建模技术、图形和 CAD 程序中。

(2) 计算机及相应软件。

4. FastSCAN Cobra™ 的工作原理及其使用方法

1) FastSCAN Cobra™ 的工作原理

FastSCAN Cobra™ 的主要组成部分是:移动测量头(含激光光源、摄像头和空间跟踪器)、触笔、中央处理单元、磁场发射器和其他周边设备,如图 4-18 和图 4-19 所示。

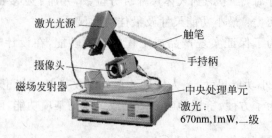

图 4-18　FastSCAN Cobra™ 外形

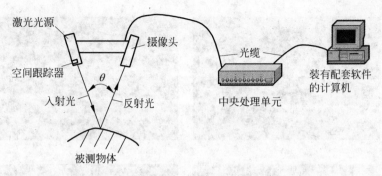

图 4-19 FastSCAN Cobra™激光扫描仪的原理

激光源产生的激光传播到被测物体表面,反射回来之后被摄像头接收。摄像镜头的尺寸会影响所接收的光的多少。扫描头和物体之间距离的改变会影响光线接受的量和效果。测量时整个系统处在磁场发射器引起的磁场中。摄像头传感器得到的信号传递到中央处理单元,并在那里被转化为空间点的坐标值。通过配套的软件可以在计算机屏幕上实时地显示被测物体的形状。出厂时激光光源和摄像头都装在移动测量头上,且之间的夹角 θ 是确定的。

移动测量头上装有一个空间跟踪器,据磁场强度的不同可以获得测量头的空间位置。当从实时显示的图像中发现阴影区域时,实验者可以调整扫描头的位置和方向补充扫描,直到获取所需的信息为止。利用空间跟踪器多次扫描的信息可以组合在一起,因此可以经过多次扫描得到尽可能完整的物体表面的信息。

2) FastSCAN Cobra™的使用方法

该扫描仪的使用方法如图 4-20 所示。

5. 实验内容

(1) 学习测量环境的布置与控制和安全保护;

(2) 学习三维激光扫描仪的使用方法,掌握操作要点;

(3) 进行人手/人脸数据扫描和标志点拾取;

(4) 计算相关标准所要求的各人手尺寸参数,并计算统计结果;

(5) 了解三维人体统计建模的方法。

6. 测量方法

1) 测量环境

由于 FastSCAN Cobra™是利用光学扫描和磁场跟踪来进行测量的,因此对于环境的要求比较高。其中最重要的是避免室外的直射光线和确保测量区域周围 1m 内无任何金属。因此实验室的布置应采用深颜色的窗帘和黑色的桌布,计算机、处理器等含有金属的部

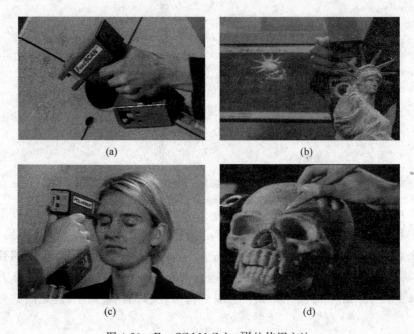

（a）　　　　　　　　　　　（b）

（c）　　　　　　　　　　　（d）

图 4-20　FastSCAN Cobra™ 的使用方法

（a）手持式扫描；（b）扫描和实时显示过程；（c）人脸的扫描（因二级激光对眼睛有害，故需要闭上眼睛）；（d）使用触笔测量测点

分要远离测量区域，同时所有的实验装置和桌椅都采用木制的，并利用木销、塑料钉和对接的方式组装而不使用任何一种金属连接件。

2）测量步骤

（1）实验前，阅读仪器手册和软件说明书。现场熟悉仪器，注意使用注意事项和安全事项，掌握操作要点。

（2）为了避免造成伤害，实验过程中仪器操作者和被测量者都要戴上激光防护眼镜！！

（3）记录被测量者的身高和体重。

（4）每次测量前，需擦净玻璃，被试洗净双手并擦上白色爽身粉以增强反光。

（5）被测量者采用坐姿，按照图 4-21 所示姿势将手张开靠在玻璃上。

（6）测量方法如图 4-21 所示，不透过玻璃尽可能多地扫描手背一侧的数据，透过玻璃以 3 个倾斜角来扫描手掌一侧的数据，使用触笔产生关于位置和方向的标记。计算机显示器上将实时显示扫描的手部图像及相关的标记点的位置和方向信息。

（7）保存好扫描测量数据。

7. 实验报告

（1）根据手部扫描测量数据，完成手部各项数据分析和统计。

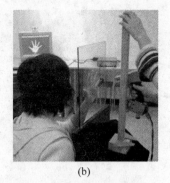

(a)　　　　　　　　　　(b)　　　　　　　　　　(c)

图 4-21　手三维扫描主要步骤

(a) 不透光玻璃扫描；(b) 透光玻璃扫描；(c) 测点的测量

（2）分析和比较与 GB 10000—1988《中国成年人人体尺寸》中相同尺寸指标的差异和变化。

（3）讨论用三维扫描测量手部与用直角规测量手部两种方法的特点及差异性。

（4）总结实验中遇到的问题和相应的解决方法。

（5）实验体会。

4.2　环境照明测量与评价

作业环境的采光与照明的合理性对生产效率、产品质量、安全及劳动卫生都有直接影响。

照度是照明设计的数量指标，表明被照面上光的强弱，以被照场所光通的面积密度来表示。照度过高、过低，照度值急剧变化，都会导致产品质量不良、设备损伤及人为失误等直接事故。如果工作环境照度不均匀，作业者的眼睛从一个表面移到另一个表面时会产生适应过程。在适应过程中，不仅使人感到不舒适，而且人眼的视觉能力还要降低。如果经常交替适应，必然导致视觉疲劳，工作效率降低。为此，被照空间的照度应均匀或比较均匀。衡量照度均匀的标志是场内最大、最小照度分别与平均照度之差小于等于平均照度的 1/3。

因此，为了合理地设计和改善环境照明，需要了解环境照明测量的手段以及评价的方法。

1. 实验目的

（1）学习光电照度计的工作原理及其使用方法；

（2）学习照度测量规范，掌握照明条件的测量方法；

（3）掌握环境照明评价指标及评价方法。

2. 实验学时和人员组织

3 学时, 4 人一组。

3. 实验设备

光电照度计、卷尺等。

4. 光电照度计的工作原理及其使用方法

1) 光电照度计简介

照度计又叫亮度计、光度计, 是测量光线强度的测量仪器。

光电照度计是一种物理光学仪器, 具有灵敏度高、精度高、稳定度高和线性度高, 以及量程宽、漂移低、功耗低、温度系数低、再现性好、响应迅速等多种优点, 还具有体积小、携带方便、通用性强等特点。

2) 工作原理

光电照度计是直读式测量仪表, 由光探头、测量仪表两大部分组成, 如图 4-22 所示。

光探头采用高稳定度的硅光电池光敏元件和光学滤波器组成。它将入射光转换成与其强度成正比的光电流, 再经测量仪表中的集成运算放大器等组成的 I/V 变换器, 将微弱的光电流放大后, 转换成与其正比的电压信号, 推动表头指针指示照度值。

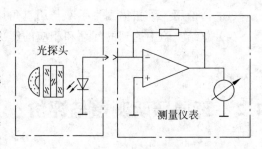

图 4-22　光电照度计原理

3) 使用方法

打开光探头的遮光罩即可测量光照度值, 并直接读数。若量程不合适时, 需要调整。为了防止读数误差, 每一个测点可用手遮挡光探头数次, 取其平均值。测量结束后, 应先将光探头的遮光罩盖好, 将电源开关扳到"OFF"位置。

5. 实验内容

1) 等照度测量

(1) 测点和测高的选择

测点既可任选, 也可规定。测高通常以工作台面高度为准。但测点不可选在自身的背影处, 也不可选在光源直射处, 以免引入测量误差。

为避免误差, 测点需达到一定密度。对尚未布置好工作面的一般照明房间, 可将地面划分成若干个 1m 见方的格子, 每个格子的中心位置为测点, 所有测点照度读数的算数平均值即为平均照度值; 对已布置好的工作场所的一般照明房间, 全部工作面(测点)照度值的算数平均值即为平均照度值;对局部的一般照明房间,在工作区和非工作区,按上述方法分别测量照度值,取其平均值即为平均照度值。

(2) 等照度测量

为了使测量数据具有说服力,测量时要记录天气情况和时间,安排也要集中、连续完成。

进行等照度测量时,布点要有一定的密度,否则连点困难。照度计的受光器面向上,连续移动,选择其照度相等的点,记下各点坐标,然后作等照度曲线。

作业场所的采光与照明主要分为两类:一类是采用人工照明;另一类是利用自然界的天然光源,即自然采光。当进行自然光等照度测量时,必须关闭所有的人工光源;当测定自然光附加人工照明时,必须投入人工照明光源;当仅测定人工照明时,又必须严密遮挡自然光的射入。

等照度曲线坐标,既可采用两边直角,也可采用四边直角,刻度均以 m 为宜,以均匀光滑曲线连接等照度点。

2) 计算照明均匀度

原始记录可采用表格法,如表 4-7 所示。分别记录自然采光、人工照明及自然采光和人工照明结合情况下的各照度值,然后计算房间内的照度均匀度。

表 4-7 测量数据

测 量 点 数	1	2	3	4	5	…
自然采光						
自然采光＋人工照明						
人工照明						

数据整理也可采用表格法,如表 4-8 所示。其中,E_{max} 表示最高照度值,E_{min} 表示最低照度值,$\overline{E}$ 表示平均照度值。

表 4-8 数据整理

光 照 方 式	E_{max}	E_{min}	$\overline{E}$	A_u
自然采光				
自然采光＋人工照明				
人工照明				

照明均匀度公式如下:

$$A_u = \frac{E_{max} - \overline{E}}{\overline{E}} \leqslant 1/3 \tag{4-7}$$

同时满足

$$A_u = \frac{\overline{E} - E_{min}}{\overline{E}} \leqslant 1/3 \tag{4-8}$$

6. 实验报告

(1) 整理实验各测点数据,绘制等照度曲线,并且计算照度均匀度。

(2) 参照有关标准,对所测量场所的照明环境进行评价,分析影响因素,并提出改进建议。

(3) 实验体会。

4.3　环境噪声测量与评价

通常情况下,将环境中起干扰作用、吵闹或不需要的声音称为噪声。噪声会使人们心情烦躁,工作容易疲劳,反应迟钝,注意力分散,直接影响工作效率、质量和安全。

因此,为了降低噪声对人的伤害,需要了解环境噪声的测量与评价,并提出改善建议。

1. 实验目的

(1) 学习声级计的使用方法;

(2) 学习测量噪声规范,掌握噪声测量方法。

2. 实验学时和人员组织

3 学时,4 人一组。

3. 实验设备

声级计、秒表、卷尺、微风仪、温度计。

4. 声级计简介

声级计,又叫噪声计,是一种按照一定的频率计权和时间计权测量声音的声压级或声级的仪器。声级计可以用于环境噪声、机器噪声、车辆噪声以及其他各种噪声的测量,也可用于电声学、建筑声学等测量。

声级计的工作原理如图 4-23(a)所示,主要由电容传声器、输入级、输入衰减器、输入放大器、计权网络、输出衰减器、输出放大器、检波电路和电表等环节组成,其外形如图 4-23(b)所示。

5. 实验内容

(1) 学习噪声测量仪的使用方法;

(2) 进行噪声测量并进行频谱分析;

(3) 绘制频谱分析曲线;

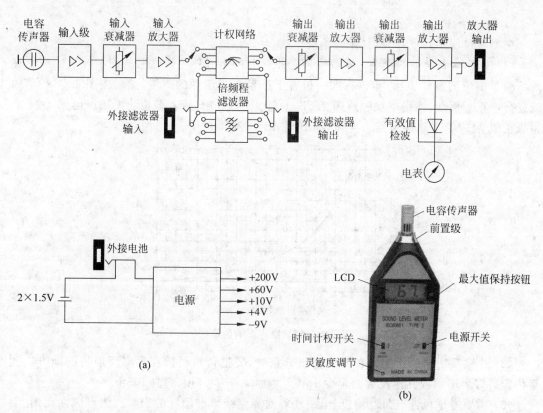

图 4-23　声级计

（a）工作原理；（b）外形

（4）对所测噪声进行评价，并提出改进措施。

6. 测量方法

1）声级计的一般使用方法

声级计使用正确与否，直接影响到测量结果的准确性。在使用前应先阅读说明书，了解仪器的使用方法与注意事项。

一般需要注意的事项有：

（1）传声器切勿拆卸，防止摔摔，不用时放置妥当。

（2）安装电池或外接电源注意极性，切勿反接。长期不用应取下电池，以免漏液损坏仪器。

（3）仪器应避免放置于高温、潮湿、有污水、灰尘及含盐酸、碱成分高的空气或化学气体的地方。

为保证测量的准确性，使用前及使用后要进行校准。将声级校准器配合在传声器上，开启校准电源，读取数值，调节声级计灵敏度电位器，完成校准。

2) 测量条件

在测量过程中,要考虑测量条件不受干扰。

(1) 排除本底噪声的影响。本底噪声是指被测的声源停止发生后的周围环境噪声。在现场测量前应测量环境噪声,再在同一位置上测量总噪声源的声级,然后按图 4-24 所示曲线进行修正。例如,测得本底噪声为 76dB,总噪声为 83dB,两者差值为 7dB。由图 4-24 查得修正值为 1dB,于是测量结果应为 83dB－1dB＝82dB。

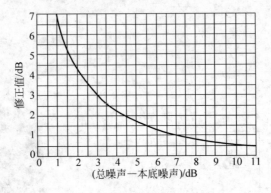

图 4-24　背景噪声影响的修正

(2) 排除反射声的影响。在噪声测量选点时,要把传声器放在远离反声物的地方。测量位置最好离墙面或其他反射面至少 1m,离地面 1.2～1.5m,离窗 1.5m。

(3) 需要考虑风速、温度、湿度、电磁场等对测量结果准确性的影响。测量应在无雨、无雪的天气条件下进行,风速为 5.5m/s 以上停止测量。微风测量时应给传声器加风罩。

3) 测点选择

(1) 测量车间噪声对操作人员的影响时,应以耳朵的位置为依据选择测点,测量时操作人员需离开。当车间各处声级差别小于 3dB(A)时,只需在车间内选择 1～2 个测点;若差别大于 3dB(A),则需按声级大小将车间划分成若干个区域。划分的原则是小于 3dB(A),每个区域选择测点 1～3 个。

(2) 测量机器的噪声和频谱时,测点与机器的位置、尺寸有关,如表 4-9 所示。测点高度以机器的平均高度为准,但最低不小于 0.5m。

表 4-9　测点与机器的关系　　　　　　　　　　　　　　　mm

机器尺寸	300	500	1 000	10 000
测点与机器的距离	300	500	1 000	1 500

(3) 测量工厂环境噪声时,测点高度以传声器距地面高 1.2～1.5m 选择数点测量。

7. 数据记录与整理

现场测量结束后,为了对噪声数据进行分析和比较,应将记录的数据整理制表。表格应记录以下内容：

（1）所用测量仪器的名称和型号；

（2）被测机器的参数，如型号、功率等；

（3）测试环境、房间大小、室内吸声情况和周围机器大体分布情况；

（4）测点位置；

（5）环境噪声及频谱分析；

（6）测量时的气象条件如风速、温度、湿度、气压等情况。

8. 实验报告

（1）对测量数据进行整理与分析。

（2）根据有关规定和标准，评价噪声的性质和对人危害的程度，提出改善建议。

（3）实验个人体会。

4.4 交通标志设计与评估

道路交通标志是道路使用者行路的指南，它提供道路的有关情况信息。一般道路交通标志由图形、颜色、符号、文字等信息元素组成。道路交通标志分为主标志和辅助标志两大类。主标志包括警告、禁令、指示、指路、旅游区、道路设施安全等 6 种标志。标志按使用对象的不同分为道路管理者使用标志、驾驶员和乘客使用的标志和两者共同使用的标志。这些标志设置的距离、版面大小、内容标识、设置位置、使用对象等，应根据公路技术等级、行车速度和沿线地域民族习惯等来设置。

在我国，《道路交通标志和标线》首次于 1986 年发布，1999 年进行了第一次修订，并于 1999 年 4 月 5 日发布，从 1999 年 6 月 1 日开始实施（GB 5768—1999）。

如果交通标识不清，或者交通标志放置的路段不合理，会导致司机找不到目标地，或者多走很多弯路，同时也可能是交通事故的隐患。所以道路交通标志要清晰准确、科学化、规范化、人性化。

本实验以西直门立交桥为实例，进行交通标志的设计与评估。

西直门立交桥是一座 3 层走向型立交桥（见图 4-25），在北京交通中有枢纽作用。它是西二环和北二环的交会处，连接着西外大街和西内大街以及西直门北大街，在这里形成了五岔路口的格局。

1. 实验目的

（1）学习并应用标志的设计理论和方法；

（2）学习以虚拟现实为基础的标志设计与相关软件操作；

图 4-25　西直门立交桥

（3）掌握人囚设计的评估理论和方法。

2. 实验学时和人员组织

8 学时,5 人一组。

3. 实验设备

（1）虚拟现实场景设计的相关应用软件,如 3DS MAX,Photoshop 等。

（2）虚拟驾驶模拟器。

4. 实验内容

1）现有西直门立交桥交通标志的应用分析

根据西直门立交桥模型（见图 4-26）,熟悉西直门立交桥的格局及交通走向,明确从起点端至其余 4 个终止端的主路及辅路是否能走通,对现有交通标志进行以下工作：

（1）分析现有交通标志的数量及位置;

（2）根据交通规章法则以及寻路习惯,评价现有交通标志的优缺点,参见图 4-27。

2）根据改进方案,进行交通标志设计与实施

（1）进行交通标志的更改或设计

提出改进现有交通标志的方案,包括交通标志牌的设计、交通标志牌路段的放置等。标志牌设计需符合国家标准（GB 5768—1999）,标志牌的数量不超过现有数量的 2 倍。

根据车道数不同,标志的设置形式（单柱、双柱、龙门架等）、立柱的高度应该有所不同。标志牌的放置可参照《北京市交通管理设施设置规范》。

英文标识根据北京市质量技术监督局 2006 年 2 月 22 日发布,2006 年 3 月 22 日实施的北京市地方标准《公共场所双语标识英文译法（第一部分：道路交通）》确定。

应用 Photoshop 软件或其他图形编辑软件,自己设计交通标志文字及符号。也可利用

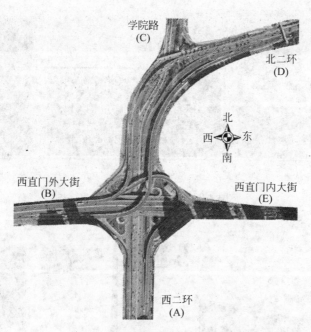

图 4-26　西直门立交桥示意图

图 4-27　西直门现有交通标志示例

提供的 3 种 Photoshop 文件格式的路牌模板文件(见图 4-28)，只需进行相关文字或符号的修改即可使用。如果使用 Photoshop 软件，必须在保存文件前将图层合并，然后将图形文件存成 *.tif 类型文件或者后缀为 *.jpg 的文件。此外，也可对所提供的纹理文件进行编辑和使用。

提供 5 种 3DS MAX 标志牌模型文件(见图 4-29)，将设计好的路牌添加或替换到预使用的模型中。

(2) 使用 3DS MAX 软件，将交通标志添加到西直门立交桥的模型中

交通标志放置可参考下列原则(摘自《北京市交通管理设施设置规范》)：

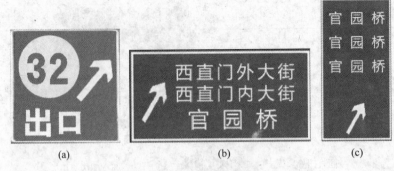

图 4-28 Photoshop 路牌模板

（a）方路牌；（b）宽路牌；（c）窄路牌

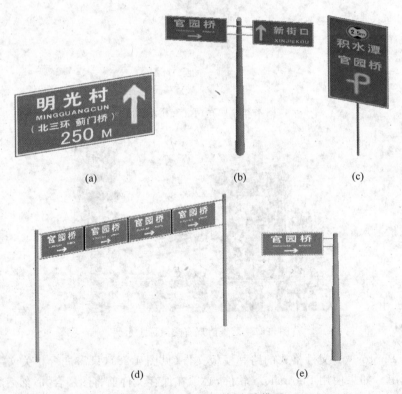

图 4-29 3DS MAX 标志牌模型

① 交通标志的设置应充分利于道路使用者在动态条件下发现、识别、判读及采取行动的时间和前置距离。

② 交通标志应结合道路线形、交通状况、沿线设施等情况进行设置；其设置应充分考虑道路使用者的行动特性，即考虑在动态条件下发现、识别、判读及采取行动的时间和前置

距离。

③ 按规定,同一地点需要设置两种以上标志时,可以安装在一根标志柱上,但最多不应超过 4 种。标志牌在一根支柱上并设时,应按警告、禁令、指示的顺序,先上后下、先左后右排列。

④ 交通标志应设置在车辆、行人行进方向最易于发现、认识的地点;应根据具体情况设置在道路右侧、道路分隔带(隔离设施)或车行道上方;单幅面道路在道路右侧无设置条件时,可在道路左侧设置。

⑤ 安装的角度应尽量减少标志牌面对驾驶员的眩光。道路交通标志采用悬臂式、门架式设置方式时,标志下缘距路面的高度宜大于 5m;附着于其他道路设施时,应不低于被附着物的净空高度。

（3）使用 3DS MAX 软件浏览模型,查看交通标志实施。

3）对改进方案进行评估

设计的西直门交通标志牌要符合 EES 原则,即设计的标志要满足有效性和高效性,并使道路使用者满意。

5. 实验报告

（1）组内分工;

（2）对原有西直门立交桥的分析;

（3）西直门立交桥交通标牌的设计与改进方案;

（4）对西直门立交桥新改进方案的评估;

（5）仍然存在的问题;

（6）实验收获与体会。

4.5　地面光滑度对手工物料搬运者的心理物理和生理影响

虽然目前制造业中机械化和自动化程度已有了很大程度的提高,但手工物料搬运(manual material handling,MMH)对于大多数工业和类似中国这样的发展中国家仍是必不可少并将长期存在的。国内外的相关研究与统计数据表明,手工物料搬运与职业性肌肉骨骼损伤(occupational musculoskeletal disorders,OMD)有直接而密切的联系,对于工作者的健康和安全构成很大的影响。因此,手工物料搬运作业也是人因学教学与研究的重点内容。实际上,由于生产需要、设计不周或是现场管理等原因,工人进行搬运作业时的地面条件经常会出现过于光滑、摩擦系数较小的情况。

本实验通过模拟制造业中一个典型的手工物料搬运作业,考察地面摩擦系数对于搬运者的心理物理指标和生理指标的影响程度。

1. 实验目的

（1）了解一个典型的手工物料搬运作业的主要构成要素；

（2）掌握心理物理学法、生理学法的主要人因素评估指标；

（3）学习和实践测量心理物理指标的方法；

（4）学习和实践测量生理指标的设备与仪器；

（5）研究地面摩擦系数对于心理物理指标和生理指标的影响。

2. 实验设备

（1）气体代谢分析仪（见图 4-30）。

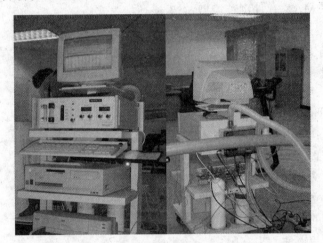

图 4-30　气体代谢分析仪

（2）心率监测器（见图 4-31）。

图 4-31　心率监测器

（3）工作地及实验用鞋。摩擦系数（coefficient of friction，COF）分为滑动摩擦系数和静摩擦系数两种。通过分析行走时支撑脚的受力情况可以知道，在行走和发生打滑前，支撑脚与地面没有相对位移,所以选用静摩擦系数能更好地表示地面和鞋底的摩擦情况。在美国,通常使用静摩擦系数不小于 0.5 作为确保安全的标准。所以地面摩擦系数采用 3 个水平;小于 0.3、约等于 0.5 和大于 0.8,分别代表光滑、一般与粗糙 3 种光滑程度。同时,为了排除地板材料对被试产生的心理影响因素,3 个水平的摩擦系数采用相同地面、不同鞋底的方式构造。鞋底材料如图 4-32 所示,从左至右依次为布、塑料与橡胶。实验工作地采用地面材料为 0.6cm 厚的有机板(图 4-33),经过表面打蜡处理,以便得到满足条件的摩擦系数。测得各鞋底与实验用地板间的滑动摩擦系数与静摩擦系数如表 4-10 所示,这 3 种材料的静摩擦系数符合我们预先设定的摩擦系数范围。

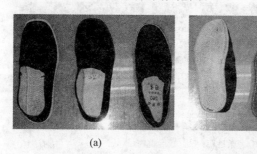

(a)　　　　　　　　　　　(b)

图 4-32　三种实验用鞋

(a) 实验用鞋(正面);(b) 实验用鞋(反面)

图 4-33　搬运实验所用地板

表 4-10　鞋底与地板表面的摩擦系数

摩擦系数水平	鞋底材料	滑动摩擦系数	静摩擦系数
1	布	0.25	0.28
2	塑料	0.43	0.49
3	橡胶	0.84	0.91

(4) 搬运箱及搬运重物。实验中使用的搬运箱大小为：长 44cm，宽 33cm，高 25cm，带有把手及顶盖，如图 4-34(a)所示。搬运时使用的重物为铁块和塑料瓶装水。铁块的规格为 2.3kg，1.4kg，0.6kg，如图 4-34(b)所示。瓶装水的重量可由水量连续调节，为方便计，按照预先装水量，以 0.1kg 为区间，设定了 0.1~0.6kg 这 5 个重量。被试可以通过向搬运箱添加或移除这些不同重量的重物，对最大可接受重量(maximum acceptable weight of load，MAWL)值进行粗调和微调。实验结束后对箱子和重物进行称重，作为本次搬运的 MAWL 值。

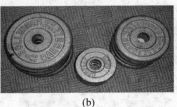

(a)   (b)

图 4-34   搬运箱及搬运重物

(a) 搬运箱；(b) 搬运重物(铁块)

3. 心理物理学法、生理学法评估指标介绍

1) 心理物理学法评估指标

(1) 最大可接受量(MAWL)。它表示搬运者在不使自己过度疲劳的前提之下，所能接受的最大搬运重量。这是运用非常普遍的心理物理学指标。它要求被试根据对自身压力和紧张水平的主观感知和评估，在搬运中自行调整物料重量，直至找到合适的重量。此方法在实际应用中比在理论上的说明更加困难，因为需要被试对这一概念有充分理解。在实验中经常使用表 4-11 中的说明文件指导被试。

(2) 自觉滑动感(perceived sense of slip，PSOS)。它表示搬运者对于打滑和失去平衡的可能性的主观感受和评估，可以通过图 4-35 的量表来评估。此量表由 4 个简单的问题组成，每个问题代表了 PSOS 不同方面的信息，这样设计的目的是为了避免出现单一答案同时回答多个问题的情况。通过此量表进行的评估必须在搬运实验结束后立刻进行，PSOS 值由 4 个答案求和所得。这一数值综合了基于心理测验学原理的各种信息，数值越高，说明被试主观感觉到越容易打滑和失去平衡。

(3) 自觉施力等级(rating of perceived exertion，RPE)。它是作业者对于动态作业时施力程度的主观评估，由 Borg 在 1985 年提出，如图 4-36 所示。作业者在完成作业任务后对量表进行打分，所得分值便是自觉施力等级。此量表的设计使得所得的分值(6~20)与心率近似呈线性关系，预期中，心率近似为 RPE 值的 10 倍。

表 4-11　关于如何找到最大可接受重量的指导

　　我们需要您进行想象：假设您从事的是计件制工作，即您的报酬由您一天的搬运量决定。但同时您必须确保自己一天 8 小时工作结束后不会感到疲倦。

　　换句话说，我们想让您尽可能努力地"工作"，但您必须避免使自己过度紧张、非正常地劳累、虚弱、过热或是气喘。

　　您将自己调整自己的搬运重量。您的任务就是调整搬运箱内重物的重量。

　　调整自己的搬运重量并不是一件很容易的事，因为只有您自己知道自己的感受。

　　如果您觉得工作太辛苦，可以在搬运的间隙移出一些重物或示意实验员帮您取出也可。

　　我们也不希望您过于清闲，因为您的工作是计件的，如果您觉得自己仍有余力，可以增加搬运的重量。

　　不要嫌麻烦，要勇于调整重量。您必须经过足够多次的调整，才能对把握轻重更有感觉。我们永远欢迎您对重量进行的调整——这是我们实验能否成功的关键。我们不怕您的频繁调整，就怕您调整太少。

　　请记住：

　　这个实验并不是比赛。

　　我们并不是想让每个人都做同样多的工作量。

　　我们需要的是您的决断：您对于自己在不产生非正常疲倦的情况下的工作能力的决断。

---

　　① 你感觉自己有多大程度的打滑（例如感觉脚底用不上力）？

　　一点儿　　　　　　　有一些　　　　　　　很多

　　　0　　　0.5　　　1　　　1.5　　　2

　　② 你在维持平衡方面是否有困难（你和你的肌肉是否需要非常努力才能使自己移动）？

　　一点儿　　　　　　　有一些　　　　　　　很多

　　　0　　　0.5　　　1　　　1.5　　　2

　　③ 实验中你是否有时候感觉到自己将要滑倒？

　　一点儿　　　　　　　有一些　　　　　　　很多

　　　0　　　0.5　　　1　　　1.5　　　2

　　④ 总体而言，你认为这次实验任务的困难程度是

　　一点儿　　　　　　　有一些　　　　　　　很多

　　　0　　　0.5　　　1　　　1.5　　　2

图 4-35　PSOS 量表

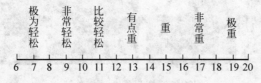

图 4-36　RPE 量表

2）生理学法评估指标

（1）耗氧量 V_{O_2}（oxygen consumption）。人体在进行作业时，会通过呼吸作用代谢体内的贮能物质，产生能量以供给肌肉做功。消耗的氧气量与产生的能量直接相关联，因此可以用单位时间消耗氧气的量来评估搬运作业强度。利用呼吸面罩，将吸入和呼出气体分别导入气体分析仪，通过分析气体量和成分差别，就可以计算出单位时间的耗氧量。

（2）心率 HR（heart rate）。心率和耗氧量之间存在线性关系，而心率比耗氧量的测量更为简便。因此心率也是一种衡量搬运作业强度的指标。但是心率这一指标也有一些问题。首先，心率和耗氧量之间的线性关系随个人体质而不同；其次，当心脏每搏输出量稳定之后，心率和耗氧量之间的关系更加准确，因此，最好是在中等到高强度作业时，用心率来估计耗氧量；最后，存在许多其他因素，例如情绪紧张、疲劳、热压力等，它们会影响心率，但对耗氧量不构成影响。因此环境的不同，也会影响心率和耗氧量之间的线性关系。

（3）心率增加值。其计算公式为

$$心率增加值＝（作业心率－休息心率）/休息心率$$

它在一定程度上消除了个人体质差异造成的影响，因此也可以作为衡量搬运作业的指标。

4. 实验内容及过程

本实验以小组为单位来完成，每组 5 人，8 学时。

实验前被试需经过培训阶段，熟悉搬运作业及对重量的感觉和调整方法。正式实验中，每位被试在 3 种不同的地面摩擦系数下各进行 1 次搬运作业。一人一天只能进行 1 次搬运作业，且要求被试在实验当日没有进行过大体力的劳动或运动。实验顺序及采用摩擦系数的先后顺序都是随机的，被试每次调整重量前得到的初始重量也由主试随机给定。

被试的搬运任务具体为：从置物台（距地面 30cm）抬起搬运箱至肘节高度（knuckle height），进行距离为 3m 的搬运，放下搬运箱至置物台（30cm），空手返回。这作为一次搬运。作业频率为 2 次/min，搬运持续时间为 10min。由于实验场地和设备所限，3m 的搬运距离和空手返回距离都由 1.5m 往返一次替代。搬运部分的动作分解如图 4-37 所示。

图 4-37　搬运作业动作分解

耗氧量数据的测量通过呼吸面罩将吸入和呼出气体导入到气体代谢分析仪（PHYSIO-DYNE MAX Ⅱ）中分析得到。

心率使用心率监测器（Polar heart rate monitors）。

被试的自觉滑动感（PSOS）与自觉施力等级（RPE）通过量表进行自我评估取得。

每次实验的流程如图 4-38 所示。

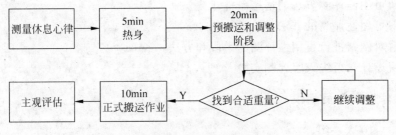

图 4-38　实验流程图

（1）测量安静状态下的休息心率。

（2）进行 5min 的热身。

（3）进行 20min 的预搬运和调整，被试根据自己身体的感受，找到长时间持续工作下不会产生疲劳的最大可接受重量，同时身体反应达到稳定状态。如果 20min 后被试感觉仍需继续调整重量，可以允许继续调整直至找到合适的 MAWL。

（4）按此重量进行连续 10min 的正式搬运作业，记录此过程中的 V_{O_2} 和 HR。

（5）搬运结束后，被试对本次搬运的 RPE 和 PSOS 进行主观评估。

5. 实验报告

（1）列出被试的实验数据的原始记录。

（2）应用合适的统计方法和工具，分析 COF 对 MAWL，PSOS，V_{O_2}，HR 与 RPE 的影响，以及 MAWL，PSOS 与 V_{O_2} 之间的交互作用。

（3）设计 COF 与 MAWL，PSOS，V_{O_2} 之间的关系模型。

（4）总结实验分析结论。

（5）说明组内分工及实验体会。

4.6　网站可用性评测

可用性是一个多因素概念，涉及容易学习、容易使用、系统的有效性、用户满意，以及把这些因素与实际使用环境联系在一起针对特定目标的评价指标。

网站可用性测试，也叫用户体验测试，主要关注用户与网站交互过程中可测量的特性。

网站可用性的测试过程就是用户使用网站的真实的最初体验。所以通过可用性测试,可以了解到用户对于网站界面的认可程度,获知改良界面的可能性方案,特别是在交互流程中能得出一些用户的行为规律。

1. 实验目的

(1) 了解可用性评测方法的适用条件;

(2) 学习可用性评测的方法;

(3) 了解对网站进行可用性评测的手段和方法;

(4) 学习设计和组织人因评测实验。

2. 实验学时和人员组织

3 学时,5～10 人一组。

3. 实验环境

实验在具有单面镜的实验室中进行(见图 4-39)。实验室可以提供安静、独立的实验环境,使参试者不受外界影响,并且便于测试人员在单面镜的另一侧进行观察、记录。

图 4-39　可用性评测实验室

4. 实验内容及流程

1) 确定评测网站的参试者

评测网站的参试人员可以在班级内部或外部进行招募,需要寻找具有代表性的用户群体,比如用户的使用方式是否能代表一个群体的使用习惯。一般来说,根据用户的特点如网龄、年龄、性别、职业及其文化程度等可以进行大致筛选。

参试者的人数大约为 5～10 名,5 名参试者的测试结果基本能够获知 80% 的问题所在。

2) 进行评测准备

需要对评测的网站进行调研,了解网站面向的用户群体和网站提供的服务内容。

为了发现网站在可用性方面存在的问题,需要设计实验任务、为每个任务设计场景、让用户找寻相应的信息,以及需要准备用户录像同意书、保密协议、用户问卷等材料。

需要设计评测前的用户问卷,以便进一步了解参试人员,比如平时访问的相关站点、阅读习惯、工作背景以及大概的心智模型等。有利于在测试之后对参试人员行为的理解,便于进一步分析网站的可用性问题。

3) 评测实验的基本流程

实验室准备就绪后,安排被测者、观察员、测试主持者的座位。测试前主持者简要介绍实验目的、实验流程、大概任务以及相关须知,并让参试者填写相应协议和资料。正式测试之前,测试主持者可以提问测试者一些个人方面的问题,比如,“你的职业是什么”、“你有没有在网上购买过东西”等,通过这些问题了解参试者,大致划分用户类型。

准备好计算机,打开浏览器,准备好测试的网站页面。实验过程中需要用录像机将测试过程录制下来,或者使用屏幕录制软件来录制用户操作计算机的整个过程,这样便于后期对用户进行分析。准备纸笔,方便测试人员在实验中进行记录。

实验的整个流程大概需要 1~1.5h,主要根据实验任务的数目和难易程度来确定。但总的来说实验用时不宜过长。

测试过程中让用户单独完成任务,以便更好地观察用户单独面对网站时如何进行操作,同时应该尽量鼓励参试者说出自己的真实想法。在测试过程中不能干扰或是引导参试者,但事先要声明不回答并不是针对个人的态度,在测试完成后,可以回答用户任何不明白的地方。同时,测试人员在测试过程中,要详细记录测试用户在使用网站过程中的失误、出现犹豫时的页面等特殊状况。

4) 明确评测实验的任务

首先需要明确测试的目的,通过一些典型的行为去挖掘真实的用户操作过程。以下列举的实验任务可供参考。

任务 1:

参试者链接到网页 http://www.usability.gov,找到有关 navigation 信息的 guideline,完成此任务后返回至网站主页。

任务 2:

参试者在网站主页 http://www.usability.gov 下,利用该网站的 search 功能,找到如下信息:

(1) What is a focus group?

(2) How to conduct a focus group?

阅读完有关内容后回到该网站主页。

任务 3:

参试者在网站主页 http://www.usability.gov 下,找到 Usability Test Plan Template 的有关内容,并将相关文档下载至本地文件夹。完成此任务后回到该网站的主页。

任务 4：

参试者在网站主页 http://www.usability.gov 下，找到网站可用性方法论 User-centered design 的页面，阅读 UCD 定义和相关内容。完成此任务后关闭该页面。

任务 5：

参试者链接到网站 http://www.taobao.com 后，通过搜索功能找到符合以下条件的商品。

(1) 商品：移动硬盘；

(2) 内存空间：160GB；

(3) 卖家所在地：北京。

当参试者找到符合条件的商品后，要求用"阿里旺旺"软件在线联系一名信用较高的卖家，并向他咨询什么品牌的移动硬盘的性价比较高。询问任务完成之后，回到淘宝商品搜索的页面。

5．实验数据分析

1）整体测评

对各个任务的失败率、平均耗费的时间、准确率等进行计算，并对难易评价数据进行简单的归纳。

2）问题的归纳

(1) 问题描述：简要客观地描述参试者在测试过程中出现的问题。

(2) 问题类别：对所出现的问题进行归纳。

(3) 问题分析：从用户角度，分析问题产生的可能原因。

(4) 问题出现的频率：有多少参试者发生该问题？类似问题出现的频率如何？

(5) 失败率：有多少参试者在测试过程中操作失败？该次失败在整个测试环节中的重要性如何？

(6) 问题严重性：根据该项任务的重要性、失败率、误点击率的评价，进行综合评定。

(7) 修改意见：根据所观察的测试，提出一套解决问题的修改意见。

6．实验报告

(1) 组内分工；

(2) 评测数据的分析结果；

(3) 对评测网站的改进意见及方案；

(4) 实验收获与体会。

下篇

实验报告选编

chapter 5

物流方向实验报告样例

5.1 《减速器工厂的规划设计》实验报告

由清华大学工业工程系 2004 级学生实验报告改编

1. 需要采集的信息

1) 物料清单

从项目资料中,可以获得减速器工厂生产的产品零件清单。表 5-1 为全部零件清单, 表 5-2 和表 5-3 分别为 J×××-2 系列和 J×××-3 系列减速器以功能为导向的产品结构。

表 5-1　物料清单

序号	数量	名　　称
1	1	高速小齿轮(外购)
2	1	第一中速轴
3	1	高速齿轮
4	1	第一中速小齿轮
5	1	低速轴
6	1	低速齿轮
7	1	右侧箱体 HSG-2,3
8	1	左侧箱体 HSG-2,3
9	1	第二中速轴(J×××-3)
10	1	第二中速齿轮(J×××-3)
11	1	第二中速小齿轮(J×××-3)

表 5-2 J×××-2 系列减速器的产品结构

级	别		数量	名 称
0	1	2		
0			1	J×××-2 系列减速器
	1		1	中速轴装配(第 1 次)
	1		1	低速轴装配
		2	1	高速小齿轮(外购)
		2	1	第一中速轴
		2	1	高速齿轮
		2	1	第一中速小齿轮
		2	1	低速轴
		2	1	低速齿轮
		2	1	右侧箱体 HSG-2,3
		2	1	左侧箱体 HSG-2,3

表 5-3 J×××-3 系列减速器的产品结构

级	别		数量	名 称
0	1	2		
0			1	J×××-3 系列减速器
	1		1	中速轴装配(第 1 次)
	1		1	低速轴装配
	1		1	中速轴装配（第 2 次)
		2	1	高速小齿轮(外购)
		2	2	中速轴
		2	1	高速齿轮
		2	1	第一中速小齿轮
		2	1	低速轴
		2	1	低速齿轮
		2	1	右侧箱体 HSG-2,3
		2	1	左侧箱体 HSG-2,3
		2	1	第二中速齿轮
		2	1	第二中速小齿轮

图 5-1 和图 5-2 分别为 J××✕-2 系列和 J×✕✕-3 系列减速器以产品结构为导向的装配过程。

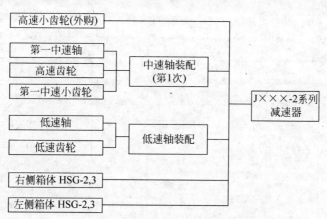

图 5-1　J×✕✕-2 系列减速器的装配工艺流程

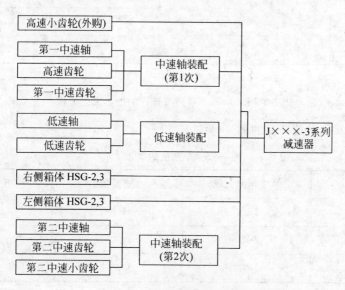

图 5-2　J×✕✕-3 系列减速器的装配工艺流程

2）生产工艺

图 5-3 为 J×✕✕-2 系列减速器的加工工艺流程图，图 5-4 为 J×✕✕-3 系列减速器的加工工艺流程图。

3）生产批量

由于每个零件需要分批进行加工，每个类型的产品的批量都是 4 个星期的需求。对于产品 J100-2 第 1 年的总需求为 2 500 件（见表 5-4），一年为 52 周，则 4 周的批量为 $\frac{2\ 500}{52}\times 4\approx 192$。

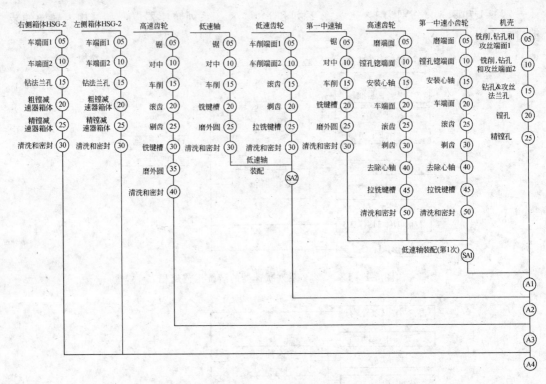

图 5-3　J×××-2 系列减速器的加工工艺流程

同样方法可以计算出其他产品的批量（见表 5-5）。

表 5-4　产品的需求　　　　　　　　　　　　　　　　　　　件

减速器	第 1 年的需求	减速器	第 1 年的需求
J100-2	2 500	J100-3	2 350
J200-2	2·150	J200-3	1 750
J300-2	1 600	J300-3	1 500

表 5-5　产品的批量

减速器	J100-2	J200-2	J200-3	J100-3	J200-3	J300-3
第 1 年	193	166	124	181	135	116
第 2 年	208	179	133	196	146	125
第 3 年	225	193	144	211	158	135

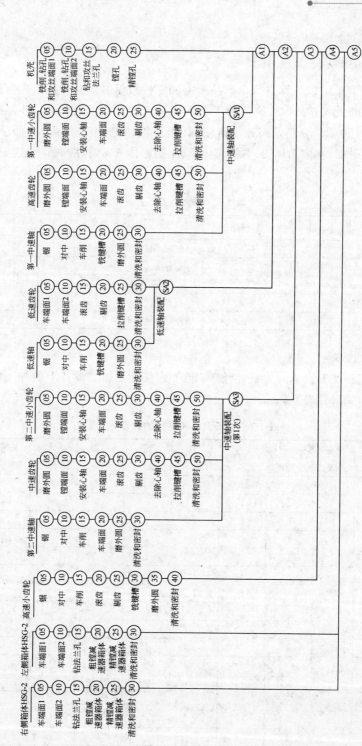

图 5-4 JX×××-3 系列减速器的加工工艺流程

2. 加工设备数量

1）零件数量

从产品的物料清单可以计算出每个产品所需的零件数量。但减速器工厂有两种完全不同类型的产品 J×00-2 和 J×00-3，这两种类型的产品有些零件是相同的，但大部分零件是不同的。不同的 10 种零件分别是高速小齿轮、高速齿轮、第一中速小齿轮、低速齿轮、低速轴、中速轴、右侧箱体-2、左侧箱体-2、右侧箱体-3、左侧箱体-3。两种产品中，这 10 种零件所需要的数量也不同，见表 5-6。

表 5-6　零件数量　　　　　　　个

零件	J×00-2	J×00-3	零件	J×00-2	J×00-3
高速小齿轮	1	1	中速轴	1	2
高速齿轮	1	1	右侧箱体-2	1	
第一中速小齿轮	1	2	左侧箱体-2	1	
低速齿轮	1	2	右侧箱体-3		1
低速轴	1	1	左侧箱体-3		1

2）加工设备的数量

根据加工工艺和加工设备的关系，能够确定产品在每个加工设备上的加工时间。加工设备和零件之间的关系见表 5-7。

表 5-7　加工设备和零件的关系

设备名称	高速小齿轮	高速齿轮	第一中速小齿轮	中速轴	低速轴	低速齿轮	右侧箱体-2	左侧箱体-2	右侧箱体-3	左侧箱体-3
锯床	1			1	1					
对中装置	1			1	1					
车床	1	1	1	1	1	1				
滚齿床	1	1	1			1				
剔齿床	1	1	1			1				
铣床				1						
汽缸磨床	1			1	1					
清洗和密封装置	1	1	1	1	1	1	1	1	1	1
绞孔机		1	1							
表面磨光机		1	1							
加工中心							1	1	1	1
多轴钻床							1	1	1	1
镗床		1	1				1	1	1	1

（1）零件的加工时间

一个零件在一个加工设备上加工需要的时间由下式计算：

$$T_p = T_c + T_l + \frac{T_s}{Q}$$

其中，T_p 为每个工艺的平均加工时间；T_c 为实际加工时间；T_l 为装载和卸载时间；T_s 为每个批量的准备时间；Q 为批量。

一个批次零件加工所需要的总时间可以通过下面的公式计算：

$$T_f = \frac{\sum T_p Q}{R(1 - r_s)}$$

式中，T_f 为零件的加工时间；Q 为批量；R 为正常运行率；r_s 为废品率。

（2）第 3 年需要的加工设备数量

根据上面的公式，可以计算出每一个机床加工一个批量的产品需要的加工时间。机床需要的加工时间除以机床 4 个星期可以利用的加工时间，就可以计算出该机床需要的数量。工厂可以安排 1,2 或 3 班进行产品加工。

表 5-8 给出了第 3 年采用 1 班制需要的加工设备数量。

表 5-8　工厂第 3 年需要的加工设备数量（1 班制）　　　　　　　　台

车间	设备编码	设 备 名 称	需要的设备数量
车间 1	21	清洗和密封设备	1
	2	锯床	2
	3	加工高速齿轮和轴的加工中心	2
	4	铣床	4
	5	磨床	4
	6	加工高速小齿轮和轴的车床	2
	17	滚齿机	2
	19	剃齿机	1
车间 2	22	清洗和密封设备	1
	18	滚齿机	6
	20	剃齿机	5
	9	加工齿轮的数控车床	2
	10	绞孔机	2
	11	加工小齿轮、轴和齿轮的镗孔机	1
	12	平面磨床	1
	13	安装和卸除心轴装置	2
车间 3	23	清洗和密封设备	1
	14	加工齿轮箱的加工中心	7
	15	加工齿轮箱的多轴钻床	2
	16	加工齿轮箱的镗孔机	6

（3）工人数量和分配

假设每个加工设备都需要一名工人操作，3 种轮班制情况下的工厂成本见表 5-9。

表 5-9　工厂成本　　　　　　　　　　　　　　　　美元

时间	轮班	人工成本	设备成本	总成本
	3 班	4 518 000	246 625	4 764 625
第 1 年	2 班	3 348 340	312 042	3 660 382
	1 班	2 359 400	531 833	2 891 233
	3 班	4 879 440	285 792	5 165 232
第 2 年	2 班	3 579 260	346 625	3 925 885
	1 班	2 610 400	605 167	3 215 567
	3 班	4 879 440	285 792	5 165 232
第 3 年	2 班	3 579 260	346 625	3 925 885
	1 班	2 710 800	627 250	3 338 050

从表 5-9 可以看出，1 班制的成本最低，所以采用 1 班制。

从第 1 年到第 3 年各个车间需要的工人数量见表 5-10。

表 5-10　需要的工人数量　　　　　　　　　　　　人

时间	车间	每班工人数量	工人数量
	车间 1	16	
第 1 年	车间 2	17	47
	车间 3	14	
	车间 1	17	
第 2 年	车间 2	19	52
	车间 3	16	
	车间 1	18	
第 3 年	车间 2	20	54
	车间 3	16	

3. 工厂布局和车间布局

1）物流分析

虽然每个车间的布局是一个生产线，但是生产线上的某些步骤需要几个同样的加工设备。所以，为了节省空间，如何把这些设备放在一起需要仔细考虑。给 13 种设备编码，见表 5-11。

表 5-11 设备编码

编码	设 备 名 称	编码	设 备 名 称
A	清洗和密封设备	H	磨床
B	车床	I	绞孔机
C	滚齿机	J	加工齿轮箱的镗孔机
D	剃齿机	K	平面磨床
E	锯床	L	加工中心
F	加工中心	M	多轴钻床
G	铣床		

高速小齿轮、高速齿轮、中速小齿轮、低速齿轮、低速轴、中速轴、右侧齿轮箱-2、左侧齿轮箱-2、右侧齿轮箱-3 和左侧齿轮箱-3 这 10 个零件,每个的加工工艺都需要不同的设备,具体工艺流程见表 5-12。

表 5-12 工艺流程

编号	名 称	工 艺 流 程							
1	高速小齿轮	E	F	B	C	D	G	H	A
2	高速齿轮	K	J	B	C	D	I	A	
3	中速小齿轮	K	J	B	C	D	I	A	
4	低速齿轮	B	C	D	I	A			
5	低速轴	E	F	B	G	H	A		
6	中速轴	E	F	B	G	H	A		
7	右侧齿轮箱-2	L	M	J	A				
8	左侧齿轮箱-2	L	M	J	A				
9	右侧齿轮箱-3	L	M	J	A				
10	左侧齿轮箱-3	L	M	J	A				

2) 车间面积

根据每个加工设备的面积,可以计算出每个车间需要的最小面积。表 5-13 为按照第 3 年,采用 1 班制计算出的 3 个车间需要的面积。

3) 工厂布局

第 1 年、第 2 年和第 3 年的工厂布局是相同的,但每年需要的机床数量不同。为了能够满足未来 3 年的发展,选择第 3 年设备数量进行工厂布局设计。图 5-5、图 5-6 和 图 5-7 给出了工厂的 3 种布局方案。

4) 物流分析

使用 Proplanner 软件对 3 种布局的物流流量进行了分析,计算结果见表 5-14。

表 5-13　车间面积

车间	设备编码	设备名称	数量/台	面积/ft²	总面积/ft²
1	21	清洗和密封设备	1	29.75	29.75
	2	锯床	2	47.5	95
	3	加工高速齿轮和轴的加工中心	2	29.75	59.5
	4	铣床	4	29.75	119
	5	磨床	4	32	128
	6	加工高速小齿轮和轴的车床	2	80	160
	17	滚齿机	2	39	78
	19	剃齿机	1	33	33
车间 1 的总面积					702.25
2	22	清洗和密封设备	1	29.75	29.75
	18	滚齿机	6	39	234
	20	剃齿机	5	33	165
	9	加工齿轮的数控车床	2	80	160
	10	绞孔机	2	14	28
	11	加工小齿轮、轴和齿轮的镗孔机	1	46	46
	12	平面磨床	1	32	32
	13	安装和卸除心轴装置	2	0	0
车间 2 的总面积					694.75
3	23	清洗和密封设备	1	29.75	29.75
	14	加工齿轮箱的加工中心	7	80	560
	15	加工齿轮箱的多轴钻床	2	30	60
	16	加工齿轮箱的镗孔机	6	46	276
车间 3 的总面积					925.75
工厂的总面积					2 322.75

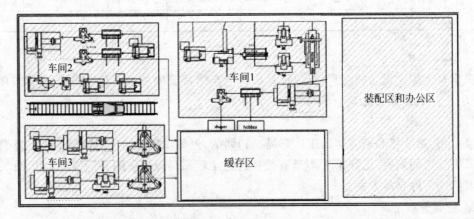

图 5-5　工厂布局 1

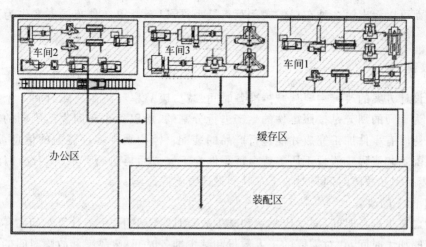

图 5-6 工厂布局 2

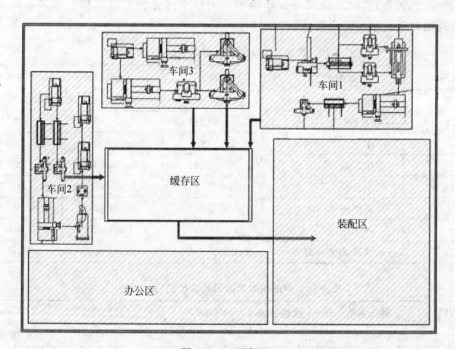

图 5-7 工厂布局 3

表 5-14 物流流量

布局	聚集	搬运距离/km	布局	聚集	搬运距离/km
1	产品	41.69	3	产品	63.82
2	产品	32.13			

　　从上面可以看出第 2 种布局的搬运距离最小，所以选择第 2 种布局方案作为工厂布局方案。

4. 改善

　　工厂设计方案的改善主要从减少准备时间、减少废品率和减少故障时间 3 个方面进行考虑。因为车间的划分是按照零件的生产进行分割的，所以每个车间生产不同的零件。这样需要等待所有零件加工完成才能进行产品的装配。因为缺少零件装配的信息，所以不考虑零件装配工艺流程。假设工厂等待全部零件加工完成后再进行产品的装配，因此减少准备时间、废品率和故障时间只对 3 个车间的设计方案有影响。

　　1) 车间 1 的改善

　　在考虑减少准备时间、减少废品率和减少故障时间情况下，重新计算车间 1 各个加工设备第 1 年的加工时间，并对需要的工人数量和减少准备时间、废品率和故障时间的影响进行平衡。表 5-15、表 5-16 和表 5-17 分别给出了在采取上述改善方案的情况下第 1 年高速小齿轮、中速轴和低速轴加工时间减少的比例。

表 5-15　高速小齿轮加工时间减少比例（第 1 年）

设备编码	设备名称	J100-×	J200-×	J300-×
2	锯床	0.056 869	0.058 619	0.055 64
3	加工中心	0.049 995	0.054 13	0.060 3
6	车床	0.070 637	0.069 831	0.066 703
17	滚齿机	0.084 245	0.088 042	0.092 005
19	剃齿机	0.067 765	0.070 966	0.073 134
4	键槽铣床	0.055 303	0.056 424	0.057 639
5	外圆磨床	0.079 003	0.081 828	0.086 349
21	清洗和密封装置	0.037 102	0.041 362	0.041 575

表 5-16　中速轴加工时间减少比例（第 1 年）

设备编码	设备名称	设备数量	J100-×	J200-×	J300-×
2	锯床	2	0.052 556	0.053 779	0.054 862
3	加工中心	2	0.043 55	0.047 305	0.051 157
6	车床	2	0.058 585	0.060 278	0.061 657
4	键槽铣床	4	0.052 157	0.052 828	0.053 422
5	外圆磨床	3	0.071 006	0.073 278	0.075 56
21	清洗和密封装置	1	0.039 002	0.040 26	0.041 086

表 5-17   低速轴加工时间减少比例（第 1 年）

设备编码	设备名称	J100-×	J200-×	J300-×
2	锯床	0.055 671	0.057 188	0.058 983
3	加工中心	0.046 909	0.051 297	0.056 761
6	车床	0.062 212	0.064 01	0.066 212
4	键槽铣床	0.054 231	0.054 994	0.056 023
5	外圆磨床	0.074 739	0.077 481	0.081 046
21	清洗和密封装置	0.041 704	0.043 153	0.044 623

从表 5-17 中看到,减少的加工时间是有限的,减少准备时间、废品率和故障时间不能减少任何加工设备、工人数量。因此对于车间 1,在第 1 年不采取减少准备时间、废品率和故障时间的计划。用同样的方法可以计算减少准备时间、废品率和故障时间对第 3 年的影响,详见表 5-18、表 5-19 和表 5-20。

表 5-18   高速小齿轮加工时间减少比例（第 3 年）

设备编码	设备名称	J100-×	J200-×	J300-×
2	锯床	0.056 869	0.058 619	0.055 64
3	加工中心	0.049 995	0.054 13	0.060 3
6	车床	0.070 637	0.069 831	0.066 703
17	滚齿机	0.084 245	0.088 042	0.092 005
19	剃齿机	0.067 765	0.070 966	0.073 134
4	键槽铣床	0.055 303	0.056 424	0.057 639
5	外圆磨床	0.079 003	0.081 828	0.086 349
21	清洗和密封装置	0.037 102	0.041 362	0.041 575

表 5-19   中速轴加工时间减少比例（第 3 年）

设备编码	设备名称	J100-×	J200-×	J300-×
2	锯床	0.052 556	0.053 779	0.054 862
3	加工中心	0.043 55	0.047 305	0.051 157
6	车床	0.058 585	0.060 278	0.061 657
4	键槽铣床	0.052 157	0.052 828	0.053 422
5	外圆磨床	0.071 006	0.073 278	0.075 56
21	清洗和密封装置	0.039 002	0.040 26	0.041 086

表 5-20   低速轴加工时间减少比例（第 3 年）

设备编码	设备名称	J100-×	J200-×	J300-×
2	锯床	0.055 671	0.057 188	0.058 983
3	加工中心	0.046 909	0.051 297	0.056 761

续表

设备编码	设备名称	J100-×	J200-×	J300-×
6	车床	0.062 212	0.064 01	0.066 212
4	键槽铣床	0.054 231	0.054 994	0.056 023
5	外圆磨床	0.074 739	0.077 481	0.081 046
21	清洗和密封装置	0.041 704	0.043 153	0.044 623

从表 5-18、表 5-19 和表 5-20 中看到,减少准备时间、废品率和故障时间不能减少任何加工设备、工人数量。因此对于车间 1,在第 3 年不采取减少准备时间、废品率和故障时间的计划。

2) 车间 2 的改善

用同样的方法对车间 2 的改善情况进行了计算,根据计算的结果(见表 5-21),选择准备时间减少 75% 的方案。

表 5-21　车间 2 改善结果

时间	较少的机床	减少的数量	减少的资金/美元
第 1 年	滚齿机	1	165 000
第 2 年	滚齿机	1	165 000
	剃齿机	1	100 000
第 3 年	滚齿机	1	165 000

3) 车间 3 的改善

用同样的方法对车间 3 的改善情况进行了计算。发现减少准备时间、废品率和故障时间不能减少任何加工设备和工人数量。因此对于车间 3,在第 3 年不采取减少准备时间、废品率和故障时间的计划。

根据上面的计算,只有车间 2 在第 3 年实施准备时间、废品率和故障时间减少计划。由表 5-9 可知,每台设备减少 75% 的准备时间需要 17 000 美元。由表 5-21 可知,实施改善计划将减少滚齿机 3 台,减少剃齿机 1 台。由表 5-8 可知,车间 2 还需要 3 台滚齿机和 4 台剃齿机。这 7 台设备减少准备时间增加的技术成本为 $7 \times 17\ 000 = 119\ 000$ 美元。在车间 2 实施产品质量过程控制(SPC)的成本为 12 000 美元,并能够使产品的废品率从 3% 降到 0.5%。整个工厂实施全面生产维护管理(TPM)可以减少 75% 的故障时间,需要的固定成本为 100 000 美元,此外,每年还需要 35 000 美元。减少故障时间需要的成本为 $100\ 000 + 35\ 000 = 135\ 000$ 美元。实施准备时间、废品率和故障时间减少计划需要增加的投入为 $119\ 000 + 12\ 000 + 135\ 000 = 266\ 000$ 美元。

减少准备时间、废品率和故障时间的技术能够减少加工设备和工人数量。因为可以减少滚齿机 3 台,减少剃齿机 1 台,由表 5-21 可知,每台滚齿机为 165 000 美元,每台剃齿机为 100 000 美元,总减少设备投资为 $165\ 000 \times 3 + 100\ 000 = 595\ 000$ 美元。每台设备需要 1 名工人,减少 4 台设备,可以减少 4 名工人,工人每小时的工资为 25 美元,每年工作 261 天,因此可减少人工成本:$25 \times 8 \times 4 \times 261 = 208\,800$ 美元。

改善后,工厂一年可以减少投资:$595\,000 + 208\,800 - 266\,000 = 537\,800$ 美元。

5. 工厂每年的运营成本

下面是以第 3 年的数据进行计算的。

(1) 每年的人工成本:627 250 美元

(2) 每年的设备成本:2 710 800 美元

(3) 每年的面积成本:

布局 2 的面积 $= 195 \times 118 = 23\,010\,\text{ft}^2$

每年的面积成本 $= 23\,010 \times 6.5 = 149\,565$ 美元

(4) 建筑成本:$23\,010 \times 60 = 1\,380\,600$ 美元

(5) 技术成本:266 000 美元

(6) 加工成本:711 390 美元($= 0.6 \times$ 每个产品的销售价格)

(7) 库存成本:237 130 美元($= 0.2 \times$ 每个产品的销售价格)

(8) 搬运成本:37 584 美元

5.2 《自动化立体仓库盘库作业优化》实验报告

由清华大学工业工程系 2005 级学生实验报告改编

1. 问题描述

程序同自动化立体仓库系统联机后,根据给定的待盘库点,程序自动给出较优的盘库方法,使堆垛机完成任务的效率尽可能提高。

2. 影响堆垛机作业时间的因素

1) 堆垛机的技术参数

堆垛机的技术参数包括堆垛机的运行周期、速度和加速度,货叉完成一次存货或取货的时间,以及载重量等。在本次实验中使用的单立柱巷道式堆垛机,水平速度为 0.4m/s,垂直速度为 0.6m/s。在本小组的算法设计中,忽略了其水平速度与垂直速度的差距以及启动和停止时的加减速过程,即将堆垛机的运行完全看作是两点间的匀速直线运动及加速度无穷大的急停。

2) 堆垛机的作业循环

为提高堆垛机的作业效率,在此次实验中,将其指定为复合作业,即从原始位置出发,按

指定顺序依次到各指定货位完成盘库之后再返回原始位置,为一个复合作业循环。

3)堆垛机的作业方式选择

在本次实验中,堆垛机的作业方式只涉及盘库作业和到指定点的运动。因此,该因素对此次任务的效率影响较小。

4)盘库路径的选择

假设堆垛机在任意两点间做的是定速匀速直线运动,因此,在每个货位盘库作业时间确定的情况下,作业总时长就取决于路径的选择。由于每次盘库作业循环的作业时间较短,且不存在堆垛机的货盘是否被占用的问题,因此,盘库货位的访问顺序只需考虑缩短作业时间这一因素,没有优先级或可行性的约束。

3. 问题建模

为了简化模型便于实现,本小组的算法设计及程序实现建立在以下两个假设之上:①堆垛机的运行为两点间的定速匀速直线运动及加速度无穷大的急停;②堆垛机在各个货位的操作时间,即货叉完成一次取货、扫描及放货的时间恒定不变。因此,作业总时长就取决于路径的选择。对路径的要求,不仅包括其需经过待盘库的各点,还应使路径总长尽可能小,为一典型的旅行家问题。

4. 算法设计

本组所采用的设计盘库路径的方法主要由两个核心算法组成:贪心算法和模拟退火算法。下面分别介绍这两种算法的特点。

1)核心算法

(1)贪心算法

贪心算法属于启发式搜索方法。它的基本思路是在每一步决定时,都选取"当前最优"的方案,以尽可能快地求得相对更好的解。当某种算法中的某一步不能再继续前进时,算法停止。在盘库问题中,贪心算法模型描述如图 5-8 所示。

(2)模拟退火算法

模拟退火算法同样属于启发式搜索方法。它的基本思路是由一组初始解 $\{x_1, x_2, \cdots, x_n\}$ 和控制参数初值,即由初始解所得到的目标函数值 d 开始,对当前解重复"产生新解→计算目标函数差→接受或舍弃"的迭代,并逐步衰减 d 值,算法终止时的当前解即为所得的近似最优解。在盘库问题中,模拟退火算法模型描述如图 5-9 所示。

解空间:解空间 S 是遍访每个货位恰好一次的所有路径。解可以表示为 $\{x_1, x_2, \cdots, x_n\}$,其中的 $x_1, x_2, \cdots, x_n$ 是货位 $1, 2, \cdots, n$ 的一个排列,表明从 x_1 货位出发,依次经过 x_2,$x_3, \cdots, x_n$ 货位,再返回 x_1 货位。在此问题中,x_1 为初始货位,即 $(1,1)$ 点。

目标函数:目标函数为访问所有货位的路径总长度,即 total moving distance。我们要求的最优路径为目标函数最小时对应的路径,即货位序列。

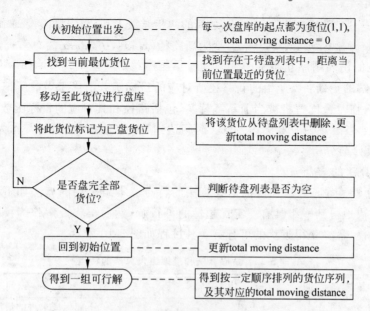

图 5-8 贪心算法的流程

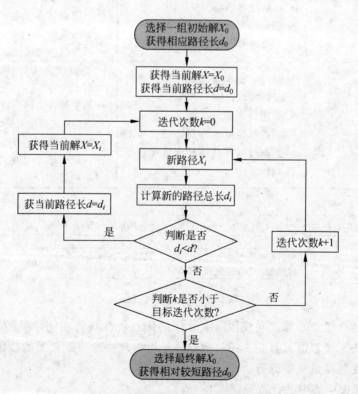

图 5-9 模拟退火算法的流程框图

新路径的产生：随机产生 2 和 $n-1$ 之间的两相异数 k 和 m，不妨假设 $k<m$，则将原路径 $(x_1,x_2,\cdots,x_k,x_{k+1},\cdots,x_m,x_{m+1},\cdots,x_n)$ 变为新路径 $(x_1,x_2,\cdots,x_m,x_{k+1},\cdots,x_k,x_{m+1},\cdots,x_n)$，即将 k,m 货位的访问顺序互换。

临时最优解的更新：当产生的新路径所对应的目标函数值优于当前所记载的临时最优解的函数值时，临时最优解将被当前新解替换，包括路径和其对应的目标函数值。

停止条件：当某一临时最优解"卫冕"时间达到某一长度时，则可将其作为较优解接受。

2）算法设计与分析

（1）两种算法的结合

表 5-22 分析了贪心算法和模拟退火算法的特点。本组采用的算法如下所述。首先通过贪心算法较快地得到一组具有一定优越性的可行解，然后再将此解作为模拟退火算法的初始解进行迭代，最终获得近优的可行解。其过程如图 5-10 所示。

表 5-22　贪心算法和模拟退火算法的特点

算法	算法核心	优　点	存 在 问 题
贪心算法	只瞄准于局部以及其局部最优的性质	• 可以快速获取一组可行解 • 求解过程简单方便 • 获得的可行解较随机产生一组可行解有一定的优越性	• 不能保证求得的最后解是最优的 • 不能用来解求最大或最小解问题 • 只能求满足某些约束条件的可行解的范围 • 不能获得与最优解之间的距离
模拟退火算法	临时最优解的"卫冕"时间达到一定长度后可作为较优解被接受	• 通过一定次数的迭代可以获得近优的可行解 • 算法设计思路简单 • 通过对接受舍弃新路径权重的控制可以使其以较快速度达到较优解	• 当数据量大时，需要运行的时间较长 • 不能保证求得的最后解是最优的 • 不能用来解求最大或最小解问题 • 不能获得可行解范围 • 只能求满足某些约束条件的可行解的范围

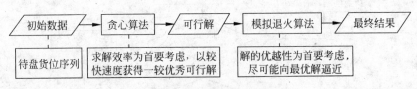

图 5-10　实验迭代过程

这种算法结合了贪心算法与模拟退火算法的优点。在获得相同结果的情况下，贪心算法的处理速度快于模拟退火算法。通过贪心算法可以较快地得到初始的较优解。再通过模拟退火法将较优解向最优解逼近。

（2）模拟退火算法中的权重设定

在此，先对几个用到的名词作简单解释。

Desirable/Undesirable：在某一轮目标函数的比较中，Desirable 指的是新产生的路径的目标函数比当前路径的目标函数优的状态；Undesirable 指的是新产生的路径的目标函数比当前路径的目标函数差的状态。

决定性变量：$X_{i,i+1} = \begin{cases} 1, & \text{新产生的路径替代了第 } i \text{ 条路径，成为了第 } i+1 \text{ 条路径} \\ 0, & \text{第 } i+1 \text{ 条路径沿用了第 } i \text{ 条路径} \end{cases}$

$$\gamma = P(\text{Desirable} \mid X_{i,i+1} = 1) : P(\text{Undesirable} \mid X_{i,i+1} = 1)$$

方案 在进行到某一步时，只有当产生的新路径 Y_k 的目标函数优于当前路径 X_k 的目标函数时，才将新路径 Y_k 作为新的当前路径 X_{k+1} 开始下一轮操作，否则下一个新路径 Y_{k+1} 仍然从当前路径 $X_{k+1} = X_k$ 中产生，即两种决定的选择概率为

$$P(X_{i,i+1} = 1 \mid \text{Desirable}) = 1,$$
$$P(X_{i,i+1} = 1 \mid \text{Undesirable}) = 0$$

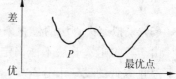

图 5-11 局部最优点和全局最优

如图 5-11 所示，当求解进程到达 P 点时，若采用方案中的权重设定方法，则求解进程将被困在局部最优点 P，永远无法到达最优解。

下面给出一个盘库任务的例子，说明该方案的局限性。

如图 5-12 所示，用模拟退火算法依然无法得到最优解。因为无论怎么随机产生两个位置将其交换访问顺序都无法减少总距离。要想在图 5-12 的情况下缩短距离，需要同时改变3 个位置的访问顺序。因此，在该方案的前提下，要得到最优解是行不通的。为改变这种情况，可以考虑为每一个新的路径分配一定的权重 α。

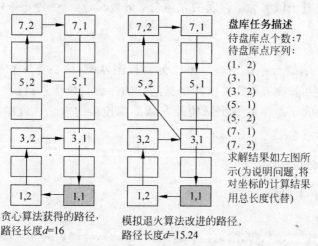

盘库任务描述
待盘库点个数：7
待盘库点序列：
(1, 2)
(3, 1)
(3, 2)
(5, 1)
(5, 2)
(7, 1)
(7, 2)
求解结果如左图所示(为说明问题，将对坐标的计算结果用总长度代替)

贪心算法获得的路径，路径长度$d=16$

模拟退火算法改进的路径，路径长度$d=15.24$

图 5-12 算法实例

$$P(X_{i,i+1} = 1 \mid \text{Desirable}) = 1, \quad P(X_{i,i+1} = 1 \mid \text{Undesirable}) = \alpha, \quad 0 < \alpha \leqslant 1$$

这种方案即使在局部上不能获得最优解，但能够避免困在局部最优的情况，从而促进最

优解的产生。该方案流程图详见图 5-9。

假设两种状态的平均概率分布为

$$P(\text{Desirable}) : P(\text{Undesirable}) = P : (1-P), \quad 0 < P < 1$$

则

$$\gamma = P(\text{Desirable} | X_{i,i+1} = 1) : P(\text{Undesirable} | X_{i,i+1} = 1)$$

$$= \frac{P}{(1-P)\alpha} \geqslant \frac{P}{1-P}$$

所以

（3）模拟退火算法的停止条件

由于模拟退火算法不能确定何时能找到最优解，只能不断向最优解逼近，因此在这种算法下停止条件的设定十分重要。随着需要盘库货位数量 n 的增多，寻找最优解的时间也以阶乘增加，迭代次数也相应增大。从数量级的角度考虑，路径的可行解个数 $N = O(n!)$。

当连续 K 次随机产生的新路径长度 d_i 均大于临时最优解 X 的目标函数 d 时，我们认为这个临时最优解 X 可作为较优解被接受。从提高算法效率的角度考虑，决定取 $K = (n/2)!$。

但实际操作时发现，当 $N > 3 \times 10^7$ 时，按照该方案求解的时间将大于 10s，因此为提高计算速度，将迭代次数的上限设为 3×10^7。当 $n! > 3 \times 10^7$ 时，其迭代次数均设置为 3×10^7，处理时间约为 10s。这种处理方式会降低产生较优解的概率，在仓库管理中这种算法还有待于提高。但对于该实验所涉及的立体仓库的规模，这样的停止条件是可以接受的。

5. 程序实现

采用 JAVA 语言进行系统实现。系统分为程序界面、核心算法和数据库连接 3 个模块。界面模块实现用户交互；算法模块根据给定的待盘货位信息给出一条较优盘库路径；数据库连接模块定义了基本的数据结构及与数据库连接的方法。盘库操作流程如图 5-13 所示。

6. 实验结果分析

测试时，盘库任务描述如下。

待盘库点个数：8

待盘库点序列：$(2,3),(4,5),(2,1),(5,2),(1,8),(2,2),(4,8),(5,1)$

贪心算法获得的路径如下。

盘库路径：$(1,1),(2,1),(2,2),(2,3),(4,5),(4,8),(1,8),(5,2),(5,1),(1,1)$

模拟退火算法改进的路径如下。

盘库顺序：(1,1),(2,1),(5,1),(5,2),(4,5),(4,8),(1,8),(2,3),(2,2),(1,1)

最终选择的路径如图 5-14 所示。

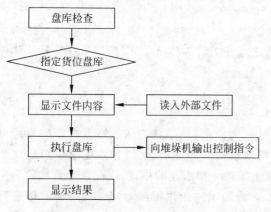

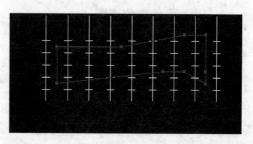

图 5-13 盘库作业操作流程　　　　　　　　图 5-14 盘库路径

7. 实验不足

（1）实验中，忽略了堆垛机启动及停止时的加减速过程，即将堆垛机的运行完全看作是两点间的定速匀速直线运动及加速度无穷大的急停。在规模较大的立体仓库中，该假设比较合理（匀速运行的时间≫变速运动的时间），但在规模较小的立体仓库中，该假设将会带来与实际情况相比较大的误差。尤其当堆垛机行驶在两个距离较近的货位之间时，速度还未增加到预计的匀速运动的标准速度 V 时，就已经开始减速（具体的速度随时间变化规律如图 5-15 所示），因此，实际用时 T' 将比算法中计算出的理论用时 T 长许多。

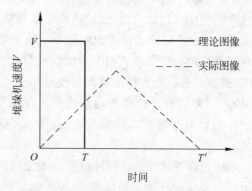

图 5-15 速度随时间的变化规律

（2）实验中，算法的设计建立在堆垛机水平速度与垂直速度相等的基础上。但事实上，水平速度为 0.4m/s，垂直速度为 0.6m/s，两者之间的相对差距较大，该假设对求解的正确性带来的影响在规模较小的立体仓库中并不明显（如本次实验对象货架 8 列×5 行），但当该算法应用到规模较大的立体仓库时，其影响必须得到重视。

（3）与数据库连接时，不具备数据传输的查错功能，即对 SQL 语句是否被成功写入数据库及写入位置是否正确不具备检测功能。因此，在数据库不稳定时，容易发生堆垛机"漏盘"某些货位的情况。

5.3 《牛鞭效应》实验报告

由清华大学工业工程系2006级学生实验报告改编

1. 对牛鞭效应的理解

1) 现象

牛鞭效应指的是供应链上的一种需求变异放大现象,是信息流从最终客户端向原始供应商端传递时,无法有效地实现信息共享,使得信息扭曲而逐级放大,导致需求信息出现越来越大的波动,此信息扭曲的放大作用在图形上很像一根甩起的牛鞭,因此被形象地称为牛鞭效应。可以将处于上游的供应方比作梢部,下游的用户比作根部,一旦根部抖动,传递到末梢端就会出现很大的波动。

2) 产生的原因

(1) 更新需求预测。供应链中的企业会对产品需求进行预测,这些预测通常是基于企业直接接触的顾客的购买历史进行的。当下游企业订购时,上游企业的经理就会把这条信息作为将来产品需求的信号来处理,会造成需求放大。每一级的供应商都会出于稳妥起见的考虑,应对缺货、漏订等情况,增加其生产量,从而需要向上游供应商增加原料的订购量。这样一层层地增加订购量,就造成了牛鞭效应。

(2) 批量订购。在考虑库存和运输费用的基础上,企业一般是将订单积累到一定数量或积累一段时间之后才向上一级供应商订货。为了减少订货频率,降低成本和规避断货风险,销售商往往会按照最佳经济规模加量订货。同时供应商频繁处理订单也会提高其运营成本,因此也要求销售商能够按照一定周期或一定数量订货。销售商为应对需求的不确定性和对低运输成本的追求,往往会人为地提高订货批量,这也是造成牛鞭效应的原因之一。

(3) 价格波动。经济环境的一些突然变化如果能给销售商带来优惠,如库存成本小于价格折扣中所获得的利益,则会促进销售商提前购买。结果则是订货量不能反映真实的需求水平。

(4) 限量供应和短缺博弈。对潜在的限量供应进行的博弈,会使顾客产生过度反应。这种博弈的结果是供应商无法区分订购量的增长中有多少是由于市场真实需求而增加的,有多少是零售商害怕限量供应而虚增的。当产品供不应求时,制造商面对多个客户的需求,比较理性的办法是按照其订购需求的比例分配产品,这样对每一个客户都比较公平。因此客户会在订购时夸大实际的需求量以保障自身应对下级需求的不确定性。当供不应求的情况得到缓和时,反应实际需求的订购量便会突然下降,同时大批客户会取消他们的订单。因而不能从顾客的订单中得到有关产品需求情况的真实信息。

2. 对供应链中各种库存管理策略的理解

(1) (R,Q) 策略：当库存水平低于 R 值时，发出批量为 Q 的订单。

(2) (s,S) 策略：当库存水平低于 s 值时，发出一定批量的订单，使得库存水平恢复到 S。这种策略是 (R,Q) 策略中 Q 值不为定值的情况。

(3) 上述两种策略所需要确定的参数都可以通过客户服务水平 $(S1,S2,S3)$ 来确定，也可以通过优化相对应的库存成本（缺货成本、持货成本等）和总利润来确定。

(4) S 策略：每完成一次向下游的供应，即向上游订购该次下游需求量的产品。这种策略一般用于服务水平非常高的产品，如心脏起搏器等类产品，可以看成缺货成本非常高的产品。

(5) EOQ 模型：决定单次的经济补货批量。它权衡的是发订单的固定成本和库存中的持货成本。该策略并没有考虑发订单的时机，在固定周期的订购中应用比较多。

(6) 报童模型：所确定的订购量是综合考虑缺货成本和处理过量产品成本的结果，它可以避免订购过多造成积压或者过少而损失市场。

3. 各参数对库存策略的影响以及本实验所用的库存策略

本节点（节点 2）的固定参数见表 5-23。

表 5-23　节点 2 的固定参数

链序号	节点序号	当前状态	提前期	初始库存	初始到货
32	2	3	1	0	110

固定成本	进货价格	销售价格	单位库存成本	单位缺货成本
0.0	26	41	5.2	15.0

提前期：较长的提前期会使得应对下游的需求变动更加迟钝和被动。为了避免订单订购的产品还未送到的时候，现有的库存不能满足 Lead Time 这段时间内的需求而产生缺货成本，库存水平一般都会较高。

缺货成本与库存成本（持货成本）：二者的轻重决定了库存管理策略中，是愿意维持高水平库存来避免缺货的发生，还是可以冒着缺货的风险减低平均库存水平。

本实验中所使用的库存管理策略是一种类似于 S 策略的办法。其中的 S 参数不是一个固定值。当前几次需求波动幅度较大，并且自己的订货量变化也没有规律时，使得下期期初库存尽量为正值，目标是控制在 70～90 左右；当最近几次需求和订货量较稳定时，逐步降低下一期目标期初库存的平均水平。

4. 实验结果分析和总结

1) 实验结果分析

在本模拟多级供应链的实验中，订货-发货一共进行 30 期。然后对各个节点每一期的需求量、初期库存、初期缺货、本期到货、本期发货、本期订货进行统计,并计算得出该期内的单期利润和成本。各个统计量之间的关系如下:

(1) 本节点的需求量=下游节点的本期订货。

(2) 本节点在 x 期的本期到货=上游节点在($x-$提前期)期的本期发货。

(3) 如果上一期期初库存+上一期到货−上一期发货>0,则该值为本期期初库存;若该值<0,则累加记入本期期初缺货。

(4) 本期成本=本期造成的缺货成本+持货成本(库存成本)。

(5) 缺货成本和库存成本与时间无关,是缺货数量和库存水平与相应费率的乘积。

(6) 单期利润=销售价格×发货量−本期成本。

2) 实验结果

下面将本小组各个节点的需求量数据表示在同一个坐标图中,如图 5-16 所示。

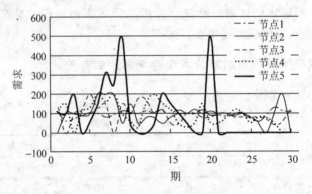

图 5-16   各个节点的需求量

从图 5-16 中定性地观察,可以发现越靠近消费者(下游),需求变化越平缓,波动幅度越小;而位置越靠近上游,离原料供应商越近,需求变化越剧烈,幅度也有明显增加。

节点 1 的需求是由计算机直接生成的,模拟消费者市场的需求。从 30 期实验数据来看,平均值为 98.23,最大值为 129,最小值为 60,标准差为 15.92。

节点 2 的需求量是由节点 1 决策者决定的,依此类推。

比较节点 3 和节点 4 的需求曲线,其需求波动的范围都是 0～200,而节点 3 前期波动比较频繁,到后期逐渐趋于稳定;而节点 4 的需求一直在波动,即使是节点 3 处于较稳定的状态时,其需求的波动依然存在。

节点 5 的波动范围放大得更加明显,其需求最大值达到了 500。从图 5-16 可以看出,这些变化往往都比较快,并且在 30 期的期间内分布极不均匀。

通过定量计算的办法,可以求 30 期数据的标准差来比较需求波动的情况。

如表 5-24 所示,除了节点 3 外,整体趋势的变化规律还是比较明显的,越靠近供应链的上游,需求的方差越大,即波动越剧烈。

表 5-24　30 期需求的标准差

节点	1	2	3	4	5
方差(需求)	15.923 7	53.335 85	46.456 01	59.276 29	140.096 8

3) 实验结论

(1) 牛鞭效应现象在多节点的供应链中是客观存在的。下游需求的波动会使得上游供应商对变化更加敏感,这样的敏感是出于对市场的不确定性的自我保护。

(2) 牛鞭效应现象中,不仅波动的幅度和剧烈程度被放大,而且波动还具有延迟性。这是由于订货提前期这一参数造成的。以图 5-17 为例,在第 5 期附近,节点 3 出现了一个 M 状的需求波动。观察节点 4 和节点 5 的需求变化,可以发现波动延迟的这一特性,并且比较 M 的形状可再次验证波动幅度变大的特点。

(3) 各级供应商利益不统一。每个节点只考虑自己需要向上游订购多少才能满足自己应对下游需求的能力。在自己存在库存缺货的情况下,很少考虑如果订购量太大,上游是否能够承受。即使上游不能完全满足自己的要求,订购得多对自己也没有损害。但事实上这一行为大大提高了上游供应商的缺货成本。

(4) 各级需求量指标反映出的牛鞭效应还会波及其他指标,造成其波动。决策者还需要做的决策是确定向下游发货的数量。由于动机与向上游订货的决策类似,因此也可能产生波动逐级放大的效果。而前面提到的到货和发货是一对相对的概念。图 5-17 和表 5-25 中统计了本期到货的数据,从中也可以看出到货数量的波动逐级放大的现象。

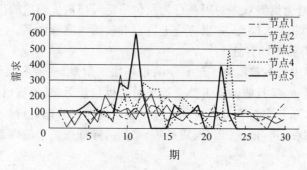

图 5-17　本期到货

表 5-25　到货数量的标准差

节点	1	2	3	4	5
方差(需求)	58.529 88	44.267 99	48.162 8	114.153 1	136.101 7

(5) 客观规律中的主观因素。实验结果中节点 3 的需求波动突然减少并不表示牛鞭效应不存在。这一反常现象表现的是不同节点上决策者的思维习惯、个人偏好以及决策风格

的不同。节点3的需求对应的是节点2的订货量,也就是节点2决策者的决策。可能因为每个人对风险、市场波动的忍耐程度(有个人性格的因素,也和所处节点的持货成本、缺货成本、提前期的参数有关)不一样,使得面对同样大小的波动,节点2决策者的策略不如别人保守,缓和了波动。当然也有可能节点1的决策者对自己面临的市场需求过于敏感。

5.4 《多级库存管理》实验报告

由清华大学工业工程系 2006 级学生实验报告改编

1. 对多级库存问题的理解

供应链中各个节点在管理其库存和决定供求的过程中,都仅仅考虑节点局部的利益,采取使自己利益最大的策略。但是这并不意味着整个供应链上能实现全局最优,相反,还造成了各级需求的扭曲,波动逐级放大。

要减少牛鞭效应,就需要各级供应商使用协调一致、统一、集成化的管理模式。单靠自己来应对风险并不是最有利的办法,纵向合作也并不一定会使得自己的利益流失。

1) 多级库存管理的基本思想

在供应链中实施合理的风险、成本与效益平衡机制,建立合理的库存管理风险的预防和分担机制、合理的库存成本与运输成本分担机制和与风险成本相对应的利益分配机制,在进行有效激励的同时,避免供需双方的短视行为及供应链局部最优现象的出现。

需要供需双方共享需求信息,在供应链上进行有效的沟通和协调。

2) 实现多级库存管理的好处

信息沟通使得供求双方都能够了解真实的市场需求信息,使所有级别的供应商都能够围绕客户需求展开活动,并且能够使下游掌握上游的供货能力,从而提出合理的订货需求。

多级库存管理实际上实现了将供应链上各个企业的库存管理进行集成,统一管理,可以通过准确的采购方案(时间、地点、数量、质量等)来共同降低所需要的库存,还能够加速库存周转速度。

多级库存管理在供应链沿线各个企业的合作与联系的同时,也培养了企业之间的信任。在以后的竞争中,能够继续保持建立在以诚信为基础的合作,这种合作模式不容易被新进入者模仿,能成为一种优势。

3) 多级库存管理的实施策略

供应链需要有效的协调管理机制。互惠互利是合作的原则。不过,即使建立了共同的合作目标,但一定还会存在利益的冲突,因此还需要制订明确的库存管理策略,使用公平的利益分配方案,这样才能激励各级供应商开展健康的经营活动。

建立高效信息沟通渠道,能够提高整个供应链信息的一致性和稳定性,避免经过多次预测后信息发生扭曲,提高准确性。具体实施的技术有很多,由互联网支持的多种信息系统都能够建立起供应链中这一条信息沟通的桥梁和纽带。

可以把整条供应链的库存管理业务交给第三方物流公司,这样能够得到更加专业的优化方案,同时公司自己能够更注重提高产品的质量和服务,提升核心竞争力。

2. 本实验中所使用的库存管理策略

与牛鞭效应实验相似,本实验使用一种类似于 S 策略的办法。其中的 S 参数不是一个固定值。当前几次需求波动幅度较大,并且自己的订货量变化也没有规律时,使得下期期初库存尽量为正值,目标是控制在 70~90;当最近几次需求和订货量较稳定时,逐步降低下一期目标期初库存的平均水平。

但是与牛鞭效应实验不同的是,此实验中,上游供应商的固定参数(提前期、库存成本、缺货成本)以及每一期的库存状态是公开的,因此对上游进行订购时需要考虑上游供应商的供货能力;对下游销售商发货时,根据对终端市场需求变化的更加真实和准确的观察,从大局把握发货批量,而不是一味地尽量满足销售商提出的单方面需求。

3. 实验结果分析和总结

实验原理以及参数之间的关系与牛鞭效应实验保持一致,唯一的区别在于各节点之间的信息在本实验中可以共享。

1) 实验结果

将本期需求、本期订货、本期发货的数据统计在图 5-18 中。

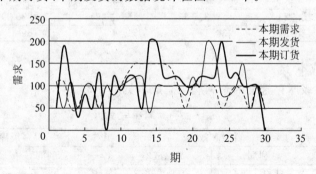

图 5-18 节点 2 的本期需求、本期订货、本期发货的数据统计

前期需求和发货吻合得比较好。到第 10 期之后,节点 1 的需求持续居高不下。在第 13 期中本期订货出现一次失误,导致无法跟上下游的需求,并且给上游造成了很大的冲击。

到实验后期,本期发货的变化趋势和需求基本保持一致,并且保持比需求多一定量,以逐渐弥补之前积累的本期期初缺货。并且从 28 期开始清除所有缺货并与需求保持一致。

2) 需求变化

将各节点在 30 期订货-发货的模拟环节中每一期的需求量绘制成图 5-19。

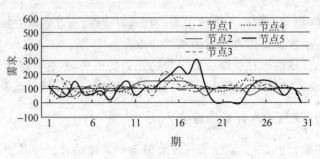

图 5-19　各节点需求曲线图

将图 5-19 与牛鞭效应实验的结果(图 5-16)进行对比,发现节点 2 出现多次连续一段时间需求比较平稳的情况(11 期之后,以及 20~23 期左右);节点 5 的需求波动的幅度明显降低,从 500 降低到 300。此外,各节点的需求变化从整体上还是可以看出波动变平缓、幅度变小的趋势。

我们可以通过计算各节点 30 期需求的方差,同牛鞭效应的结果进行比较。但是实验的环境发生了变化,节点 1,3,4 的提前期有所改动,因此一味比较数值的大小没有太大意义。因为这些节点的固定参数会影响到该节点以及该节点上游其他供应商的需求变化。

但是该实验结果中需求量的标准差明显普遍低于牛鞭效应实验结果的事实(见表 5-26),还是可以从规模上反应出来波动放大被抑制的结论。由表 5-26 可以明显看出,通过多级库存管理以及库存信息的共享,牛鞭效应很大程度上受到了抑制。

表 5-26　牛鞭效应和多级库存管理需求标准差

实验	节点 1	节点 2	节点 3	节点 4	节点 5
牛鞭效应	15.923 7	53.335 85	46.456 01	59.276 29	140.096 8
多级库存管理	13.42	34.11	51.00	34.69	75.60

3) 总利润与成本

牛鞭效应与多级库存管理的总利润与总成本见表 5-27。

表 5-27　总利润与成本

节点序号	牛 鞭 效 应		多级库存管理	
	总利润	总成本	总利润	总成本
1	31 768.8	147 998.2	14 595.0	165 050.0
2	33 688.0	87 672.0	40 075.6	82 924.4
3	18 476.0	57 184.0	27 722.0	51 344.0
4	21 480.0	27 000.0	28 874.4	20 421.6
5	13 802.0	4 858.0	14 785.8	3 700.2
供应链	119 214.8	324 712.2	126 052.8	323 440.2

对表 5-27 中的数据进行比较(因为实验环境有略微区别,这样的比较只能得出大致结论)可以发现,大部分节点(除 1 以外)通过实现库存信息共享的多级库存管理,节省了库存

成本,提高了总利润;对整条供应链来说,总利润也有了较大的改观。节点 1 的利润和成本的变化情况不是太理想,分析其需求量与订货量得到图 5-20。

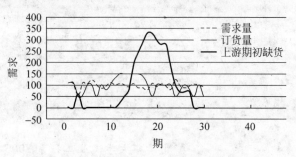

图 5-20 节点 1 的需求量与订货量

节点 1 中期的连续多次订购 150 的货物并不是合适的库存管理策略。通过分析原始数据我们发现,在这一阶段中,其上游供应商的库存一直为 0,并且到货量也并不充裕,而节点 1 一直希望通过大量订货来满足其出现的并不多的期初库存缺货,最终导致上游积累大量期初缺货,降低了整体供应链的利益。

4. 实验结论

(1) 实现供应链库存信息的公开有利于抑制牛鞭效应。原因在于牛鞭效应的根源是对需求信息的处理不够科学。一方面,如果仅仅只能了解相邻下游供应商的需求,很可能被误导;而多级库存管理模式中可以知道所有下游每一级的需求,这样就能更清楚、更准确地了解真实的需求情况,对需求作出更准确的预测。另一方面,如果能了解相邻上游的供应能力,加上自己的信息对上游供应商也是公开的,从而消除了向上游供应商夸大需求的必要性。总之,通过信息的共享实现了对需求更加准确的判断,使得波动更加平稳。

(2) 供应链上各级的利益不是完全相互冲突的。真正的多级库存管理体系是一个和谐统一的整体。在信息能够共享后,在追求局部利益最大化的同时,减少对供应链中其他企业的负面影响也是可以做到的。

5. 思考题

信息共享和封闭的情况,对库存管理的策略有何影响? 应用何种库存控制的策略?

答:每个节点在供应链中都对应着独立的企业,因此必然会追求企业内的利益最大化。

在信息封闭时,信息来源只有下游销售商的需求量,他会受到什么样的因素影响对本节点来说无法知道,具体真实的终端市场的需求我们也无法了解,因此会采取保守的态度应对不确定性与风险,使得安全库存的水平相对较高。

在信息共享时,供应链上的每一个节点都能做到知己知彼,这样,每一级都可以做比较贴近实际需求的订货,并削减安全库存。

生产与制造方向实验报告样例——《混流装配生产》实验报告

由清华大学工业工程系2005级学生实验报告改编

1. 产品的结构分析及装配工艺规划

1) 产品的选取

此次实验选取游戏手柄进行装配生产。选取产品的类型及数量见表6-1。选取的依据如下：

表6-1 手柄产品种类及数量

产品编号	产品类别	数目
1	黑色常规手柄	22
2	黑色变种手柄	17
3	银色常规手柄	1

（1）产品功能及实用性。游戏手柄是可以给同学提供娱乐消遣的工具，让同学在繁重的学业中得到放松，深受广大同学的喜爱。

（2）产品后期处理。游戏手柄在完成此次装配实验后可以送给同学当作娱乐工具，也可以以低价出售给中关村的小商贩，还可以留给学弟学妹们当作装配拆卸对象。

（3）结构及零件。见图6-1所示，该手柄有26个零件，分为5种（按键、垫片、壳体、电路板、螺丝钉）。零件数目合适，大小适宜，不怕摔，不怕碰，男生、女生都可以方便拿放。而且内部结构清晰明了。以电路板为核心，垫片、按键为功能外沿，壳体为最外层保护，方便拆卸和操作。而且按键装卡设计得很合理且人因，放置方向由零件设计就可以确定。

下壳体

上壳体

垫片

数字按键

方向按键

电路板

螺丝钉

按键1,2

图 6-1   游戏手柄零部件

（4）生产线考虑。游戏手柄是单线生产，由一条生产线就可以完成；装配中以壳体为承载进行流水生产传递。

（5）变异性。手柄变异体现在壳体颜色不同，细节按键不同，但整体结构一致，所以改变不会影响到装配线设计。

（6）个体装配参数。平均装配时间在 3～4min。

（7）检查机制。游戏手柄可以使用联机的方法进行检验，在计算机上看是否可用就可以判断产品是否合格，可行而且方便。

2）产品装配注意事项

游戏手柄主要用于娱乐消遣，是游戏玩家的工具。产品具体功能是左、右两边皆可以控制方向，有最基本的停止键和开始键。装配时要注意以下问题：

（1）数字按键顺序为 6 点、3 点、12 点、9 点，注意卡槽大小要配合好。

（2）方向按键由于没有顺序问题可以一次性抓 4 个，以节约时间。

（3）电路板放好后要缠线到位，把电线引出孔。

（4）放置按键 1 时要注意方向。

（5）放置上壳体按键 2 时同样要注意方向。

（6）合盖动作要倾斜，周围要对整齐。

（7）检验过程要保证产品硬性过关，各键方向正确，而且能够有弹性的按下弹起。

（8）全过程手柄部分朝向外。

（9）螺钉拧紧过程要先后退半步再拧进。

3）产品功能结构树与装配结构树、BOM 表

产品功能结构树如图 6-2 所示，装配结构树如图 6-3 所示，常规游戏手柄的 BOM 表见表 6-2。

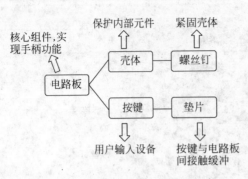

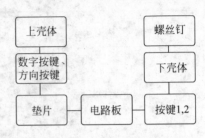

图 6-2　游戏手柄功能结构树　　　　图 6-3　游戏手柄装配结构树

表 6-2　游戏手柄 BOM 表

层次	零件名称	数量	层次	零件名称	数量
1	上壳体	1	3	数字按键垫片	1
1	下壳体	1	3	方向按键垫片	1
2	数字按键	4	3	开始及选择按键垫片	1
2	方向按键	4	4	电路板	1
2	按键 1	2	5	螺丝钉	8
2	按键 2	2			

4）产品组装工艺程序分析和流程分析

经过实际装配和录像分析，我们把对手柄的装配过程分解为 11 个步骤：安装数字按键，安装方向按键，安装垫片，安装电路板，安装按键 1，安装按键 2，组合上、下壳体，检验按键工作，放入螺丝钉，锁紧螺丝钉，最终检验。其中每个步骤又可以分解为更多的小步骤，具体的操作过程和完成标准见表 6-3。

表 6-3　产品组装流程

工序	细分	具体操作	完成标准
1	1.1	左手持上壳体，正面向下，手柄向外	4 个数字键全部正确安装到相应位置
	1.2	右手依次取数字按键(1,2,3,4)，分辨按键上宽窄两突起位置	
	1.3	按照 6 点、3 点、12 点、9 点的顺序，依次按卡槽位置调整按键角度，装入数字按键	
2	2.1	右手从料盒中取 4 个方向按键，置于装配台上备用	4 个方向按键全部正确安装到相应位置
	2.2	将 4 个方向按键依次装入上壳体的相应位置	
3	3.1	右手取垫片(开始及选择按键用)，装入上壳体的相应位置	3 个垫片全部正确安装到相应位置
	3.2	右手取垫片(数字按键用)，装入上壳体的相应位置，注意对齐中间横线开口的位置	
	3.3	右手取垫片(方向键用)，装入上壳体的相应位置，注意边缘要对齐	

续表

工序	细分	具 体 操 作	完成标准
4	4.1	右手抓取电路板,有两条引线侧向上,引出的两块小电路板面向装配者	USB引线对正相应空隙,其余各部分安装牢固
	4.2	将上壳体置于桌上,双手将电路板主体装入壳体相应位置	
	4.3	将两块小电路板插入相应插槽	
	4.4	将 USB 连线绕在固定凸起上,从空隙中伸出	
5	5.1	取两个按键1,置于装配台上备用	两个按键1装入相应位置,安装牢固,取起下壳体
	5.2	调整按键1的方向(数字倒立,面向装配者)	
	5.3	依次将两个按键1装入相应位置	
	5.4	将上壳体置于桌上,左手取下壳体,有电路板支撑柱的一面向上,手柄向外	
6	6.1	取两个按键2,置于装配台上备用	两个按键2装入相应位置,翻转下壳体
	6.2	调整按键2的方向(数字正立,面向装配者)	
	6.3	将两个按键2依次从下壳体内部伸出,装入相应位置	
	6.4	将下壳体翻转,按键仍面向装配者,有螺丝口面向上	
7	7.1	将上、下壳体对齐,按键面向装配者,有按键一侧向下倾斜	上、下壳体对齐,配合牢固,USB 引线正确伸出
	7.2	调整上、下壳体相对位置,按合上、下壳体,尤其注意按键1不要掉落,USB 连线要从正确的空隙中穿出	
	7.3	按紧上、下壳体,检查是否组合牢固,如果有较大缝隙,需继续调整	
8	8.1	将手柄整体翻转,按正常玩家方式握手柄	检验各按键,确保可以正常按下和弹起
	8.2	按数字按键、开始按键、选择按键、方向按键、按键1、按键2的顺序依次检查各按键是否可以正常按下和弹起	
9	9.1	翻转手柄,有螺丝口面朝上,手柄末端面向装配者,左手持手柄	8个螺丝钉全部落入合适的位置
	9.2	右手从料盒中取 8 个螺丝钉,置于装配台上备用	
	9.3	将 8 个螺丝钉依次放置在手柄上的相应位置,可轻轻摇动,使其落入合适的位置	
10	10.1	右手取改锥,依次锁紧各个位置的螺丝钉,注意用力要合适,防止滑丝	8 个螺丝钉全部锁紧,完成装配
	10.2	装配完成,放回装配台	
11	11.1	检查手柄外观,各配件是否安装配合正常	完成检验
	11.2	将手柄连接到计算机上,依次检验各按键是否工作正常	

5) 装配作业任务及操作时间

由于3种产品的外观和功能差异不是非常大,唯一比较明显的区别是方向控制按键的组成和手感有所不同。根据产品确定了基本作业要素,根据实际测试数据(共记录6人时间数据),确定每个作业要素的时间和紧前关系,并根据排序位置权重法,计算每个作业要素的位置权重,见表 6-4。产品的紧前关系如图 6-4 所示,其中从下至上,下方操作为其上操作的紧前工序。

表 6-4　装配作业任务时间及紧前关系

作业序号	作业要素	紧前作业	时间/s	位置权重
1	顺序安装 4 个数字按键到上壳体上	NA	23.8	239.0
2	安装 4 个方向按键到上壳体上	NA	22.5	237.7
3	安装 3 个垫片到上壳体上	1,2	21.2	215.2
4	安装两个按键 1 到上壳体上(方向问题)	3	16.6	141.5
5	安装电路板到上壳体上	3	30.6	155.5
6	安装按键 2 到下壳体上(方向问题)	3	21.9	146.8
7	将两壳体合盖	4,5,6	47.7	124.9
8	检验按键是否全部可用(初步检验)	7	11.0	77.1
9	将 8 个螺丝钉放入孔中	8	30.7	66.2
10	拧紧螺丝钉	9	35.5	35.5

2. 装配线平衡

将装配任务配置给 8 个工位,节拍时间为 47.7s(见表 6-5),而生产线此时明显不平衡,在 3 号工位甚至出现了 55.6% 的空闲率,需要改进。

通过对测量数据的分析(见表 6-6),我们发现 7 号合盖操作和 8 号检验操作由于数据采集时的疏忽和人员操作差异,计算出来的工作时间变异系数较大,进一步导致第 7 步操作平均时间偏大成为系统瓶颈。(当然也需要注意到第 7 步需要较好的技术来完成相对复杂操作的因素。)

在这种情况下,我们认为对第 7 步和第 8 步的操作可以考虑重新划分。由于第 7 步操作涉及比较复杂的调整,不易分解,而第 8 步又比较机械、简单,所以合并为一步(记为 7,8),但是增加 1 个操作员,即可看作使用两个工位,新的作业要素表见表 6-7。

图 6-4　紧前关系图

表 6-5　初步线平衡

工位	1	2	3	4	5	6	7	8
作业要素	1	2	3	5	6,4	7	8,9	10
空余时间/s	23.9	25.2	26.5	17.1	9.2	0	6	12.2
空闲率/%	50.1	52.8	55.6	35.8	19.3	0.0	12.6	25.6

表 6-6 测量数据分析

作业要素	平均/s	方差/s	变异系数
1. 数字按键	23.8	2.53	0.11
2. 方向按键	22.5	5.11	0.23
3. 3 个垫片	21.2	5.13	0.24
4. 按键 1	16.6	5.47	0.33
5. 电路板	30.6	11.93	0.39
6. 按键 2	21.9	5.85	0.27
7. 合盖	47.7	31.95	0.67
8. 检验	11.0	5.30	0.48
9. 放螺丝钉	30.7	2.60	0.08
10. 拧螺丝钉	35.5	11.69	0.33
总计	251.8	40.27	0.16

表 6-7 新的作业要素表

作业要素	紧前作业	时间/s
1. 数字按键	NA	23.8
2. 方向按键	NA	22.5
3. 3 个垫片	1,2	21.2
4. 按键 1	3	16.6
5. 电路板	3	30.6
6. 按键 2	3	21.9
7,8. 合盖检验	4~6	29.4
9. 放螺丝钉	7,8	30.7
10. 拧螺丝钉	9	35.5

可以得出新的平衡,见表 6-8。优化后的节拍时间为 43.7s,比原来的 47.7s 降低了 8% 左右,最高空闲率也从 55.6% 降到了 45.5%,平均空闲率则从 31.5% 降到了 25%,各个指标均有显著改善。

表 6-8 新的线平衡

工位	1	2	3	4	5	6	7	8
作业要素	1	2,3	5	6,4	7,8	7,8	9	10
空余时间/s	19.9	0	13.1	5.2	14.3	14.3	13	8.2
空闲率/%	45.5	0.0	30.0	11.9	32.7	32.7	29.7	18.8

3. 生产运行

此次生产现场人员分工见表 6-9。

表 6-9　人员分工

序号	角　色	人数
1	生产现场经理	1
2	调度员	1
3	工艺员	1
4	仓库及物料管理员	1
5	送料员	3
6	装配操作员	7
7	质检、包装员	1

1) 正式运行结果

本实验正式运行生产,共生产 36 个游戏手柄,混装顺序为:121 122 211 122 121 122 222 112 221 322 112 121(1 代表黑色传统游戏手柄,2 代表黑色变种手柄,3 代表白色传统手柄),其中第 16 和第 29 个异常下线,实际完成 34 件。生产节拍时间为 35s。生产的产品数量及合格率见表 6-10。

表 6-10　生产的产品数量及合格率

产品种类	完成产品数	下线产品数	合格产品	合格率/%
1	15	1	10	66.6
2	18		6	33.3
3	1	0	0	0
合计	34	2	16	47.1

正式运行时,各工位的工作根据试运行的情况进行了调整。调整后的工位工作见表 6-11。

表 6-11　正式运行工位工作

工位	任　务	作业要素
1	安装数字按键	1
2	安装方向按键	2,3
3	安装电路板	5
4	安装按键 1,2	6,4
5	对齐上、下壳体	7
6	安放螺丝钉	9
7	拧紧螺丝钉	10
8	质检	8

从产品的最终生产结果可以得到以下结论:

(1) 整个流水线的生产过程比较顺畅,根据紧前关系设置的工作流程是合理的。

（2）工序的分配是比较合理的，每一个人都能很好地把握其岗位的工作任务。每个工作岗位生产环节的成功率很高。

（3）产品的合格率很高。导致产品不合格的原因均为 6 号键错位造成按键失灵，但是其他按键以及功能均能实现。

2）停线率分析

判断一个线平衡很重要的因素是各个工作台的停线率。生产正式运行时，产品 1 的总数为 16 个，产品 2 为 19 个，产品 3 为 1 个，各工位具体的停线率如图 6-5 所示。

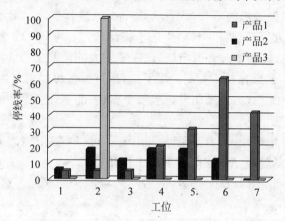

图 6-5　各工位的停线率

从生产 3 种产品的总体情况看，各工位操作时间的数据见表 6-12。

表 6-12　各工位作业时间

工位序号	平均时间/s	标准偏差/s	变异系数
1	26.38	4.39	0.17
2	27.41	5.74	0.21
3	31.81	7.71	0.24
4	34.98	6.96	0.20
5	25.67	14.34	0.56
6	33.31	11.6	0.35
7	33.37	13.56	0.40

根据各工位停线率和操作时间不确定两种分析，我们找出了影响线平衡的瓶颈因素。由图 6-5 可以看出，工位 5,6 和 7 停线的比率较高，原因如下：

（1）工位 5 的方差很大，而且变异系数很大。主要原因可以从工序上面分析。如果上游传出的工件零件在传输过程中没有松动，则合盖的时间很短；但如果有松动，合盖时间就会拉长。

（2）工位 6 的实验任务很重，从产品 1 以及产品 2 的高停线率可以看出，从产品 1 到产品 2 工位 6 的停线率增长了 3 倍。由于螺丝钉的位置和数量是相同的,所以造成高停线率的原因是螺丝钉的孔深发生了变化,加重了安放螺丝钉的任务。

(3) 工位 7 在产品 2 上的高停线率同样来源于螺丝钉孔深变化带来的任务的加重。

从实际观察中得到的影响生产的瓶颈因素如下:

(1) 实际操作中一些同学误认为只有在新的节拍开始启动时才能进行生产,而忽略了可以在上一个工作完成而下一个部件没有运送过来的时候进行生产准备,比如说可以将零件按照一定次序摆放。工作台 4 就是这样一个工作台。

(2) 工位 1 不存在上游来的零件,因此可以不断地进行生产。而下游的生产者必须等待上游的工作部件,因此需要保证工作台 1 的平稳运行。

(3) 时间过于紧凑,影响生产者的情绪,造成了较大的误差。

因此在现有的工作台数保持不变的情况下,有以下做法可以提高生产线的效率:

(1) 提高合盖的熟练程度,让操作员熟悉整个安装,能够针对零件的轻微松动快速恢复以降低操作时间的方差。

(2) 由于产品差异化比较大,为了保证节拍时间,可以在这三者之间设立灵活的工作机制,让工位 5 在产品 2 的情况下适当分担后续工作任务。

(3) 重新调整生产节拍,放松工作者的心态,可以减少失误。虽然节拍变长,但是停线的次数可以明显减少。

4. 工位操作总结

1) 1 号工位

(1) 任务

安装 4 个主要数字按键;安装数字按键上的垫片(仅第 1 种产品)。

(2) 节拍调整

试运行期间,我的工位由于处于生产线的源头,各个部件不需要上一个工位提供,所以得到了比较好的练习;在还没有进行生产时,我在工位上就进行了实地的反复拆装;在试运行时,尽管有着初次上线的紧张,但还是能够非常轻松地在较短的时间内装配好我负责的部分,大约在 20s 每件上下。所以在试运行后的讨论中,我比较赞成将节拍时间调整到 35s 左右,因为我还是有充裕的弹性时间以保证装配质量。最后在正式运行中,也基本证实了我的想法。然而在后面的装配中,由于我总是有足够的时间完成任务,所以渐渐放慢了动作,来让整个装配过程显得轻松。然而可能有比较懈怠的情况,偶尔超出了节拍时间,但这些都是可以避免的。所以说总体节拍调整对我这个工位来说是较合适的。

(3) 工位特点

由于是开始的工位,所以不需要前一个工位提供原料,可以提前准备下一个零件的装配;另一方面,可以不用建立在前一个零件的装配基础上,所以不会出现要补救前面工位的工作,而直接进行装配就行,可以保证质量。

工作主要是把 4 个按键依次装入外壳中,但是要把按键的反面插入壳的反面。如果没有好的方法指导,可能需要的时间会很长,而且要保证不出错非常难。然而如果采用了固定的手握外壳的方式,然后依一定顺序把按键装入,熟练后就会非常方便。

对于两种产品,装配难易度有差异。对于第 1 种产品,4 个按键的定位孔都不同,所以需要记住 4 种定位孔的形状;另外,也需要把垫片安装到按键的上面。对于第 2 种产品,4 个按键的定位孔是相同的,而且不需要安装垫片。

(4) 需要注意的事项

本工位的零件较多,2 种外壳,8 种按键。如果在装配前,我们能够把零件以较顺序的方式放置在零件格中,就可以方便拿取。

大多数按键都可以通过找到定位孔来直接装在外壳中。也就是说,把按键放在孔中,只要能够把按键完全地按入孔中,就可以保证位置是正确的。

只有第 1 种产品的第 3 号按键是两种方式都可以被按入定位孔中,但其中一种是把该按键反着按入的,从外壳正面看就是安装失误。所以要保证装配质量,需要检查外壳上按键有没有装错。

(5) 优化的动作和过程

当我熟悉了各个定位孔的形状后,拿起一个按键,将其对好相应的定位孔的方向,然后直接按入孔,就会非常快速地装配好。然而在一开始,我没有找到这个诀窍,只是拿起按键随意放到孔中,再旋转使之与定位孔配合好,这样就比较浪费时间。

一开始,为了保证装配质量,我每次装配第 3 号按键的时候就会翻到正面,如果发现装反了就再翻外壳到反面纠正错误,这样比较浪费时间。后来我发现如果在拿第 3 号按键的时候看到键的正面调整它到正确的位置,再把它翻到反面按到孔中,就可以不翻外壳保证装配质量。

总体按键和外壳都放在零件车上,但是分类摆放很重要。在正式装配前,我把两种零件按照同种产品放在一起,然后和外壳放在了最上层。然而这样显得比较乱,东西都堆积在了零件台的最上层。后来我把按键放到了第二层的零件格里,并把第二层抽出,这样就有足够的空间放置所有零件,且所有零件都很容易拿到。

(6) 可以改善的其他地方

本工位的情况比较乐观,所以加工时间比较短。根据先期的工位分工计算,应该是和其他工位所需时间相差无几,可是在实际运行中,往往是我已经比较轻松地装配好后,其他工位仍在比较紧张地忙碌;这还是在我已经把 2 号工位预定的装配按键垫片的工作移植到本工位后的结果。如果能够重新安排好工位分工和节拍时间,可能装配效率会更高。在人因方面,由于零件台在我的左手边,而装配操作台在我正前方,所以略有不方便。如果能够在操作台上也放置零件格,让最近要装配的零件唾手可得,那么就更加能够提高效率了。

2) 2 号工位

(1) 任务

组装方向按键以及方向按键上附着的垫片。

（2）节奏

此次实验做下来,最大的感受就是节奏过于紧张,连带的自己也很紧张,这样本来较为精细的安装方向按键耗费的时间也就上去了。

（3）特点

经过现场实验,发现原材料的摆放位置、摆放方式对效率有很大影响。例如在我的工位,虽然按键是一样的,但如果在摆放时按照上下、左右的位置摆放,会很容易做好;但是如果只是简单地堆积在一起,则会造成混乱。同样,好的操作工具是做好工作的前提。尤其是组装这类的精细活,很多时候手指太粗,不易于操作。

3）3号工位

（1）任务

安装电路板。

（2）工作任务调整

3号工位主要负责装电路板。在第一次1号产品的生产线的循环中,由于2号工位负担较重,开始及选择垫片转移至3号工位进行安装。在混装生产线的循环中,由于产品的差异性导致3号工位与4号工位工作量不均衡,所以下壳体上两个按键2的安装由4号工位转移至3号工位。

3号工位调整后的任务见表6-13。

表 6-13　3 号工位调整后的任务

产品	3 号工位任务
产品 1	电路板的安装以及开始及选择垫片的安装
产品 2	电路板的安装以及下壳体上两个按键 2 的安装

（3）工位特点以及注意事项

3号工位的任务连接前后零件的安装以及合盖过程,对产品的合格率起着重要的铺垫作用。

在安装好电路板后,要把电路板压紧,保证在后续的工艺中不散开。同时也是1号和2号工位任务完成的保障。

缠线过程中,尽量让线的末端自然延伸至上壳体之外,有利于下游工艺的进行。

（4）感受

在节拍缩短之前,学习曲线的作用十分明显。由手忙脚乱到后来有了一定的富裕时间。但是在节拍缩短之后,由于对1号产品十分熟悉,所以基本可以在节拍内完成任务。而对于2号产品,在没有均衡4号工位的任务之前是有一些富裕时间的,增加了任务之后明显感觉到时间不够用。2号产品的生产曲线作用也比较明显,在生产线运转的末期可以很好地完成任务,没有富裕时间或者有少许的富裕时间。

（5）优化

3 号工位的材料是电路板，连线比较多，多个零件之间容易缠绕，可以对其进行独立放置。

在混装生产线中，提前观察 2 号工位送来的产品可以有效地做好准备，节省生产时间。

需要生产的零件应尽可能地离工位近且容易拿取，以节省工作人员非安装产品的时间。

4）4 号工位

（1）任务

安装按键 1（上盖）、按键 2（底盖）。

（2）节拍调整

在试运行的时候节拍时间十分宽裕，基本上可以较为轻松地完成自己的装配任务，大多数情况下能有 10s 左右的闲置时间，而且还是在比较低速度的装配情况下出现的。即使某次装配出现意外，需要耗费额外的时间，也不会需要停止整条生产线，故可以得出结论：试运行的节拍时间过于宽裕，不利于生产线效率的提高。

在节拍时间缩短为 35s 后，明显感觉按时完成装配任务的难度加大了。一开始由于不熟悉，也由于没有做好心理准备，第一次就被迫中止生产线，待装配完成后重启。由于我负责安装的 4 个按钮有位置要求，同时安装过程比较讲究技巧，所以整个实验中我都比较忙碌，出现过两次中止生产线的情况，其余的也是比较匆忙地完成，某些产品质量难免打了一些折扣。

（3）工位特点和注意事项

两个按键 1 需要安装在上壳体，但标号 1 需要倒置安入，才能保证上壳体翻转后是正确的。此外该按键未能很好地被固定，所以在下一步的合盖过程中有时会由于晃动或其他原因脱位，导致最终不能正常作用。

两个按键 2 是正向地放入下壳体的孔中，由于是靠橡胶的变形才能将按钮塞入，故技巧比较重要，也比较耗费时间。

下壳体是从我这个工位进入装配线的，要根据到达的上壳体选择相应的下壳体类型，否则下一步无法正常合盖，导致产品的异常下线。

2 号产品需要将控制线恰当地嵌入上壳体的孔中，但因没有 360°固定而容易脱离，有时会需要下一个工位重新固定。

在时间富裕时可以将上、下壳体配合到比较理想的程度，而不是分成两部分放在传送台上传给下一个工位，这时下一个合盖工位可以比较轻松地完成，最快的时候能够几秒钟就完成。

需要注意的事项：

由于时间紧张，很容易拿错按键，比如将 1 号产品的按键安进 2 号产品的下壳体中，所以在装配中应该牢记固定位置摆放的是哪种产品的哪个按键。此外由于不同产品的按键颜色不同，也可以通过颜色区分，但是是按键 1 还是按键 2 只能通过位置记忆来区分，否则的话若每次都通过识别号码来选择会让时间更加紧张。

为了按时完成装配任务,可以在不多的空余时间(一个节拍内大概几秒)内提起装配下壳体的按键2,可以有效避免后面的匆忙乃至停线现象。

为了提高效率,可以把适当数量的按键放在工位旁,并确保不影响流水线的运行,这样可以省去拿料的时间。

(4) 优化的动作和过程

将按键取出部分直接放置在工位的右侧(因为用右手装配),这样可以直接从手旁取料,省去转身—伸手—夹出按键—转身—开始装配等过程,大大提高了效率。不过这样可能违背标准,有种取巧和打提前量之嫌,在十分紧张的情况下才能用。

装配好上、下壳体后,一手分别拿一个放上运输台比较省时,而不应装好一个就放一个。如果时间有富裕,可以在工位上把两个壳体初步合上,这样可以大大减少下一步的工作时间,同时也能初步检测上、下壳体是否配套。

如果有富裕时间,可以提前把按键的正反顺序摆好,这样在装配的时候就不需要先对准位置再放置,省去一些判断和转位置的时间与步骤。

在装配中,若遇到2号产品,由于产品本身结构和熟练度等问题,我的装配时间明显上升,好几次不能按时完成任务。生产调度经理及时发现这一问题,将2号产品的按键2改由上一个工位完成,因为上一个工位在装配2号产品时时间明显下降,有较多的空闲时间。通过这一改善,我的后半段装配时间有了保证,没有再出现停机的情况,且基本每次都有几秒的空闲时间,可以用来取原料或者提前装配按键。不足之处在于刚开始时上一工位装配员不熟悉按键的装配方向,出现两次把按键2装反的情况,但随后得以及时解决。

5) 5号工位

(1) 任务及特点

5号工位主要负责对齐上、下壳体。在最初测量装配时间并设定节拍时间时,虽然平均所需时间并不是很长,但方差非常大。原因是这一步的装配时间容易受到上游装配质量的影响:如果上游装配质量较好,各部件安装稳固,这一工位的装配速度可以很快,甚至几秒钟就可以完成;如果上游装配质量不好,就很有可能在工程中出现零部件掉落的现象,要再重新安装回去,所需时间就很容易超出节拍时间,从而影响流水线上其他工位的装配工作。

(2) 注意事项

在合并上、下壳体时有几处要对准,尤其是上壳体有的部分要精确地装入下壳体的按键2和另一固定部分之间,所以在安装时要非常小心,而这也是这个工位整个安装过程中最为关键的一环。

由于安装在上壳体的按键1并不是完全卡在壳体上,而是简单地放在其上,在安装过程中如果出现振动,很容易使按键1错位或脱落,这样就要重新安装,造成时间延长甚至超出节拍时间。

整个产品共有3种变种,其中一种需要将电线部分卡在装配时位于上方的下壳体的后端。在装配过程中也要对电线格外小心。在装配此种产品时,如果电线没有卡紧,或是不小心将其弄出,就要重新卡紧后再合盖,造成时间的浪费。

合盖之后还应用力盖紧,以方便下游拧螺丝钉的工作继续进行。但由于一些时候上游装配工作并没有做好,虽然两盖仍然可以合上,却难以完全盖实,给下游工作增加了难度。

最初也曾出现上、下壳体无论如何也无法合并的情况。由此发现了两种不同产品应分开组装的问题,保证了后面工作的顺利进行。

(3) 动作优化

由于按键 1 放在上壳体上,并且不像按键 2 一样能够完全卡在壳体上,所以装配时左手持上壳体,右手持下壳体,两壳体后方面对自己,上壳体后方稍向下倾斜,使按键 2 自然位于最佳位置。对准位置后将两壳体合上,并用力盖紧。

6) 6 号工位

(1) 任务

6 号工位主要负责放置螺丝钉,并进行初步拧合。在试运行期间,由于只装配了 1 号产品,故剩余时间较多;而与此同时 7 号工位负担较重,因此将 7 号工位的工作量部分移动到了 6 号工位,即 6 号工位完成原定的放置 8 颗螺丝钉的任务后,还需将中间部位的 2 颗拧紧。调整后的工位任务见表 6-14。

表 6-14   6 号工位调整后的任务

产品	6 号工位任务
产品 1	外壳体 8 颗螺丝钉放置,2 颗螺丝钉拧紧
产品 2	外壳体 8 颗螺丝钉放置,2 颗螺丝钉拧紧

(2) 操作感受

在试运行期间,由于只有 1 号产品且时间较宽松,所以能较好地找到方法改善操作,学习曲线效果明显。但进入实际运行后,由于节拍时间的缩短,任务量的加大,明显有些力不从心。同时感觉时间压力太大的情况下,会加剧操作的内心紧张,对于此类较精细的操作的负面影响是难以忽视的。

在试运行阶段,通过改变 8 颗螺丝钉的拾取位置、抓取数量以及放置顺序,很快使绩效得到了提高。具体来说,先将 8 颗螺丝钉并列,每次取两颗,按照从右到左、从上到下的顺序放置到产品外壳上,使得绩效明显提高。这其实也是动作标准化的过程。但负面影响会增加操作的单调性。如何调和这一矛盾,需要从生产、人因等多方面考虑。图 6-6 为部分动作详解。

(3) 工位特点以及注意事项

6 号工位是整个装配线接近尾声的部分,因此很大程度上决定了产品的最终质量,特别是外观效果。

螺丝钉放置是一项精细操作,因为 8 颗螺丝钉都尺寸较小,孔也较小、较浅,给放置带来了一定的困难,因此需要操作员耐心而仔细。同时,这也是一项重复劳动,每次连续放置 8

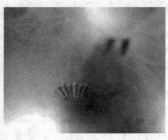

图 6-6　动作详解

颗螺丝钉,动作几乎一致,单调的过程容易产生枯燥和疲劳感。

对 6 号工位而言,两类产品有较大的装配差异。产品 1 的螺丝钉较小,孔较深,螺丝钉放置后不易脱落;产品 2 的螺丝钉较大,孔较浅且直径较小,放置后极易脱落,会给生产带来很大的困难。这也是为何两类产品装配绩效会有很大差异的主要原因。调整后的操作由于加入了两颗螺丝钉的拧紧,故单调性有所降低,但同时也加大了工作量,使时间变得紧迫。

(4) 优化

① 布局优化。6 号工位的原料是螺丝钉,量很大,单个零件尺寸很小,极不易拾取。可设计一漏斗形容器,以方便抓取。放置螺丝钉的操作相对简单但重复,故可以将原料放置位置尽量靠近操作员,且从人因方面优化空间,使得操作员每次拾取的路径较短,手臂动作较舒适。

② 动作优化。首次放置要仔细,这样可以使移动速度加快,保证重要过程的质量,减少无效过程的时间。

7) 7 号工位

(1) 任务

负责游戏手柄所有螺丝的拧紧工作。

生产线共生产两种游戏手柄,每一款游戏手柄都有 8 颗螺丝钉。螺丝钉由上一道工序的操作员放置到指定位置。第 8 号工位的操作员只负责把螺丝钉拧紧,固定游戏手柄的上、下壳体。

(2) 操作感受

实验初期,原计划我是产品检验员,后因为工位调整改为实验操作员。在操作前没有完成预习工作,也没有习惯工位的操作。所以最初几个产品操作时间的方差比较大。

因为是两种产品混合生产,所以产品之间存在转换和适应过程。在操作中发现,针对拧紧螺丝钉这一道工序,尽管两种产品有同样的螺丝钉数,但是操作时间有比较大的差异。因为这两种产品所用的螺丝钉不一样,长螺丝钉需要多次旋转才能拧紧,而且不容易控制重心,所以不容易准确地转入螺母。后期节拍缩短后,这一道工序成为了生产的瓶颈。特别是生产比较费时的游戏手柄时容易引起生产线停线。

在整个操作过程中明显感觉到了学习曲线的作用。一开始因为不能按时完成工作,经常会出现停线的现象。但是后期,经过一些动作上的改进,停线率明显降低,而且操作速度也加快了,产品生产的准确率也有提高。

(3) 改进

把工作任务重新分配,节拍时间缩短后,因为这个步骤成为了运行生产的瓶颈,为了平衡生产线,把 8 颗螺丝钉中的 2 颗拧紧工作转移到了上一道工序。这样的变动改善了这个工位的操作时间。

① 动作改进。流水线主要生产两种游戏手柄,其中一种需要花费较多的时间。因为此手柄的螺丝钉较长,所以不容易对准螺母。后来发现在拧紧的过程中,如果先用一只手扶螺丝钉,然后再轻轻旋转,就容易对准螺母了。

② 操作顺序改进。共有 8 颗螺丝钉,改进后只有 6 颗。因为操作时有一些紧张,所以有时会忘记哪颗螺丝钉已经拧过。这样会造成重复劳动,降低工作效率。在后期操作的过程中,改为按照固定顺序拧螺丝钉,从而避免了重复工作。

5. 质量检验

通过质量检验,发现主要的问题还是装配不熟练,导致在要求节拍时间的基础上难以保证质量,尤其是关键部位的质量,如连接处的按键等。

1) 产品质量检测清单

表 6-15 中 1~4 号键为数字按键,5 号键为上文叙述中的左侧按键 1,6 号键为右侧按键 1,7 号键为左侧按键 2,8 号键为右侧按键 2,9 号键和 10 号键为成型手柄上表面中间的两个按键,下同。

表 6-15 产品质量检测清单

生产序号	产品类型(1,2,3)	合格与否	不合格原因
1	1	不合格	6 号键无反应
2	2	不合格	5 号键无法按下;连接导线未套入
3	1	合格	
4	1	不合格	5 号键不灵敏
5	2	不合格	6 号键无法按下
6	2	不合格	连接导线未套入
7	2	不合格	6 号键安装倒置
8	1	合格	
9	1	合格	
10	1	不合格	7 号键无反应
11	2	合格	
12	2	合格	
13	1	不合格	"上"、"下"方向按键无反应
14	2	不合格	5 号键无法按下

续表

生产序号	产品类型(1,2,3)	合格与否	不合格原因
15	1	合格	
16	2	合格	
17	2	合格	
18	2	合格	
19	2	不合格	10 号键不灵敏
20	2	不合格	"下"方向按键无法按下
21	1	合格	
22	1	合格	
23	2	不合格	6 号键无法按下
24	2	合格	
25	2	不合格	6 号键无法按下
26	1	合格	
27	3	不合格	"右"方向按键无反应；8 号键不灵敏
28	2	不合格	方向按键无反应；4,6 号键不灵敏
29	1	合格	
30	1	合格	
31	2	不合格	方向按键无反应；5 号键无法按下
32	1	不合格	7 号键不灵敏
33	2	不合格	7 号键无法按下；连接导线未套入
34	1	合格	

根据以上清单的数据统计，我们发现有 5 种质量缺陷，见表 6-16。

表 6-16　质量缺陷明细表

序号	缺陷	数量
1	按键无反应	6
2	按键不灵敏	5
3	按键无法按下	8
4	连接导线未套入	3
5	按键安装倒置	1

由图 6-7 可以看出，导致缺陷的最大原因是"按键无法按下"，达到了 33%，这应该是在组装的过程中，装配人员不小心在盒盖时，将按键固定住了，导致无法按下；同时，"按键无反应"和"按键不灵敏"的情况加在一起也达到了 50%，二者是由按键与电路板的接触不良或没有接触导致的，主要原因应该是装配人员过于追求速度，从而导致了在装件时没有

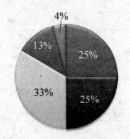

图 6-7　缺陷类型分布

达到标准。以上 3 项和按键功能相关的缺陷占到了 83％，这也体现了装配人员动作的不到位和不熟悉。

2）不合格装配零件分析

从另一个角度来看，如果统计出现问题的各按键，我们可以得到表 6-17 和图 6-8。

表 6-17　按键缺陷统计

按键类别	缺陷频率
方向按键	5
4 号键	1
5 号键	4
6 号键	6
7 号键	3
8 号键	1
10 号键	1
合计	21

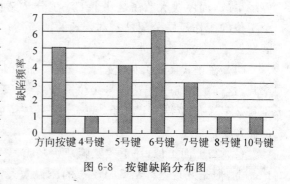

图 6-8　按键缺陷分布图

观察图 6-8 可以发现，出现问题的按键主要集中在 5，6，7 号键，这 3 个按键是手持手柄式面向前方的按键，正好处于上、下壳体的交界处，所以在盒盖的时候很有可能对其发生干涉和影响，从而导致按键发生动摇和偏移，影响最后的功能。而从表 6-17 中也可以证实这个推理。此外，方向按键也容易出现问题，特别是产品 2 的方向按键本身就是与上壳体连在一起的，不需要另行装配，所以原材料的方向按键的质量情况也会较大地影响最后结果。

6. 产品异常下线分析

1 号和 2 号产品各有一个在实验的过程中下线，根据现场情况，我们对下线的原因进行如下分析：

1 号产品在 5 号工位下线，据操作员报告的原因，是由于无法顺利合盖，后来经过其他同学检验，发现这个产品下线是由于上、下壳体的搭配不合适，无法配合装配造成的，不是由于装配过程中的操作问题造成的，所以这次下线的问题应该归因于原料的准备和搭配不当，一部分是由于我们事先对原材料的准备不够充分，另外一方面也说明我们缺乏一套处理意外情况的机制，导致这样的问题到了 5 号工位才被发现，这意味着前 4 个工位在这个不可能成为合格品上的工作都是没有用处的，如果能有一套合理的检验机制，就可以及早发现问题，从而避免一些生产能力的浪费。

2 号产品在 4 号工位下线，据操作员报告的原因，是由于发现电路板上的一根引线断了，因此判定这个产品不可能成为合格品，所以报告下线。分析原因可能是由于前面的 3 号工位上操作员装配电路板的时候用力过大，或者是生产准备的拆卸原材料时不慎弄断的。这次下线可以算是比较及时地发现了问题，尽量避免了生产能力的浪费，但是这是由操作员

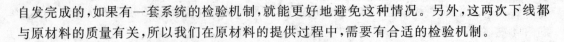

自发完成的,如果有一套系统的检验机制,就能更好地避免这种情况。另外,这两次下线都与原材料的质量有关,所以我们在原材料的提供过程中,需要有合适的检验机制。

7. 瓶颈分析及解决方法

就加工时间而言,根据时间分析表可以看出,在第4～第7个工序,出现了比较多次的停线事故,而停线次数在这几个工序里分布又相对均匀,所以我们可以认为这次实验里,几个工位的工作量的分配是基本合理的。当然在实际的实验过程中,我们也根据当时出现的问题做了一些现场改进:

(1) 在正式实验开始之前,2号工位加工1号产品的任务包括安置4个方向按键和3个垫片,这样的任务分配让2号工位成为瓶颈。所以在后来的实验中,我们安排1,3号工位分别替2号工位安装1个垫片,减轻了2号工位的负担,同时也没有把1号或3号工位变成新的瓶颈。

(2) 与上面类似,在正式实验开始之前,6号工位的操作员仅负责把8个螺丝钉放置到产品上,但是发现这样给7号工位的压力太大,所以我们决定让6号工位的操作员在放置好螺丝钉后把其中的2个拧紧,这样在后面的正式实验中,虽然两个工位都比较多次地出现了超时停线的问题,但相对还是比较平均的,可以说是在一定程度上减轻了生产能力不平衡的问题。

(3) 就整体来说,我们认为各个工位上每个产品所需要的时间方差比较大,通过分析我们认为,这一方面是由于操作员对产品的不熟悉造成的,另外一方面也是生产计划和产品的变化对操作员的操作造成了比较大的影响。这样在实际运行中,经常出现一个工位停线,而其他工位的操作员处于空闲状态的情况,这对于生产能力来说也是一种浪费。其实根据时间分析表可以看出,每个工位所用的平均时间都小于我们设定的节拍,但是出现了那么多次的停线,就是由于过大的方差造成的。

(4) 我们看到,6号和7号工位的停线有比较大的相关性,7号工位共8次超时,而这个产品有7次在之前的6号工位也是超时的,通过这样的情况可以看出,前面工序的产品质量会对后面工序的操作产生比较大的影响,这样的情况也发生在5号工位,该处操作时间的方差最大,而很大程度上此处的超时都与前面工序传过来的产品存在质量问题有关。

8. 仓储管理

负责对流水线所需生产材料的进货及储备的管理。管理材料仓库的储备状况,当原材料不足时及时到质检员处将成品取回拆成零件入库。注意与送料员的协调,掌握好流水线上不同产品原材料的消耗状况,维持仓库的安全库存。

1) 工作特点及注意事项

(1) 仓储管理需要考虑到每个工位要有一定量的原料储备,仓库中要有适当的安全库存,数量应略大于每个工位所需要的原料储备量。

（2）由于将从质检员处回收的产品拆成零件需要一定的时间，因此应当考虑进货提前期的问题，进货提前期大致等于拆卸产品所需的时间。

（3）不同的零件应严格地分开放置，尤其是不同产品的同一部位的零件，由于其形状类似，很容易弄混，更要注意。在实验刚开始时，由于没有注意到有两种产品存在细微差别的问题而产生了组装困难。

（4）在仓库及物料管理的过程中，要注意 5S 的问题，保证现场的整洁、整齐，以便于进行物料的统计管理，提高生产效率。

2）库存控制策略

良好的库存管理是保证企业良好运作的基础。就企业相关的库存管理标准来看，主要有以下几点：

（1）使库存成本降至最低。

（2）保证生产过程中各个工位物料供应充足。

（3）能够对生产过程中出现的情况做出应急反应并使伤害减小至最低。

（4）充分利用在线信息系统来对各级库存进行管理。

（5）使各不同生产部门之间负荷平衡。

而在库存具体的执行过程中，可以遵循如下方法：

（1）按照 MRP 计算出每个工作站的初始库存量，在生产过程中应保证每个中间存储区在制品的库存尽量接近于这个初始库存量。

（2）对物料进行实时跟踪，使用中心信息处理器对物料在线库存状况进行查询。

（3）安排生产线时，使生产线上瓶颈工作站的位置尽量靠近生产线尾端，且生产线上各工作站的生产率呈依次下降的趋势。

（4）生产过程中，本级产品只有在被下一级需求时才移动至下一级的工作站，而且只在需要的时刻按需要的数量生产需要的产品。

（5）对生产过程进行监控，及时地对意外事件做出反应，进行实时调度。如果工人发现严重的错误，则可以停止生产线。

（6）采用多级库存管理，与供应商形成良好的关系，保证原材料及时供应。

（7）采用 MRP 与 JIT 结合的模式，保证生产线的原料尽快地加工以满足要求和机器的合理利用，同时防止过多的原料投入生产线。

人因方向实验报告样例——《交通标志设计与评估》实验报告

由清华大学工业工程系 2005 级学生实验报告改编

交通设施设备和环境是使交通行为产生安全结果的外部保障。在交通行为中,交通工具、交通设施、交通环境等因素均会影响交通行为的安全性。在交通设施设备和环境的规划、设计、制造、建设和使用管理的过程中,时刻应以交通安全为核心,使其能够为交通行为的安全性提供有利的支持。

西直门桥位于北京市北二环路与西二环路转弯处,是城区通往西北郊的必经之路,是北京最重要的交通枢纽之一,在北京陆地交通位置上占有十分重要的地位。而由于诸多原因,西直门桥的交通现状并不令人满意,主要问题有车流量超负荷、常年堵车、交通标志混乱等,以致过往的司机、行人怨声载道。由于经费等问题的限制,我们不可能对整个西直门桥的结构进行改造,最为可行的改善其交通状况的方法就是通过重新设计其道路交通标志,使车辆能够沿着最为方便而且正确的道路行驶,这样不仅可以有效减少不必要的车流量,而且也可以增加司机和行人的满意度。本文通过对西直门立交桥现有交通标志的分析,提出了新的方案,并对新方案加以评估。

1. 对西直门立交桥现状的分析

1) 整体特点

(1) 交通设施不合理

"路标不清晰是堵车的一个主要原因。到了路口才发现路标已经晚了。如果急刹车就容易造成交通事故,不急刹车肯定开过了。无形中给别的路增加了拥堵。"记者粗略地统计了一下,仅西直门桥地区就有大小交通标志近百个,而其中的禁行、禁左标志又弄得司机云里雾里不知该向何处去。很多司机反映尽管走了多次西直门立交桥,但还是容易转向,有些车需要走主路,有些车需要走辅路,还有些车需要走匝道,让人感觉非常混乱。

（2）规划设计不合理

西直门的规划设计主要是路和桥的通行能力不匹配,进口通行能力高,出口通行能力低,车全挤在这里了。设计时,路桥通行能力的匹配是关键的数据,进出合理,才能达到路畅车通。现在的事实是大大超出设计流量的车辆从北京的西北方向汇聚到西直门路网结构,这是造成堵车的一个主要原因。

（3）交通流量预测不够

西直门立交桥主设计师之一聂大华认为,对交通流量预测不够准确是西直门桥的问题之一。他说:"预测问题是数据的问题,是基础数据的问题,想要预测得准,必须有一个非常好的基础数据来做支持,可能是北京近几年觉得建得快,总体信息量少,所以预测的问题,现在来讲比较难。"

2）模型存在的问题及需求分析

（1）路段一:由西直门大街到西直门内大街(方向:由东向西)

行车方向如图 7-1 所示。

图 7-1   由西直门大街到西直门内大街行车方向

在直行方向,可行的路线有两条:一条是直接走主路上西直门桥;另一条是走辅路。在现有模型中,这两条路线都没有被标识出来,司机由起点西直门大街上西直门桥时,在第一个岔路口处,就会不知道应该选择哪条路。经过询问一些有经验的司机我们得知,一般情况下去西直门外大街,他们都会选择走主路,因为主路没有红绿灯,车行速度较辅路要快;而辅路的作用主要是考虑到去往北礼士路方向和高粱桥方向的司机,去往这两个方向的司机是不应该上主路的,否则到路口无法拐弯。因此在设计去往西直门外大街的标志时,尽管有两条路可以走,我们还是选择主路进行标示,而在现有模型中,这个关键的牌子没有被标识出来。经了解,走这个方向的司机还有一部分是想要去往高粱桥路的,而去这个地方则只有走辅路一种方案。因此,考虑到司机的需求和平衡主、辅两路车流量等因素,我们决定在主、辅路方向上分别设置两块牌子指明这两个地方。

（2）路段二:由西直门大街上西二环(方向:由东向南)

大家最容易想到的一个方案就是直接左转,但经过实地考察,中间有匝道相隔,所以车辆不能直接左转,而必须由辅路绕行,具体车行路线如图 7-2 所示。

图 7-2　由西直门大街上西二环

由图 7-2 可以看出,去往西二环同样要上辅路。因此在该辅路的指路牌上应该同时标明高梁桥和西二环。在岔路口的地方(如图 7-2 所示需要右急转弯的地方),应该告诉司机怎么走才能够到达刚才所提到的高梁桥,怎么走才能去西二环及其相关路段。在现有模型中,已经标明了右急转能去西二环,并有效提醒司机在此处是右急转,因此我们保留此块牌子,并添加相应的指向高梁桥路方向的牌子。

除此之外,我们应该在辅路入口处标明沿辅路行车可以去往哪几个主要方向,并且用具体的路线符号来更加生动、形象地向司机表示如何绕行才能到达目的地。经了解,当司机经过转弯路段,只能在辅路上行驶,如果想上二环,必须在模型中的岔路口处并到主路上,这就涉及了一个由辅路并主路,上西二环的问题,也需要一块标志牌。(注:官园桥是西二环的一段,在这里我们将它看做同一个地方。)

(3)路段三:由西直门大街去北二环或北三环(方向:由东向北)

具体路线图如图 7-3 所示。

另外两个出口的方向都是由起点西直门内大街右转向北。首先我们讨论出口(C)学院路,需要上北三环的车辆也应该走这个方向,他们必须首先经过学院路。经考察,模型中所给的(C)蓟门桥出口是一条东西方向的桥,是北三环的一段,在此处,上北三环的标志无需给出,仅以学院路作为(C)出口的名称,但由于北三环、蓟门桥也是司机们常去的、重要的方向,因此我们认为都应该予以标示。首先应该在起点的岔路口处将这两个方向予以标出。应该注意的一点是在起点岔路口右转 20m 左右的地方是地铁站,而且路是和自行车道并在一起的,司机在这里往往容易认为这条路不能走车,而直接直行走西直门桥的辅路,希望能在辅路的一个路口右转往北走,但这样的结果必然导致司机直接绕上西二环(与目的地完全相反的方向)。因此,我们认为在地铁站上方应该标注右转能到达的地点及相应的方向标志,告诉司机往北应该走哪条路。由于这块牌子安装的位置特殊,所以受环境所限,它的尺寸不能太大。由于需要标志的地点比较多,经过实地考察后我们决定在该块小牌上只标出"积水潭"3 个字及行车方向。当车辆沿此路继续往北行驶时,会碰到一个岔路口:一条路是通往学院路的,另外一条路是通往北二环的,在现有模型上,只标出了一个方向,即学院

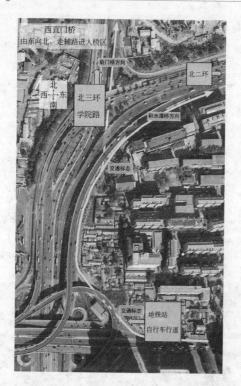

图 7-3 由西直门大街去北二环或北三环

路、蓟门桥方向,而对另外一个方向(北二环、积水潭)未标注,此处应当改进。

　　当司机需要去北三环、学院路方向时,只需沿该岔路口的其中一条岔路一直走就可以到达出口(C)。当车辆沿另外一条路行驶,并且经过一个由辅路并主路的过程之后,即可到达北二环(D)出口。在这里,由辅路上北二环仍然需要一个入口标志。

　　(4) 其他应当注意的地方

　　由于西直门立交桥是北京市重要的交通枢纽之一,车流量非常大,行人众多,因此在这样的地带必须设有限速标志。相应地,指路标志也应该根据国标对不同限速的路段的设计标准来进行设计。西直门立交桥的一些路段必须有限高,否则会碰到上一层桥的底部,应当在适当的地方加上限高的标志。同时有一些路段不允许行人通过,因此也应该设置相应的标牌。除此之外,在车速相对较高的主路上,对于两条路汇合的地方,还应当有相应的合流标志。这些特殊标志的具体设计准则在后面会有具体介绍。

2. 西直门立交桥交通标牌的设计与改进方案

1) 指路标志改进的说明及改进标志列表

(1) 设计方案综述

通过对道路系统进行分析,我们得知西直门立交桥的主要功能是连接 5 个主要的方向,即西直门内大街、西直门外大街、西二环、北二环以及学院路。我们的目标是方便从西直门内大街出发的司机及时、准确、高效地找到希望前往的方向。在改进道路交通标志的过程中,我们坚持的原则是:

① 及早通知司机选择行驶的道路(如需右转,则及早选择靠右道路行驶);

② 在分岔路口处指明各个路口通往的方向;

③ 同一块标志上需要辨识的方向数不超过两个;

④ 设计遵守和参照国家标准进行。

这些原则都是有人因学的理论支持的。道路的方向应该提前给出,让司机有足够的反应时间来应对这些方向的处理和选择;道路的标识应该简单、明了、美观,方便司机最快速地获得信息,这就对字体和笔划粗细、文字大小以及数目提出了要求。人们能够辨识和记住的选择是十分有限的,一个二项选择是最容易记忆和辨识的。

我们共添加 9 块指路和指示标志,并且对现有的 3 块标志进行修改,如图 7-4 所示。

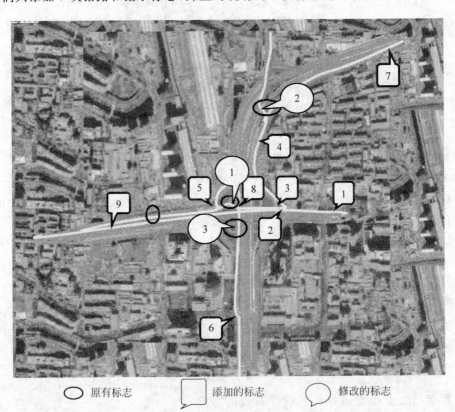

图 7-4   交通标志放置位置示意图

(2)新增加的标志

下面对每一块标志的具体位置和添加原因进行详细说明,见表 7-1。

表 7-1 标牌设计说明

编号	主要指路指示标志缩略图	添 加 地 点	插入后效果图
1		西直门内大街出发,距离第一个岔路路口 200m 处,龙门架式安装方式 	
2		西直门内大街出发,第一个分岔路口处,悬臂式安装方式 	
3		西直门内大街出发,第一个岔路口右转路口,悬臂式安装方式 	

续表

编号	主要指路指示标志缩略图	添 加 地 点	插入后效果图

4		前往北二环和学院路的分岔路口前 100m 处,悬臂式安装方式	
5		西直门外大街方向和西二环方向分岔路口处,悬臂式安装方式	
6		去往西二环(官园桥)与主路汇合处,单立柱式安装方式	

编号	主要指路指示标志缩略图	添加地点	插入后效果图
7		去往北二环（积水潭）与主路汇合处，单立柱式安装方式	
8		在辅路与主路汇合之前，单立柱式安装方式	
9		包括西直门外大街入口处在内的辅路与主路汇合之前，单立柱式安装方式	

以下是我们做出改进设计方案的原因：

① 从西直门内大街出发，在第一个分岔路口之前 200m 处放置龙门架式指路标志，该标志提前为西直门立交桥的 4 个目标出口（西直门外大街、西二环、学院路、北二环）指明方向，给司机一个基本印象和提示，使得司机及早选择行驶路线。例如，前往西二环需要靠右侧道路行驶，以便道路分岔时能够及时行驶至期望的路径和方向，此处的标志使得司机能够在第一个岔路口处准确而及时地选择行驶方向。对于放置距离的选择，国家标准和地方标准并没有给出明确的数字，只是强调"交通标志的设置应充分利于道路使用者

在动态条件下发现、识别、判读,并应充分考虑其采取行动的时间和前置距离"。我们根据以下 3 点来确定添加标志的放置位置:一是,《北京市交通管理设施设置规范》中提到"一般城市道路指路标志设置在车道行驶方向标志的前方,距离路口 200 米设置";二是,这条道路的限速为 60km/h,200m 的距离有 12s 以上做出反应选择路线的时间,我们认为是比较充足的;三是,加拿大的标准指出"指路标志间的最小间距是 300m。辅助导向标可以间隔的最小距离为 200m。最大间距不应该超过 15s 的出行时间"。加拿大的标准还指出司机关心前 300~500m 处的道路名。根据这些我们认为 200m 对于限速 60km/h 的西直门立交桥是合适的。

② 在从西直门内大街出发的第一个岔路口,分别指示该二分的主路分别可到达的地点名称和方向。实际上,这里存在着一块标志,经过实地考察,我们认为这块标志指示得比较清楚,但是标识的名称与道路系统的其他位置的标志不完全一致,并且现实中的标志缺少指示前往北三环的,所以我们将北三环的指示添加在改进标志上,作为对现实标志的一个改善。我们还发现,现实标识容易让人误解为前往北三环和北二环的应走右方直行路线,所以我们直接给出司机应该行驶的方向,并添加表 7-1 所示的编号为 3 的指路标志,以达到提醒司机的目的。

③ 指示连续的岔路口右转可到达的地点位置(学院路和北二环)。这块指路标志在现实中也是存在的,但是现实中的指示方向单一(只指明了"积水潭"方向),这使得司机不清楚前往学院路也是从这个路口右转。我们对现实中的标志进行改进,添加了学院路(蓟门桥北三环)方向以及北二环的指示。同时,该块指路标志将配合表 7-1 所示的编号为 2 的指路标志,使得司机不会对指路标志产生误解。

④ 提前指示前往两个出口的方向,帮助司机提早做出道路选择,防止不能及时选择道路情况发生。即如果前往学院路应靠左行驶,以便后来左转;而前往北二环应靠右行驶,方便后来右转。这不仅仅是给司机指明方向,而且可以防止交通堵塞。

⑤ 在分岔路口处为车辆指明两个方向,配合修改标志清楚地告诉司机如何选择行驶方向。

⑥ 在西二环(官园桥)辅路与主路的汇合处,增加出口标志,起到提醒辅路车辆前方出口信息,并提醒主路车辆注意汽车合流。这里的禁令标志还有提醒行人、非机动车辆、二轮车和三轮车禁行。

⑦ 在北二环(积水潭)辅路与主路的汇合处添加同上的出口标志。这里的禁令标志有提醒行人、非机动车辆、二轮车和三轮车禁行。

⑧ 提前提醒主路汽车注意辅路车辆的合流。

⑨ 同上,提前提醒主路汽车注意辅路车辆的合流。

(3) 对已有标志的修改

对已有路牌的修改见表 7-2。

表7-2   已有路牌修改说明

编号	主要指路指示标志缩略图	原有标志图	插入后效果图
1			
2			
3			

以下是修改的原因：

① 在通往高粱桥和官园桥分岔路口处整合其中的两块标志，改进原有的指示标志，这样可以更加清楚地指示汽车行驶的路线。原有的指示西二环和官园桥分开，放置的位置一

上一下,不方便司机辨识。我们认为既然两个方向是一致的,就应该整合在一起,这样可以更好地体现方向性,保证一块交通标志两个方向的原则,使得标志的设计比较统一,同时也方便司机辨认并做出判断。

② 通往北二环和北三环分岔路口处的标志,原来只有指示北三环方向的标志,我们认为这是不合理的,因为没有指明另一条岔路口的方向,这给司机行路带来了不方便。我们修改原有方案,增加了指向右方的标志,使得司机到达该路口时能够明确两个方向所能够到达的地点,以便选择行车路线。我们之所以选择学院路作为标志的名称是因为西直门立交桥所连接的几个地点之一是学院路,这样可以保持指路标志名称的统一,使得司机不会因为不统一的名称而产生困惑。

③ 此处在原有的基础上指明前方的方向。原来的模型此处只标明右转能到达的方向,并没有指明前方的方向。这样的改进使得司机到达此处不会疑惑是否需要右转。

2)指路标志放置位置角度的说明

根据《道路交通标志和标线》(Road traffic signs and markings,GB 5768—1999),指路标志应与行车方向的法向成 0°~10°,如图 7-5 所示。

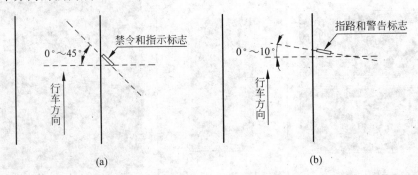

图 7-5　指路标志方向

根据实际的行车方向与标志设置位置,我们做出以下设计,见表 7-3。

表 7-3　添加的标志

编号	标志缩略图	安放角度	安放效果图
1	↑西直门外大街 XIZHIMEN Outer St (白石新桥) / 西二环 W.2 Ring Rd 学院路 XUEYUAN Rd 北二环 N.2 Ring Rd (积水潭) 出口 EXIT 200ǎ ↱	0°	

编号	标志缩略图	安放角度	安放效果图
2	西直门外大街 XIZHIMEN Outer St 北二环 西二环 N.2nd Ring Rd W.2nd Ring Rd （积水潭） 学院路 XUEYUAN Rd 出口 EXIT	0°	
3	西二环 W.2nd Ring Rd （官园桥） 北二环（积水潭） N.2nd Ring Rd 学院路 XUEYUAN Rd	0°	

编号	标志缩略图	安放角度	安放效果图
4	北二环 N.2stRing Rd（积水潭）学院路 XUEYUAN Rd（蓟门桥 北三环）	0°	
5	西直门外大街 XIZHIMEN Outer St 西二环 W.2ndRing Rd（官园桥）		

编号	标志缩略图	安放角度	安放效果图
6	西二环 W. 2nd Ring Rd 入口 ENTRANCE	0°	
7	北二环 N. 2nd Ring Rd 入口 ENTRANCE	0°	

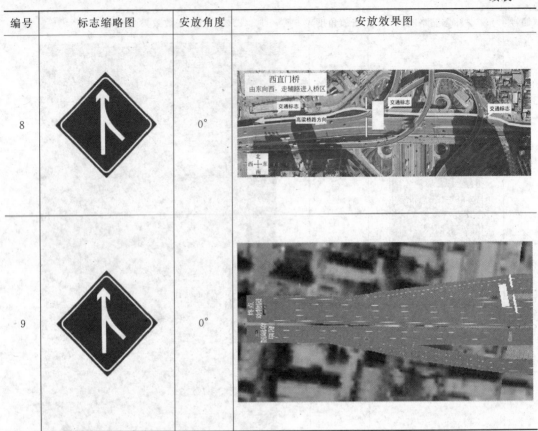

编号	标志缩略图	安放角度	安放效果图
8		0°	
9		0°	

对原有标志的修改见表 7-4。

表 7-4　经修改的原有标志

编号	标志缩略图	安放角度	安放效果图
1		0°	

续表

编号	标志缩略图	安放角度	安放效果图
2		0°	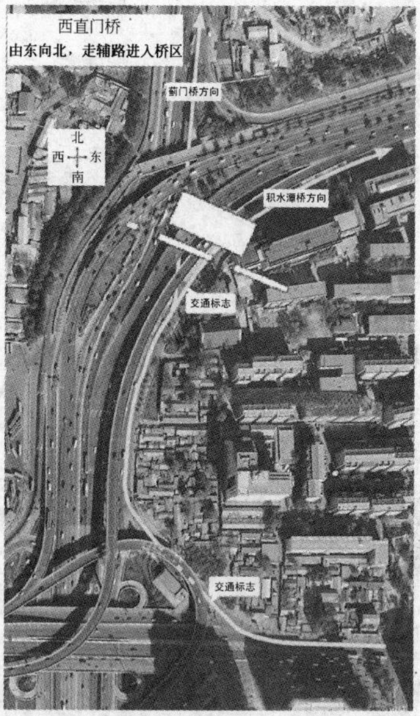
3		0°	

3）指路标志的文字图形设计的说明

根据《道路交通标志和标线》（GB 5768—1999），交通标志分为主标志和辅助标志两大类。主标志又分为警告标志、禁令标志、指示标志、指路标志、旅游区标志、道路施工安全标志 6 种标志。本次实验主要是设计传递道路方向、地点、距离信息的标志——指路标志。

路牌的设计均参照《道路交通标志和标线》中的要求进行设计。

（1）颜色

国家标准规定："8.1.1 指路标志的颜色，一般道路为蓝底白图案，高速公路为绿底白图案。"

故全部选择蓝底白图案，这样设计的分辨率会高于白底蓝图案，是符合人因学标准的。

（2）形状

国家标准规定："8.1.2 指路标志的形状，除地点识别标志、里程碑、分合流标志外，为长方形和正方形。"

主要的指路标志都采用长方形标识，合流标志采用菱形标识。

（3）字体

国家标准规定："8.1.3 指路标志的汉字采用标准黑体（简体）。汉字高度应符合规定，字宽与字高相等。"

基本符合这条原则，当字数比较多时采用高宽比为 5∶3。

（4）大小高度

① 主要信息汉字高度。依据国家标准中汉字高度与计算行车速度的关系（见表 7-5），对实地情况进行考察，从西直门内大街出发的几条道路多为限速 60km/h，我们选择 45cm 作为汉字高度。前往北二环、北三环方向限速 30km/h，我们选择 30cm 作为汉字高度。根据《解读北京指路系统》一文所述，"标志的汉字是按照国标，根据行车速度和最佳视认效果确定的，大版面汉字高度为 40 厘米"，我们的设计基本与之相符，更加符合实际情况。综上，我们的设计见表 7-6。

表 7-5 汉字高度与计算行车速度的关系

计算行车速度/(km/h)	100～120	71～99	40～70	<40
汉字高度/cm	60～70	50～60	40～50	25～30

表 7-6 汉字设计

方　　向	车速/(km/h)	汉字高度/cm
往北二环/北三环	30	30
其他	60	45

② 主要信息其他字符高度。根据表 7-7，拼音高度为汉字高度的一半，因此在设计中我们的设计见表 7-8。

③ 主要信息文字间隔与行距。根据国家标准规定（见表 7-9），我们的设计见表 7-10。

表 7-7　其他文字与汉字高度的关系

其 他 文 字		与汉字高度(h)的关系
拼音字、拉丁字或少数名族文字高	大写	$h/2$
	小写	$h/3$
阿拉伯数字	字高	h
	字宽	$0.6h$
	笔划粗	$h/6$
公里符号高	k	$h/2$
	m	$h/3$

表 7-8　其他字符高度设计

方　　向	车速/(km/h)	汉字高度/cm	拼音高度/cm
往北二环/北三环	30	30	15
其他	60	45	22.5

表 7-9　文字的间隔、行距等的规定

文 字 设 置	与汉字高度(h)关系
字间隔	$h/10$ 以上
笔划粗	$h/10$
字行距	$h/3$
距标志边缘最小距离	$2h/5$

表 7-10　信息文字设计

方向	车速/(km/h)	汉字高度/cm	文字间隔/cm	笔划粗/cm	字行距/cm	距标志边缘最小距离/cm
往北二环/北三环	30	30	3	3	10	12
其他	60	45	5	4.5	15	18

④ 辅助信息文字高度。括号中的字体中没有明确规定,参照国家标准中所列举的标志制作实例,以及对实际指路标志的考察,我们选择其高度为主标识中汉字高度的3/4。

3. 对西直门立交桥新改进方案的评估

1) 原有模型的评估

我们小组负责从 E 点,也就是西直门内大街到达地图的其他各处,在此仅对 E 点去往各处的沿路路牌做出评价。我们发现,在原有模型中,某些对岔道进行指示的设计比较混乱,见图 7-6～图 7-8。标志的位置处理不符合设计标准,放置的位置也有问题,可能会使人误解。如图 7-6,会让人误解从右侧的人行道能到达官园桥和西二环。

图 7-7 所示路牌的指示还不够完整,仅仅指出了岔道的一方。

图 7-8 所示路牌是对地图外的一个十字路口进行指示,就本地图的设计而言,用处不大。而且这个路牌的放置位置并不在西直门立交桥上,而是被放在了辅路旁边。

图 7-6　路牌位置 1

图 7-7　路牌位置 2

图 7-8　路牌位置 3

2) 路牌的实际需求

由图 7-9 和图 7-10 可以看到,从 E 点也就是西直门内大街出发以后,经过西直门的立交桥系统,我们共有 4 个目的地可供选择,在去往这 4 个地点的过程中,有 3 个岔路口出现,如希望使用者能达到自己的目的地,则这 3 个岔路给使用者的信息简单明了并且容易辨认。

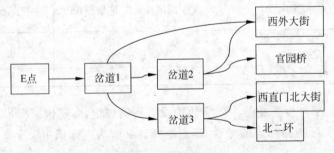

图 7-9　路线图 1

图 7-10 所示的 3 个岔道是一定要有指示的,而且岔道 1 是一个三岔路口,稍不留神就可能误入歧途,所以指示的准确性更为重要,我们决定在这个地方设置 1～3 个路牌。另外在各个车辆合流的路口都是由入口标志的,在我们设计的路段共有 4 个这样的合流路口,所以最终需要使用的路牌数量为 7～9 个。

3）改进后的情况

　　鉴于原有路牌没有对岔道 1 进行指示，我们对这个地方进行了设计，岔道 2 和岔道 3 有一定的指示作用，为了让它们不产生误导，我们对这两个路口的路牌进行了改良。

　　首先，我们在岔道前加入了出口的提醒标志，如图 7-11 所示。这个路牌我们觉得是有必要的，在路口很多的情况下，这样的提示路牌可以使人们有心理上的准备，并且能够更容易理解之后看到的路牌所要表达的意思。

　　随后我们在岔道 1 所在处加入了两块路牌，如图 7-12 所示。

图 7-10　路线图 2

图 7-11　路牌

图 7-12　岔道 1 路牌位置

　　在对岔道口进行了实地考察后，我们决定使用以上图片中所用的指示方式。并且设计中加入了实际场景中的圆形标志，如限速、限高、禁止自行车通行等。经过这样的改进之后，我们觉得将不会出现路口混淆的情况。通往各个路口的指示都出现在了不同的路牌上，而且每个路牌上的信息量都很少，容易辨识，司机们会很容易找到需要进入的路口。

　　在第二个岔道处，我们改变了原有路牌设计，精简掉不重要的信息，如图 7-13 所示。在岔道处加入另一个路牌，清楚地告诉司机两条路具体通向的位置。

图 7-13　岔道 2 路牌位置

对于岔道 3,原来的路牌位置仅指出了一个方向,现在我们将另外一个方向补全,如图 7-14 所示。

另外,在 4 个主路入口,我们加入了如图 7-15 所示的指示标志。

图 7-14 岔道 3 路牌位置

图 7-15 指示标志

在对全路段的路牌进行改进后,不清楚的地方基本上没有了,司机可以很容易地从 E 点开车到达其他几个地方而不迷路。而且在设计过程中我们尽量避免在路牌上出现过于复杂的图形,以简单明了为设计的基本思路。

4. 改进后模型仍然存在的问题

1) 道路及环境的问题

二环路是北京市最早的一条快速环路。随着车辆的增加,现在已经趋于饱和。西直门立交桥由于位于西直门外大街和西直门北大街的交汇处,是北京西北方向进入二环的枢纽,也是二环车流最集中的地方。

通过实地考察我们发现,西直门立交桥恶劣的交通状况是由多方面原因造成的,其中有些原因是我们无法改变的。比如,由于立交桥的结构设计不合理导致主路出、入口距离太近,路段的起始点处第一个岔道口处两个方向相距过近,容易产生误解,一个出口车辆转向多地点。再比如,立交桥在车流量比较大的地方设置的道路不够宽阔,弯道距离过近,司机来不及选择道路,调整速度。除此之外,还有由于地理位置和周边环境等原因造成的,如地铁站与立交桥太近,致使大量乘坐地铁的人和立交桥上的车挤在一起。这些原因使西直门立交桥及其周边地区的交通环境愈发恶化。这些客观原因是我们无法改变的,因此,即使是我们综合考虑各方面原因之后设计出来的模型,仍然存在这些问题。如果可能的话,建议大家一起向北京市交管局提出这些问题,寻求可能的改进方案。而现阶段我们能做的就是改进西直门路段的交通标志的设计,尽量减少司机走错路、在桥上犹豫、重复绕行的时间,加快车流速度,有效缓解堵车的情况,提高司机对此路段的满意度。

2) 交通标志的问题

在设计交通标志时,我们面临很多方面的限制,因此改进后的模型仍然存在问题。由于对数量的限制,使我们不能无限制地增加交通标志,因此,我们必须考虑的一个问题是,哪些地方是最重要、最容易出错的地方,哪些地方可以设置交通标志,如何才能在有限的几个牌子里包含尽可能多的信息,同时又不会由于信息多使司机不易辨识。同时也要考虑如何设计每一个交通标志才能最为醒目,又不会给人带来不舒适的感觉。这就涉及人因学中如何对信息进行编码的知识。我们主要面临的问题有以下几点。

（1）标志的数量

说到现有模型的不足,首先是我们觉得标志的数量比较多。为了给司机提供比较清楚的提示信息,我们希望在每一个路口,每一个地段的多有地点处及其前面适当的地方都有提示,这样可以满足所有用户的需求,但这样做面临的一个问题就是牌子的数量会超标,在实际中,这可能会超过相关部门设定的预算。还有就是牌子数量过多会给周围环境带来很多不便。比如说第一个龙门牌子,在实际生活中它位于一条比较小的路,并且在第一个岔道口之前约50m处是一个十字路口,有红绿灯,而且自行车道和汽车道中间只有一个矮栅栏,来往两个方向的车道之间也只有一个矮栅栏,而龙门架两边的柱子没有合适的放置位置,龙门架如果设置得太高,进、出的司机看不到,远处由于是一条小路,而且又有红绿灯挡着,能够看到它的司机很少。除此之外,在这样的繁华路段拔地而起一个龙门架,一般是不允许的。因此虽然在这里设置龙门牌子理论上会使指路标志变得清晰、明了,但实际上并不合适,这种牌子在城郊的环路上或者高速路上是非常适合的。并且在50m内就设置一个龙门牌子及其后的第一个提示牌子,以及岔道口处的牌子,过于密集。但出于人因学的考虑,我们的目的是满足司机的需求,因此还是设置了这些牌子。除此之外,有一些司机是去往一些特定地点的,但由于我们的最终目的是为去往4个出口方向的司机指路,而且总的标志数量又有硬性限制,所以只能舍弃一些不太重要的地点,比如西直门外大街这个终点,它同时也是去往动物园、高粱桥和北礼士路的出口,但牌子数量有限,而且每块牌子上所标识的信息有限,经前期的需求分析,我们发现大部分司机需要得到西直门外大街这个信息,因此我们决定只标出西直门外大街。

在我们的最初版本中,我们并没有设置提前提示标志。主要原因有两点:首先,经过对西直门一带的路况调查我们得知,西直门立交桥及其周边地带每天都会出现非常严重的堵车现象,"桥上停车场"的现象几乎每天都会发生,号称北京的"堵门",车速非常缓慢。我们认为,司机在比较远的地方就能看见标牌,并有足够的时间做出相应的反应。其次,西直门地带不同于高速公路,它没有很长的直行、无岔口、高速行驶路段,几乎每100m就会有岔路口,或者是由其他路段并进来,或者是由本路段并向其他道路,如果过早设置提前提示标志,会引起歧义。而如果在不会引起歧义的地方设置标志,就会使一段路内的交通标志的密度过大,不仅影响美观,而且由于司机会花时间和精力看每个标志,标志过多会使司机们的精力分散过多。因此我们没有设置提前提示标志。但模型毕竟不同于现实生活,单从模型来看,这个模型具有很多高速公路以及城郊快速路的特点,因此我们本着向司机指明道路方向的原则,在改进版本中,对于每个岔路口都设置了提前提示标志。

在新版本中,我们设计的提前提示标志有两种:一种标示出了到下一出口的距离,如图 7-16 所示。另外一种没有标示出到下一出口的距离。对于第一种,由于我们无法获得距离的具体值,所以这样标的距离有很大的不准确性,因此在原始版本中并没有这样的设计。但是我们认为这是一种设计方案,在现实的设计中,如果能有办法获得准确的距离,不妨采用这样的方案,因此在新版本中我们做了这样的改进。

图 7-16   提前提示标志

(2) 标志上的信息

从人因学的理论我们知道,人对信息的处理能力是有限的,因此每一个牌子上不能传达太多的信息,否则司机会处理不过来,其后果轻则会走错路,严重的可能会导致车祸。但是,西直门是北京最重要的交通枢纽之一,在这里形成了五岔路口的格局。而现在的西直门立交桥,是一座 3 层走向型立交桥,二环路机动车道有双向十车道。由西直门桥复杂的结构及其重要地位就可以知道,西直门附近的重要地点是非常多的,需要标识的重要的地方及方向也非常多,但每块牌子上允许提供的信息量有限,因此为了在二者之间寻求一个比较好的平衡,经过反复修改,得到了最新版本,这个版本以完成我们的任务——以西直门大街为起点,分别去往另外 4 个出口为最根本目的,另外尽可能多地传达最重要信息,同时控制每块牌子上的信息不要太大。尽管如此,从最终效果来看,还是有不少人(有一部分不是司机)认为我们每块牌子上的信息过多,布局太满,看起来不舒服,感觉比较乱。比如图 7-16 所示的牌子,它提供了距离、方向、地点 3 大类信息,每大类信息里面又包含很多子信息,显然超过了人们对信息的最大处理能力,也超过了人们能够短期记忆的信息的量,大部分司机对类似于这样的牌子都会感觉不舒服,但牌子上的每一条信息都是经过我们反复修改的,精简得不能再精简了,类似于这样的牌子在我们的设计中还有几块。这是在整个设计过程中我们认为非常棘手的问题,我想对于现实生活中西直门交通标志的设计师而言,也一定是令他(她)非常头疼的问题。

(3) 标志上的图形

由于西直门立交桥的结构特殊,本着尽量向司机准确指明方向的思想,我们设计了所有的牌子,这样就会出现一些不太常见的指路标志,比如图 7-17 所示的图形。

图 7-17(a)所示图形设在由西直门内大街去往西二环的辅路上,目的是提前向司机提示去西直门外大街的路以及急转去西二环方向的路,同时为了保证方向的准确性。图 7-17(b)所示

图形设在学院路和北二环的岔路口前,目的是向司机提示这两个方向。图 7-17(c)所示图形设在第一个岔路口前 100m 处的标牌上,目的是向司机指明去西二环、北二环以及学院路的方向。由这 3 个例子可以看出,虽然这样的设计比较准确地反映了西直门立交桥的结构以及车行方向,但它们与人们经常看到的道路

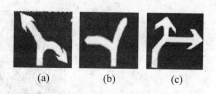

(a)　　　　　(b)　　　　　(c)

图 7-17　方向标志

交通指示牌非常不一样,国家标准里也找不到这样的设计。这些是我们的创新之处,是花费了很多心血设计出来的。但正是由于创新,我们认为在正式应用之前应该找一定数量的司机来做实验,由于时间和精力所限,我们没能实现这一愿望。但在实际设计中,我们建议设计师做一下调查,可以用问卷调查的形式,来考察一下这样的设计是不是能更加准确地给司机指明方向,以及司机们大概需要多长时间来适应这些标志。如果这些新的图形表示方法反而会给司机们带来更大的困惑以及不解,我们就应该采取更加规范的图案。

（4）标志上的字体

为了使交通标志尽量鲜明,易于发现,其上的信息清晰、明了,我们应当使用尽可能粗大的字体,但国家标准要求对于交通标志一律用黑体。同时,如果字体太粗、太大,由于牌子的大小有限制,所传达的信息量必然就会减少。如果字体有大有小,司机就会感觉很乱。对于英文字体,哪些地点应该给出英文标志,哪些地点无需给出英文标志,国家标准上并没有明确的规定,我们只能用一个看起来比较合适的字体和字号,而这种字体在真实的牌子上可能并不合适。因此尽管最后的版本也是经过我们反复修改而成的最终作品,但它的有效性仍需拿到真实系统中去检验。

（5）人因学、实际系统及用户习惯之间的平衡

在人因课上,老师告诉过我们:最为人因的设计不一定可行;可行的设计不一定那么人因;人因学的设计放在现实生活中人们可能会不习惯;人因的设计要满足环境及任务的限制。在这次设计过程中,我们非常深刻地体会到了这一点。比如,根据人因学颜色编码的理论,同一块牌子上的颜色风格不能太多,否则会使司机感觉很乱。在设计每个入口牌子时,我们发现北京市现有的环路入口牌子,对于入口名字的表示与“入口”两个字的表示不符,入口名字的部分采用的是白地蓝字,而“入口”部分的文字则采用蓝底白字,如图 7-18(a)所示。

这样的设计会延长司机的反应时间,分散司机的精力,增大发生车祸的可能性。根据我们所学的人因学的知识,以及向老师咨询后,我们将牌子修改如下:把牌子上对于道路标识的部分全部改成蓝底白字,如图 7-18(b)所示,但这样的设计与人们在实际生活中所习惯的方式不符合。两种方式究竟哪一个更令人满意,还是需要司机来检验。

由于实际系统的限制,我们认为有些地方并不适合放置指路标志。比如,图 7-19 所示牌子在模型中看来虽然放置得没有什么问题,但在实际系统中,它放置在一条自行车道上,这个路段本来就很窄,只有一条人行道和一条车行道,在这样窄的道路上再安放这样一个牌

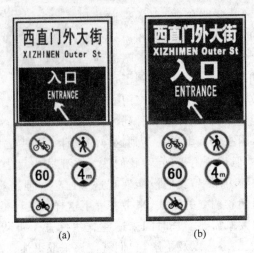

图 7-18   入口标志

子无疑会加重道路的负担。但由于是针对模型的设计,我们还是增加了这块牌子,力求达到提示信息的完备性。

图 7-19   指路标牌